高等学校规划教材

矿山充填力学基础

（第2版）

蔡嗣经　编著

北　京
冶金工业出版社
2009

内 容 提 要

本书系统阐述了充填采矿法所涉及的各种力学问题，其重点是充填体支护采场围岩的力学作用机理研究，同时还总结了最近十几年来矿山充填力学领域的国内外主要科研成就和理论研究进展。本书的基本内容是：充填材料的力学特性所涉及的散体介质力学问题；充填材料的管道输送所涉及的流体力学问题，特别是高浓度条件下的流变力学问题；充填体支撑地下岩层压力、维护采场稳定所涉及的充填力学问题，包括各种研究方法和各种充填材料的支护力学机理等。

本书可作为采矿工程专业硕士研究生或本科高年级学生的教材，同时也可供矿山设计、研究人员以及从事现场生产的工程技术人员参考。

图书在版编目(CIP)数据

矿山充填力学基础/蔡嗣经编著. —2 版. —北京：冶金工业出版社，2009.9

高等学校规划教材

ISBN 978-7-5024-4990-2

Ⅰ. 矿…　Ⅱ. 蔡…　Ⅲ. 金属矿开采—充填法—岩土力学—高等学校—教材　Ⅳ. TD31

中国版本图书馆 CIP 数据核字(2009)第 164800 号

出 版 人　曹胜利

地　　址　北京北河沿大街嵩祝院北巷 39 号，邮编 100009

电　　话　(010)64027926　电子信箱　postmaster@cnmip. com. cn

责任编辑　马文欢　美术编辑　李　新　版式设计　葛新霞

责任校对　卿文春　责任印制　牛晓波

ISBN 978-7-5024-4990-2

北京兴华印刷厂印刷；冶金工业出版社发行；各地新华书店经销

1994 年 6 月第 1 版，2009 年 9 月第 2 版，2009 年 9 月第 2 次印刷

169mm ×239mm；13. 25 印张；256 千字；201 页；801-3800 册

30. 00 元

冶金工业出版社发行部　电话：(010)64044283　传真：(010)64027893

冶金书店　地址：北京东四西大街 46 号(100711)　电话：(010)65289081

第 2 版序言

自 1994 年《矿山充填力学基础》一书出版以来的十几年中，关于矿山充填的现场实践和理论研究均有了较大进展。由于保护环境、保护资源以及矿产资源综合利用的需要，充填采矿法的使用范围正在进一步扩大。

本次修订《矿山充填力学基础》，主要出于两点考虑：一是充分反映近十几年来矿山充填力学研究与实践的新进展；二是使本书更适合用作采矿工程专业硕士研究生或本科高年级学生的专业课教材。与第 1 版相比较，本次修订的重点是增加了一些内容，主要包括矿山无废开采对充填技术的要求，计算流体力学在矿山充填中的应用，充填系统可靠性研究，深部矿床充填法开采的安全问题等。至于其他方面的内容，基本上是在保留第 1 版框架的基础上适当增加了一些新的研究进展。另外，也更正了第 1 版中的个别印刷错误。

在编写过程中，引用了许多专家、学者和矿山现场工程技术人员的最新研究成果，在此深表感谢。作者的同事杨鹏、吕文生、吴爱祥、胡乃联、李克庆、张甜等，以及作者的多位博士生如陈长杰、陈清运、王文潇、陈海燕、董宪伟、吴迪、陈一洲等，提供了各种帮助。由于水平所限，书中不足之处，诚请读者批评指正。

作　者

2009 年 5 月

第 1 版序言

《矿山充填力学基础》一书是作者十几年来科研成果和教学积累的总结,是一本很有价值的专著,同时也是一本大学本科生和研究生的教材及参考书。

充填采矿法的广泛使用,提出了许多理论上和实践上的研究课题,其中很大一部分是力学问题。这本书系统地阐述了充填材料的散体介质力学特性和充填材料水力输送所涉及的流体力学或流变力学问题,重点探讨了充填法采场稳定性的评估方法以及充填体维护采场稳定性的力学作用机理等问题。这本书内容丰富,充分反映了国内外充填采矿法现有工艺技术水平和理论研究的新进展,无论是对从事矿山设计、生产或管理的工程技术人员还是对从事理论研究的科技人员都将有所裨益。

这本书是第一本有关矿山充填力学方面的专著。它的出版发行,是我国采矿工程界的一件好事。期望这本书能很好地发挥作用。

北京科技大学采矿系

教授　童光煦

1993 年 5 月

目　　录

1　绪论 …… 1

1.1　充填采矿法的使用现状和研究进展 …… 1

1.2　充填采矿法的发展趋向 …… 6

1.2.1　无间柱连续采矿方案 …… 6

1.2.2　大规模的机械化盘区开采 …… 7

1.2.3　充填采矿法与空场采矿法或崩落采矿法联合开采 …… 9

1.2.4　全尾砂膏体胶结充填技术 …… 10

1.3　矿山无废开采对充填技术的要求 …… 14

1.3.1　张马屯铁矿无废开采综合技术 …… 15

1.3.2　南京铅锌银矿无废开采技术 …… 17

1.4　充填力学问题 …… 18

1.4.1　充填材料力学特性研究 …… 19

1.4.2　各种添加剂对充填材料力学特性的影响 …… 19

1.4.3　充填料管道水力输送流体力学研究 …… 20

1.4.4　充填法采场稳定的岩土力学研究 …… 20

参考文献 …… 21

2　充填材料散体介质力学基础 …… 23

2.1　充填材料的分类 …… 23

2.1.1　充填材料按粒级的分类 …… 23

2.1.2　充填材料按力学性能的分类 …… 26

2.2　充填材料的物理力学性能 …… 27

2.2.1　充填材料的密度和堆密度 …… 27

2.2.2　充填材料的孔隙率和孔隙比 …… 28

2.2.3　充填材料的渗透系数 …… 28

2.2.4　充填材料的颗粒分级 …… 29

2.2.5　充填材料的压缩特性 …… 29

2.2.6　非胶结充填料的强度特性 …… 30

2.2.7　胶结充填材料的强度特性 …… 31
2.3　胶结脱泥尾砂充填材料的优化 …… 34
2.4　充填材料散体介质力学基础 …… 41
2.4.1　基本概念 …… 41
2.4.2　散体介质力学的状态方程 …… 42
2.4.3　平面静力学问题 …… 44
2.4.4　可压缩性散体介质 …… 53
参考文献 …… 56
3　充填料浆输送流变力学基础 …… 57
3.1　充填材料的输送方法 …… 57
3.1.1　块石充填料干式输送 …… 57
3.1.2　干充填料风力输送 …… 57
3.1.3　抛掷充填 …… 59
3.1.4　脱泥尾砂充填料水力输送 …… 60
3.1.5　全尾砂膏体充填料泵压输送 …… 62
3.2　两相流流体力学问题 …… 62
3.2.1　固体颗粒的沉降 …… 64
3.2.2　伯努利方程 …… 66
3.2.3　流动阻力计算 …… 66
3.2.4　临界流速计算 …… 69
3.3　膏体流变力学问题 …… 70
3.3.1　膏体充填料的基本特征 …… 70
3.3.2　膏体充填料的流变力学模型 …… 71
3.3.3　膏体充填料流变参数的实验室测定 …… 73
3.3.4　膏体充填料输送阻力的计算与测定 …… 76
3.4　计算流体力学在充填料浆管道输送研究中的应用 …… 79
3.4.1　概述 …… 79
3.4.2　CFD 基本模型及格子法理论 …… 80
3.4.3　CFD 软件及应用现状 …… 83
3.4.4　计算流体力学在充填中的应用举例 …… 86
3.5　膏体充填系统可靠性研究 …… 90
3.5.1　金川膏体充填系统的组成 …… 90
3.5.2　金川膏体充填系统的逻辑分析 …… 92
3.5.3　金川膏体充填系统基于可靠度条件的系统分析 …… 93
3.5.4　金川膏体充填系统可靠度分析 …… 94

参考文献 …… 96

4　充填法采场稳定性的评估方法 …… 99

4.1　地下采场稳定性的几种评估方法 …… 99

4.1.1　马修斯(Mathews)经验方法 …… 99

4.1.2　采场岩体指标方法 …… 100

4.1.3　岩体工程分类法 …… 100

4.1.4　模糊数学综合评判法 …… 102

4.2　地下采场稳定性的能量平衡原理 …… 103

4.3　灰色系统理论在地下采场稳定性研究中的应用 …… 107

4.3.1　灰色相关分析 …… 108

4.3.2　灰色模型及灰色预测 …… 110

4.3.3　采场稳定的灰色局势决策 …… 113

4.4　使用充填方法维护矿山整体稳定的一般原则 …… 114

4.4.1　采场围岩应力环境的改善 …… 114

4.4.2　涉及矿山整体性稳定的关键部位的局部加固方法 …… 118

4.5　深部矿床充填法开采的矿山安全问题 …… 121

4.5.1　金川公司二矿深部矿体大面积无矿柱充填法开采 …… 121

4.5.2　冬瓜山铜矿深部矿体“阶段空场嗣后充填法”开采 …… 123

参考文献 …… 126

5　充填体支护采场围岩的力学作用机理 …… 128

5.1　充填法采场围岩的力学响应特性 …… 128

5.2　充填体支护采场围岩力学作用机理的研究方法 …… 131

5.2.1　实验室模型试验 …… 132

5.2.2　数值模拟方法 …… 137

5.2.3　现场实测方法 …… 154

5.3　干式充填的支护作用机理 …… 161

5.3.1　干式充填料的承载力学特性 …… 161

5.3.2　干式充填料与采场围岩或矿柱之间的相互力学作用 …… 163

5.4　水砂充填的支护作用机理 …… 168

5.4.1　水砂充填材料的承载力学特性 …… 168

5.4.2　充填体与采场围岩相互作用的理论分析 …… 170

5.4.3　回采工艺对水砂充填支护作用的影响 …… 179

5.4.4　矿山实例 …… 180

5.5　胶结充填体的所需强度设计 …… 185

5.5.1 矿山实际使用的胶结充填体的设计强度 …… 185
5.5.2 确定胶结充填体所需强度的方法 …… 188
5.5.3 下向进路式充填法胶结充填体的所需强度 …… 194
参考文献 …… 198

1 绪　论

1.1 充填采矿法的使用现状和研究进展

最近二三十年来，充填采矿法在世界范围内得到越来越广泛的使用。这一方面是地下开采深度逐步增加对维护矿山和采场稳定的需要，另一方面是提高自然资源回收率和环境保护的需要而促成的。如在澳大利亚，环境保护法规要求采矿作业不得破坏地表风貌，因此，露天采矿坑必须进行复垦，地下开采只好使用充填法或空场法嗣后充填，几乎不使用崩落采矿法。在加拿大，充填采矿法的使用比重达40%以上，如果加上空场法嗣后充填，则占采矿方法的70% ~80%。南非的黄金深井开采，几乎全部使用充填采矿法或壁式空场法嗣后充填。在我国，地下开采的有色金属矿山中，充填采矿法的使用比重达到23%左右（不包括空场法嗣后充填）[1]；而在地下开采的黄金矿山，充填采矿法的使用比重更高，达到40%以上[2]。据山东省对37个黄金矿山的统计，使用充填采矿法的矿山有11个，使用留矿法和充填法的矿山有9个；充填采矿法采出的矿石量占这37个矿山矿石开采总量的45%以上[3]。

随着充填采矿法的广泛使用，其工艺技术水平和相应的理论研究也得到了迅速的发展。充填采矿法学术研讨会在国际上曾多次召开：第一次会议于1973年在澳大利亚的芒特·艾萨（Mt. Isa）矿业公司举行，会议主题为“矿山充填”[4]；第二次会议于1980年在瑞典律瑞欧（Lulea）大学举行，会议主题为“岩石力学在分层充填采法中的应用”[5]；第三次会议于1983年在瑞典律瑞欧大学举行，会议主题为“充填采矿法”[6]；第四次会议于1989年在加拿大蒙特利尔（Montreal）大学举行，会议主题为“充填采矿技术革新”[7]，在本次会议上还成立了国际充填采矿学术委员会；第五次会议于1993年9月在南非约翰内斯堡（Johannsburg）举行；第六次会议于1998年4月在澳大利亚布里斯班市（Brisbane）举行[8]；第七次会议原定于2001年9月在美国西雅图市（Seattle）举行，但由于“9·11”事件的发生而被迫取消，只出版了会议论文集[9]；第八次会议于2004年9月在中国北京举行[10]；第九次会议于2007年4月在加拿大蒙特利尔大学举行[11]。国内也召开了数次充填采矿法学术研讨会：第一次会议于1982年在金川有色金属公司举行；第二次会议于1989年在山东省招远市举行；第三次会议于1994年在浙江省建德市举行；第四次会议于1999年在云南省昆明市举行。这四次会议均出版了学术论文集。第五次全国充填采矿学术研讨会原计划于2007年召开,后来将会议主题内容并入了“2008年全国矿山节能减排和谐发展学术年会”(2008年5月在浙江省宁波市召开),会议没有出版论文集,论文由《矿山技术》杂志登载。

从我国充填采矿法的应用现状来看,其主体依然是上向水平分层充填采矿法,使用胶结或非胶结的脱泥尾砂作为充填材料。国内使用上向水平分层充填法的主要矿山列于表1-1中。此外,还有采用下向进路胶结充填法、削壁充填法、分段充填法等方法的,使用的充填材料除脱泥尾砂外,还有块石、粗粒级碎石、磨砂、天然砂和全尾砂等。

表1-1　国内应用上向水平分层充填法的主要矿山[12]

矿山名称	采矿方法	使用充填法的主要原因
凡口铅锌矿	上向水平分层充填法;机械化盘区充填法	矿石品位高,要求限制围岩移动,防止岩溶水灌入井内
金川龙首矿	上向水平分层充填法	矿岩不稳定,矿石品位高,尽量减少损失贫化
金川二矿区	上向水平分层充填法;下向机械化进路充填	矿岩不稳固,矿石品位高,保护上部贫矿
黄沙坪铅锌矿	上向尾砂胶结充填采矿法	矿石品位高,矿体形态复杂
凤凰山铜矿	点柱式尾砂充填采矿法	保护地表河流
柏坊铜矿	上向分层胶结充填采矿法	矿石品位高,矿体形态复杂
红透山铜矿	上向机械化分层充填采矿法	控制地压,回采厚矿体
大冶丰山铜矿	上向尾砂充填采矿法	保护地表河流
三山岛金矿	点柱式机械化分层充填采矿法	防止海水渗入坑内
焦家金矿	上向分层胶结尾砂充填采矿法	矿岩不稳固,保护地表高产农田
新城金矿	上向分层胶结尾砂充填采矿法	保护地表,矿体上盘不稳固
白银小铁山铅锌矿	上向进路充填采矿法	矿岩破碎,矿石品位高
托里铬矿	上向分层胶结充填法	尽量减少损失和贫化
铜录山铜矿	点柱水砂充填法	矿石品位高,矿体厚度大
哈拉通克铜镍矿	上向分层胶结充填法	回采特富矿,保护贫矿
青山铜矿	上向分层充填采矿法(带隔离墙)	矿体上盘不稳固,地表不允许崩落
铜山铜矿	上向分层充填采矿法	露天和地下同时开采,保护露天出入沟

机械化上向水平分层充填采矿法的典型布置方式如图1-1所示。为提高生产效率和设备利用率,国内外研究并试验了多种采场布置形式,如盘区式开采、长壁式回采、圆环式采场布置、多中段组合开采等,如图1-2~图1-5[13,14]所示。

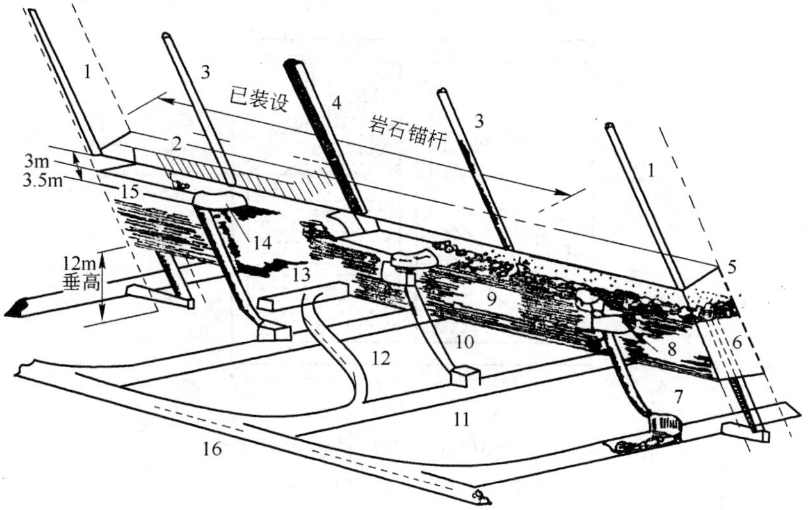

图 1-1 机械化上向水平分层充填采矿法

1—通风井;2—上向炮孔;3—人行井;4—措施井;5—采场顶板;6—泄水井;
7—漏斗;8—挡墙;9—充填料;10—溜矿井;11—穿脉巷道;
12—采场斜坡道;13—切割平巷;14—充填料挡墙;
15—湿充填料;16—中段主运输巷道

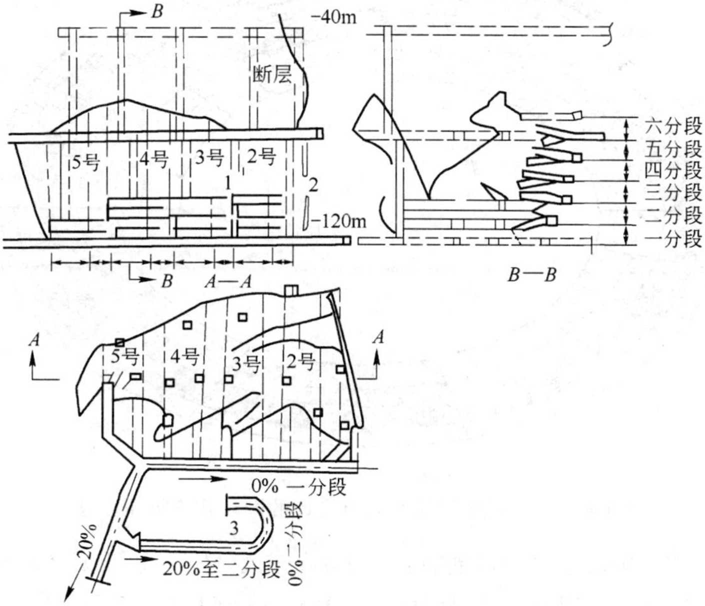

图 1-2 凡口铅锌矿机械化盘区式充填采矿法

1—顺路溜井;2—顺路人行井;3—斜坡道

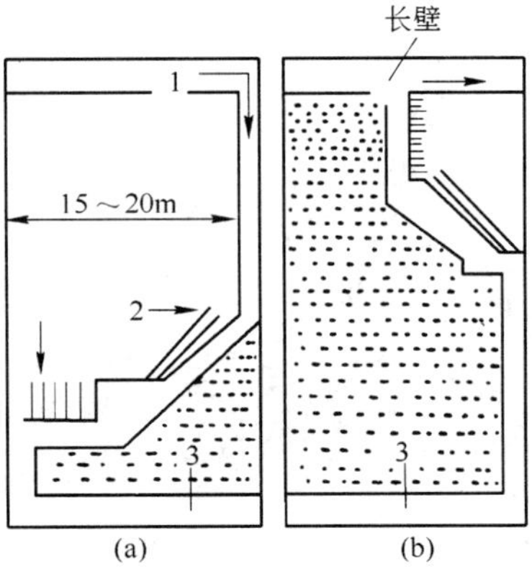

图 1-3　加拿大 Macassa 金矿长壁式充填采矿法
(a)20% 回采率;(b)80% 回采率
1—充填上山;2—炮孔;3—中段平巷

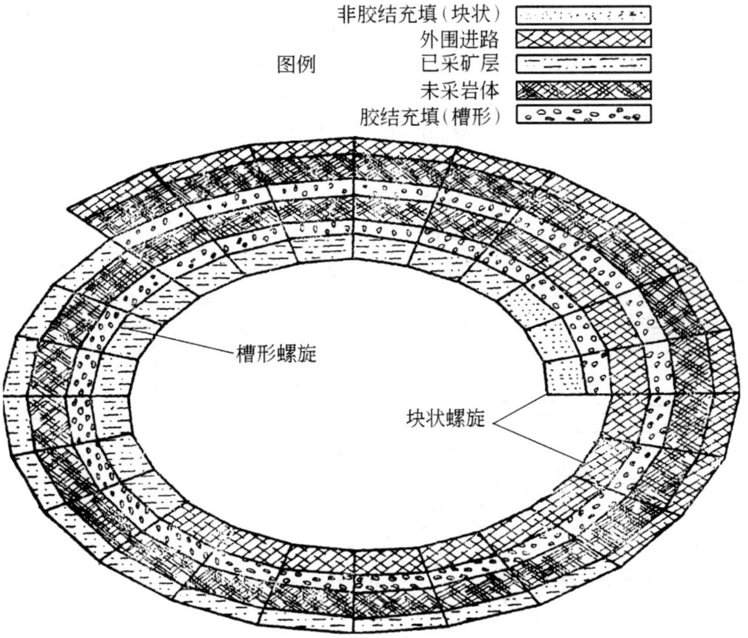

图 1-4　美国矿山局研究人员设计的圆环式充填采矿法

在充填工艺方面,主要的进展有:寻找新的充填材料,如挪威 Niruna 矿所报道的使用冰作充填料[4],以及加拿大 Denison-Potacan 钾盐公司所报道的使用盐尾矿作充填料[5];降低充填成本,研究用不加水泥的粗粒级碎石充填料取代胶结脱泥尾砂充填料,这在我国锡矿山矿和会泽铅锌矿麒麟厂矿区得到了成功的应用。据麒

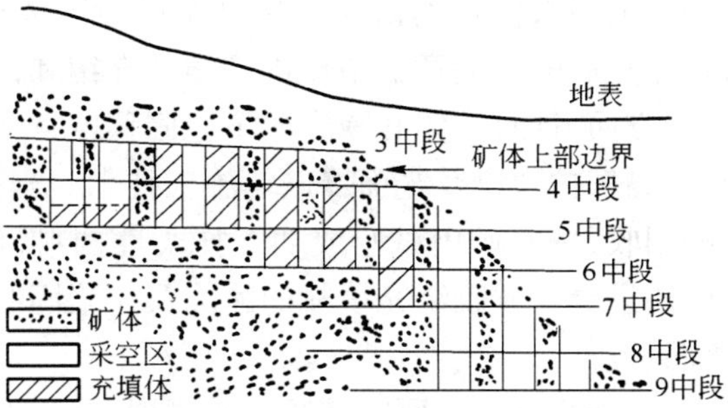

图 1-5 德国梅根(Meggen)矿的多中段组合充填采矿法

麟厂矿区的试验资料,充填成本降低了 42.7%[15]。

孙恒虎等研制成功不脱水全尾砂速凝固充填材料。这种充填材料是在不脱水的全尾砂中加入特种吸水胶凝混合料,使之快速凝固硬化。经测试,当这种混合料占全尾砂的 10%、料浆重量浓度❶ 40%时,速凝后的早期强度为 0.1MPa;砂浆重量浓度 60%时,则早期强度可达到 0.5MPa。由于这种充填料进入采场后无重力水渗透排出,解决了坑内充填水污染及排水问题。焦家金矿与中国矿业大学(北京)合作,对高水固结充填采矿法的部分工艺进行了合理的改进,现已趋于成熟。高水固结充填采矿法已经在焦家金矿得到了成功应用与推广。高水固化充填系统如图 1-6所示[16]。

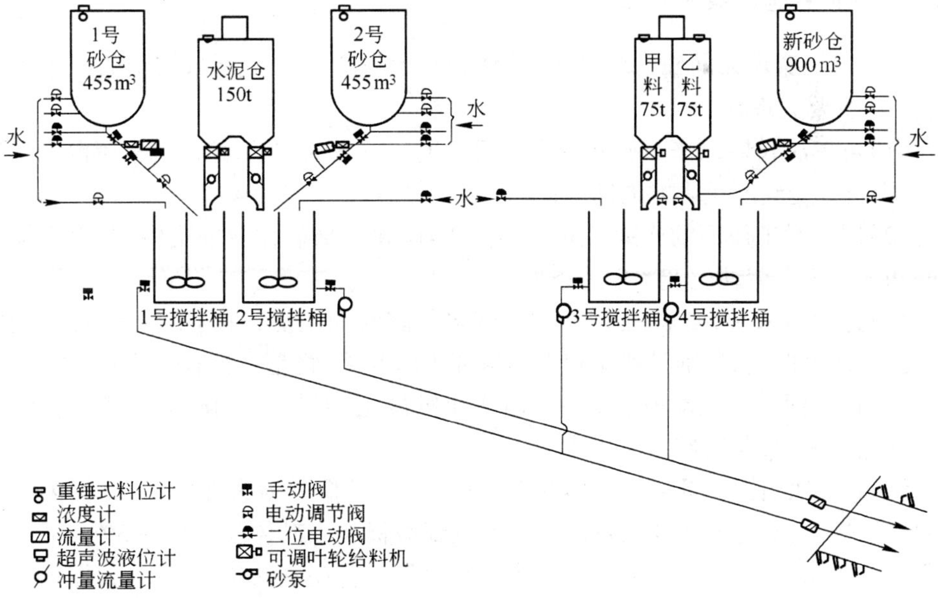

图 1-6 高水速凝尾砂胶结充填制备工艺示意图

❶ 即质量分数。

在充填料输送方面，最引人注目的研究成果是全尾砂膏体充填料泵压输送技术。关于这一技术，将在随后的有关章节中作进一步的介绍和讨论。

在充填法采场生产方面，针对矿体和围岩的不稳固程度，广泛研究使用了长锚索预支护、注浆预加固、锚杆护顶以及光面爆破等施工技术。当采场用非胶结尾砂充填时，为方便矿柱的回收，一些矿山试验成功了挂柔性挡料帘、用块石砌隔离墙等工艺；国外一些矿山还进行了非胶结充填料的冰冻及注浆固结等试验，以形成一定宽度的整体性隔离墙。

关于充填采矿法一些理论方面的研究课题及其进展，将在1.4节中提及。

1.2 充填采矿法的发展趋向

在可以预见的将来一段时期内，地下采矿方法变革的总趋向是：把矿房、矿柱回采和采空区处理作为一个整体予以考虑，有步骤地全面回采，既减少矿石的损失贫化，又消除采空区隐患。同时，改革采矿方法结构，实现机械化的强化开采，降低开采成本并提高劳动生产率。因此，充填采矿法是21世纪的最主要的采矿方法之一。

可以认为，对于我国大中型地下矿山来说，充填采矿法的发展趋向在目前主要集中在下述几个方面。

1.2.1 无间柱连续采矿方案

在中段上实现无间柱连续采矿，被认为是金属矿床地下开采技术的一个重大进展[17]，主要表现在：

（1）可解决长期以来因矿柱回采滞后给生产带来的被动，造成国家资源大量损失、矿山效益受到严重影响的问题；

（2）回采时工作面的连续推进，有利于实现井下采矿作业的集中，为提高采矿强度和井下工人劳动生产率创造条件；

（3）连续回采时，强采、强出、强充，围岩暴露时间较短，有利于采场地区控制，对于围岩稳固性差、特别是地压较大的深部矿床开采，将是一种有效的开采方式；

（4）连续回采将推动地下金属矿山作业机械化、工艺连续化、生产集中化和管理科学化的进程，促进矿山现代化。

例如，凤凰山铜矿Ⅱ号主矿体赋存于石灰岩（已变质为大理岩）与花岗闪长岩体的接触带上，沿走向矿体为弯曲的透镜状到似板状。矿体长500～650m，平均厚度为20～25m，倾角75°～85°。矿石主要是浸染状含铜磁铁矿，其次为石榴子石硅卡岩含铜，$f=16\sim26$。矿石坚硬稳固，局部地段因节理发育稳固性有所降低。顶盘为花岗闪长岩，近接触带为蚀变花岗闪长岩，呈灰色，块状构造，$f=6\sim8$，含有绿泥石和高岭土，吸湿变软，极易成土，稳固性差。底盘为二迭系中、下统灰岩（已变质为大理岩），呈灰白色，$f=8\sim12$，矿物成分为方解石，不易风化，较稳固。矿石、围岩和充填体的物理力学性能见表 1-2。

表 1-2 凤凰山铜矿岩、矿及充填体物理力学参数

名 称	抗压强度 /MPa	抗拉强度 /MPa	弹性模量 /MPa	泊松比 ν	内聚力 /MPa	摩擦角 /(°)	密度 /kg·m^{-3}
花岗闪长石	38.00	1.20	8000	0.16	0.6	53	2.80×10^3
大理岩	28.50	2.30	21000	0.26	2.16	50	2.80×10^3
磁赤铁矿含铜	60.00	5.60	65000	0.31	4.3	51	4.04×10^3
石榴子石含铜	53.00	5.20	63000	0.23	3.2	50	3.28×10^3
充 填 体	3.50	0.50	1000	0.30	0.65	35	2.21×10^3

凤凰山铜矿无间柱连续采矿工业试验方案如图 1-7 所示。对于任一矿段，在回采作业时将其进一步划分为 1、2 两个分区，并在 2 分区回采过程中，在紧邻 1 分区的一端留临时矿壁。在凿岩硐室设临时点柱，以支撑硐室顶板。在矿段回采过程中，2 分区回采后期，矿壁和点柱将被回收。矿段回采顺序为：首先崩落 1 分区内的矿石，出矿后随即用尾砂胶结充填 1 分区的空区；然后，崩落并放出 2 分区内的矿石，待大量出矿工作快要结束时，最后一次性崩落临时矿壁，放出 2 分区的矿石，用尾砂充填空区，结束该矿段的回采作业。

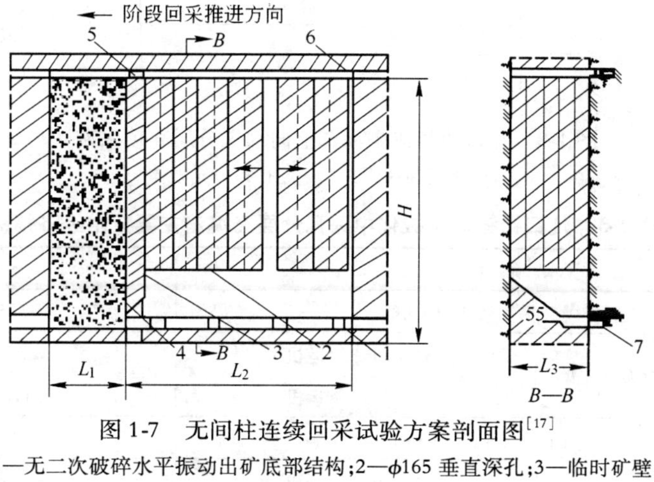

图 1-7 无间柱连续回采试验方案剖面图[17]

1—无二次破碎水平振动出矿底部结构；2—ϕ165 垂直深孔；3—临时矿壁；4—分区充填体；5—临时点柱；6—凿岩硐室；7—振动出矿机与分节式振动运输列车；L_1—1 分区长度；L_2—2 分区长度；L_3—矿体厚度；H—阶段高度

1.2.2 大规模的机械化盘区开采

传统的上向水平分层充填采矿法的主要缺点之一是采场生产能力低以及工人

劳动生产率低。凡口铅锌矿在1992年底试验成功了大型机械化盘区式上向中深孔水平分层充填采矿法。中深孔孔深4.0m，由凿岩台车上向钻进。4～6个采场组成一个盘区，其布置形式如图1-8所示[18]。采矿作业全部使用大型自行设备：凿岩作业为芬兰生产的MonoMATICHSI05X型上向自动接杆凿岩台车，装药作业为芬兰生产的NT30/NBBI50型井下装药车，采场装运为美国生产的ST-31/2型$3m^3$铲运机和德国的LF-4.1型$2m^3$铲运机，采场顶板处理为瑞典Brokk300型撬毛车，井下破碎大块为长沙矿山研究院制造的SYG-2.5型井下自行式碎石机，坑内材料运送及采场顶板和帮壁的安全检查为南昌通用机械厂生产的井下服务车等。由6名工人组成采矿作业队操作所有种类的机械设备，经7个采场16个分层共生产约15万t矿石的工业试验，其主要技术经济指标见表1-3。

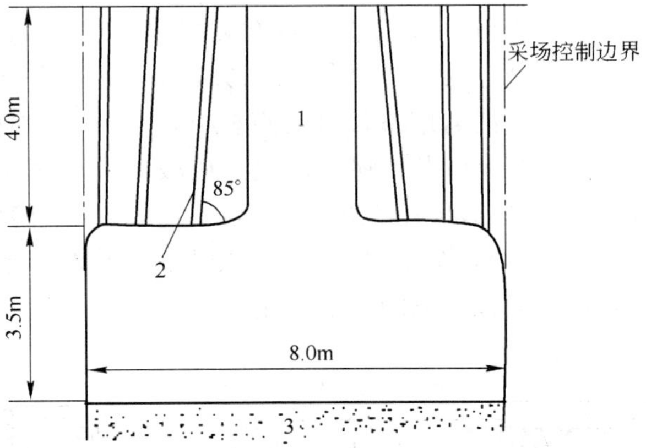

图1-8　凡口铅锌矿中深孔上向水平分层充填采矿法

1—采场通风天井；2—炮孔；3—充填体

表1-3　凡口铅锌矿机械化中深孔分层充填法主要技术经济指标

项　目		指　标
凿岩爆破平均效率/t·班$^{-1}$		523.0
铲运机出矿效率/t·d^{-1}	$2m^3$铲运机	560.0
	$3m^3$铲运机	1160.7
掌子面工效/t·(工·班)$^{-1}$		80.0
单个采场生产能力/t·d^{-1}	$2m^3$铲运机	190.0
	$3m^3$铲运机	252.0
采矿贫化率/%		7.26
矿石损失率/%		0.39

由表1-3可见，这种大型机械化盘区分层充填采矿法其生产能力和生产工效甚至优于一般的空场采矿法或崩落采矿法，接近国际先进水平。

1.2.3 充填采矿法与空场采矿法或崩落采矿法联合开采

为充分发挥充填采矿法和空场法或崩落法各自的优点,国内外很多矿山都设计使用了这种联合开采方案。如澳大利亚的芒特·艾萨矿1100号巨型矿体的开采,在平面上划分成40m×40m的棋盘式采场,在垂直方向上不划分中段,矿体全高90~260m为采场高度,使用分段空场法开采,然后用胶结块石充填。加拿大萨德伯里(Sudbury)国际镍公司所属的矿山,一般用水平分层胶结充填法回采矿房,再用VCR法回采矿柱。我国小铁山铅锌矿成功地试验应用了分段分条胶结充填采矿法,如图1-9所示[19],该法结合了充填法进路回采和分段崩落回采两种回采方式的优点,分条宽3.5~4.5m,分段高6~8m;充填料为地表采集的风沙,堆密度2.65t/m^3,孔隙率47.17,平均粒径0.2044mm,灰砂比为1:8,设计充填体强度为0.5~0.8MPa,经现场测试实际达到0.6~1.0MPa。使用YG-80凿岩机打上向扇形中深孔,用斗容为0.75m^{3}的EHST-1A型电动铲运机出矿。主要技术经济指标为:采场生产能力170.5t/d,采矿工班效率7.8t/(工·班),矿石损失率6%,矿石贫化率3.5%,采准比12.23m/kt。

此外,山东省河西金矿也进行了类似的垂直分条胶结充填采矿法试验。

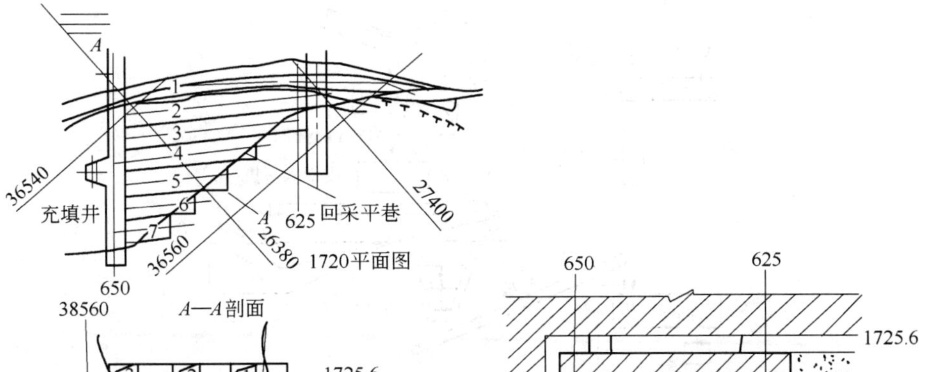

图1-9 小铁山矿的分段分条充填采矿法

1.2.4　全尾砂膏体胶结充填技术

鉴于传统的分级尾砂充填的一些缺点，20 世纪 70 年代末德国和苏联等国家开展了全尾砂膏体充填泵送技术研究。所谓“膏体”，是指料浆浓度很高，在管道排料口以牙膏状被挤出。德国 Preussage 金属公司于 1978 年首先在格隆德(Grund)铅锌矿进行该项研究，历时 6 年，形成了“Preussage Pumped Fill”泵压充填新工艺，并申请了专利。其后，南非、加拿大、美国、澳大利亚和我国也开展了试验研究。

凡口铅锌矿从 1982 年开始与长沙矿山研究院和长沙有色冶金设计研究院合作，进行了高浓度全尾砂胶结充填新工艺和装备的试验研究。该项目于 1987 年转入现场工业试验，并于 1991 年 5 月通过了中国有色金属总公司组织的鉴定。高浓度全尾砂充填系统如图 1-10 所示，采用了活化搅拌、自动输送等新工艺，尾砂利用率超过 90%。充填料浆重量浓度为 70% ~76%，水泥耗量为 210kg/m^3，充填能力为 48 ~55m^3/h。

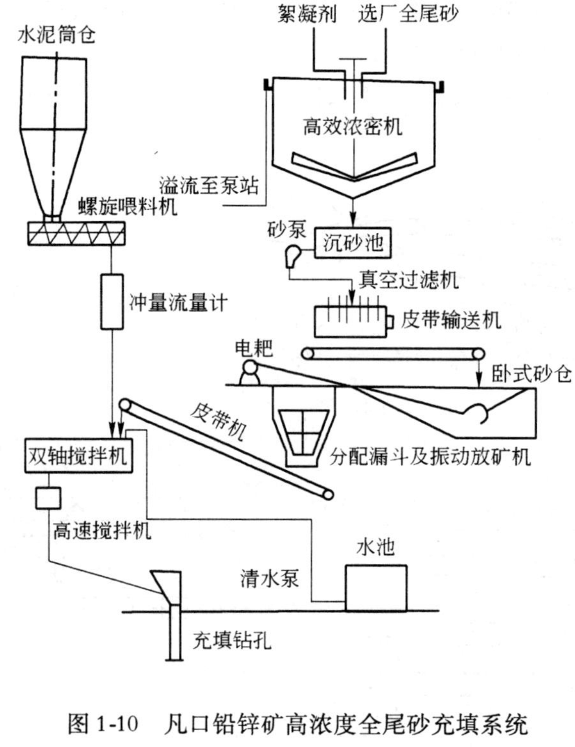

图 1-10　凡口铅锌矿高浓度全尾砂充填系统

金川有色金属公司与北京有色冶金设计研究总院合作进行的“全尾砂膏体充填新工艺及装备研究”，从 1987 年开始进行，于 1991 年 8 月通过了鉴定。经过几年建设，在 1999 年投入了生产试运行。有关该充填系统的设备配置及系统可靠性方面的情况见第 3 章。

铜录山铜矿的膏体充填系统的工艺流程如图1-11[20]所示。来自选厂的尾砂浆经过高效浓密机一段脱水，泵入不脱泥尾砂仓贮存。充填时，不脱泥尾砂仓内的尾砂进入带式压滤机一段脱水，制成含水15%左右的滤饼，经皮带输送机送至双轴叶片式（第一段）和双螺旋（第二段）搅拌机中；炉渣通过圆盘给料机和皮带输送机送至同一搅拌机，水泥经双管螺旋输送机送入双轴叶式搅拌机。尾砂、炉渣、水泥经一段搅拌后制成浓度在84%～87%左右的膏体充填料，由膏体充填泵输送至采场，采用德国Schwing公司生产的KSP-80双缸活塞砂浆泵作为膏体充填泵。

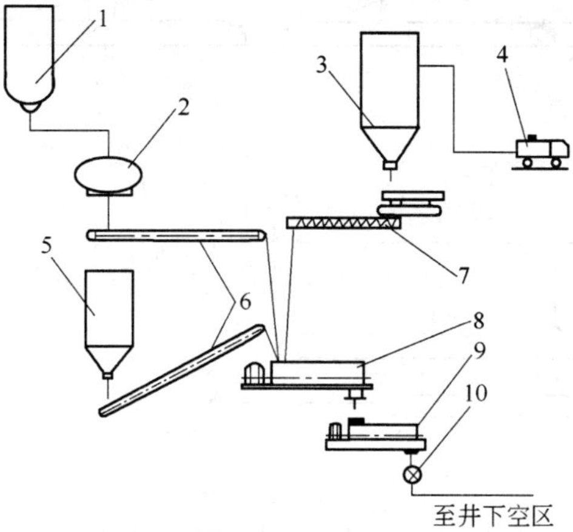

图1-11　不脱泥尾矿充填工艺流程

1—不脱泥尾矿仓；2—带式压滤机；3—水泥仓；4—水泥罐车；5—炉渣仓；
6—皮带机；7—螺旋输送机；8—双轴叶片搅拌机；
9—双螺旋搅拌机；10—双缸活塞泵

会泽铅锌矿的“废石＋膏体”充填技术很具特色[21]。该矿麒麟坑8号矿体倾角53°～61°，走向长210～245m（平均约227m），水平厚度1.5～18m；矿床充水主要为岩溶裂隙水，水文地质条件复杂，矿石多呈碎块状和碎屑状，稳定性相对较差，较易发生崩塌和冒落；采矿方法为大进路机械化联合充填，垂直走向布置矿房，宽度9m，长度为矿体厚度；阶段高度60m，分段高度12m，分层高度4m；不留顶（底）柱和间柱，采用钢筋混凝土假顶（底）形成多中段同时作业；分段平巷位于下盘脉外5～15m处；采场联络道与分段平巷相通，水平坡度（服务于第一分层）的脉外采场联络道，以后脉外采场联络道随回采压顶而形成，服务于3个分层；通风天井布置在上盘脉外。采矿方案如图1-12、图1-13所示。利用国内轻型合金高支柱护顶，同时以此为骨架架设充填体隔墙，采用膏体胶结与废石联合充填方式，实现灵活高效的大进路机械化充填。

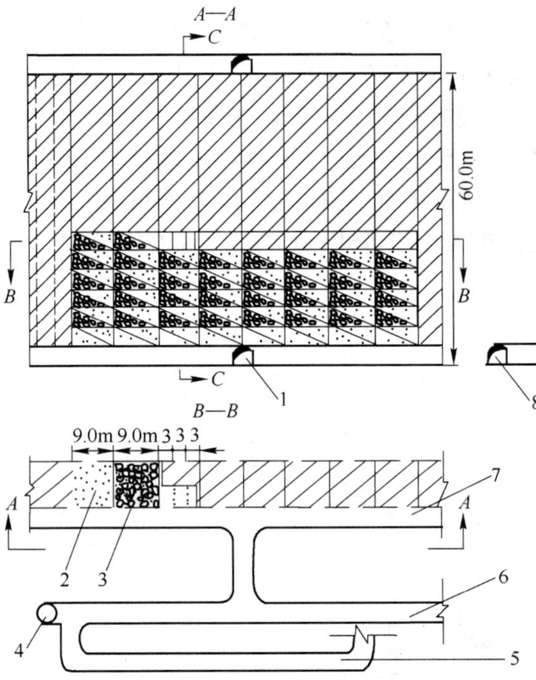

图 1-12　大进路机械化联合充填采矿法方案

1—出矿道；2—膏体充填料；3—废石充填料；4—溜矿井；5—分段联道；6—分层联道；7—沿脉巷道；8—通风平巷；9—单体水压支柱；10—上中段平巷；11—充填天井；12—分段巷道；13—中段平巷

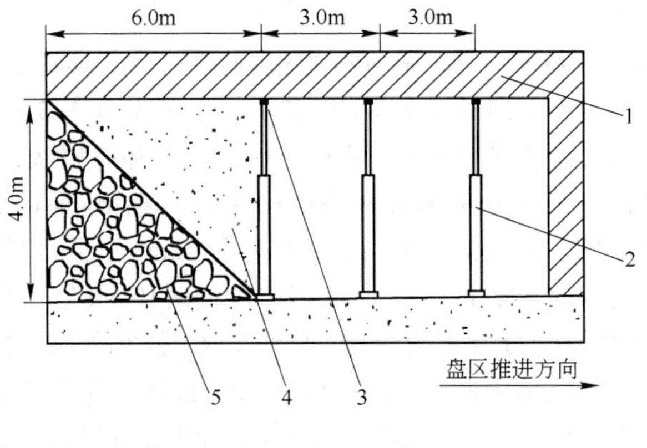

图 1-13　采场结构

1—矿体；2—单体水压支柱；3—顶、底梁；4—膏体充填料；5—废石充填料

全尾砂膏体充填技术的主要优点有：

(1)尾砂利用率高。膏体胶结充填可以使用全尾砂；膏体非胶结充填尾砂利用率一般为90%～95%，个别情况下可达到99%，取决于脱水设备和脱水技术；而水力充填分级尾砂的利用率一般只有50%～60%。致使充填材料数量不足，许多矿山只好采集地表天然砂或将块石磨碎成砂用作充填料。

(2)减少尾砂库经营和维护费用。全尾砂膏体充填的溢流水在满足环保要求的排放标准时，矿山可不建尾矿库或只建小型的尾矿库。

(3)充填料浆浓度高，大大减少了水泥用量，降低了充填成本。据德国格隆德矿的统计资料，当设计的充填体强度相同时，全尾砂膏体胶结充填料的充填成本比分级尾砂胶结充填料的充填成本降低23.6%。

(4)全尾砂膏体充填料在采场一般无渗流水排出，改善了井下作业环境，节省了井下排水及清理污泥等方面的费用。

全尾砂膏体充填技术的主要缺点是一次性投资较大，充填系统设备多、结构复杂，系统的可靠性较低。

全尾砂膏体充填的技术关键，据认为主要是下列几点[22]：

(1)尾砂脱水浓缩技术。按照全尾砂膏体充填的技术要求，尾砂脱水后的重量浓度应达到75%～80%以上。因此，需采用大型脱水设备，有的还需进行二级浓缩脱水：选厂送来的尾砂先经浓缩机脱水后，再送至过滤机脱水。表1-4列出了几个矿山所使用的脱水设备及其性能。

表1-4 脱水设备及其性能

矿山名称	脱水设备	进料浓度/%	排料浓度/%	溢流浓度/%	处理能力/$m^3 \cdot h^{-1}$	回收率/%
加拿大多姆(DOM)金矿	离心式脱水机	58.0	76.5	32.0	8.86	77.0
南非西德里方廷金矿(WESTDRIEFONTIEN)	脱水机	66.0	78.0	28.0	9.72	90.0
原苏联列宁山多金属公司	薄片式浓密机	11.0	82.0	1.75	4.5	
中国凡口矿	高效浓密机、过滤机	13.02	79.7	0.444	8.38	>90
中国金川矿	15m² 带式过滤机	35.0	73～80		9t/h	

(2)膏体的泵压输送技术。全尾砂膏体充填料需用高浓度砂浆泵或混凝土泵输送。目前，国内使用的输送泵主要有德国生产的PM双缸活塞泵以及沈阳工程机械厂生产的混凝土泵。PM泵为普茨迈斯特机械有限公司(简称PM公司)的产品，金川矿在试验中引进的是KOS-2170型，由KOS泵和电动液压装置两部分组成。电动液压装置为HA132型，电动机132kW，转速1500r/min，380V，50Hz。设备

只需平放在平整的混凝土地面上即可。由电动机带动液压油泵,油压随泵的出口压力而自动升降,达到 250×10^5 Pa 后,流量会自动降低。油压升到 300×10^5 Pa 时,不会再升高。

KOS-2170 泵的结构简单,泵的主要环节安全保护系统完善,采用了严密密封的 S 转向管来分配双缸的给排料,能适应大流量长时间连续工作的膏体充填作业,其有关技术性能见表 1-5。

表 1-5　KOS-2170 泵主要技术性能

项　目	KOS-2170 泵		
	S	B	P
理论最大流量	$80m^3/h$		
理论最大排出压力	45×10^5 Pa	75×10^5 Pa	85×10^5 Pa
外形尺寸:长×宽×高	6210mm×920mm×800mm		
质　量	3900kg	3900kg	4100kg
排料缸直径	230mm		
排料冲程	2100mm		
最快冲程时间	3.6s/次		
油缸直径	140mm		
安装功率	132kW		
最大工作油压	300×10^5 Pa		

(3)膏体管道输送系统的监控技术。全尾砂膏体充填的浓度要求高,因此,需准确控制充填料各组分的给料量并监测管道输送过程中的有关参数。整个充填系统应组成闭路循环控制系统,自动协调和处理作业过程中某个环节出现的问题,诸如压力过高或过低以及管道堵塞等,并应装备遥控和遥测仪表。

1.3　矿山无废开采对充填技术的要求

无废开采是世界采矿业发展的一种趋势[23]。近年来,随着环境保护力度的加强,各国对改善矿山环境和无废开采越来越重视。无废开采是一项综合技术,是一项跨行业、跨部门的系统工程,往往须和矿山资源综合利用与矿山可持续发展统筹考虑。一般而言,某一生产过程中产出的废物通常是另一生产过程的原料。我国矿产资源共生、伴生的较多,有些共生或伴生矿物和有价元素,分别进入尾矿或废渣之中,不仅浪费了大量资源,还增加了废料的产出。因此,积极开展矿山废弃物的综合利用,变废为宝,实行无废开采,对合理利用矿产资源,提高矿山开采经济效益,保护自然环境与确保矿山的可持续发展,有着重要的意义。

矿山无废开采主要包括废料的处理和资源的综合评价设计、综合开采利用等内容。我国矿山企业目前主要从综合利用与综合开发等方面开展研究。在矿山开采中,尾砂和废石占全部废料的70%~90%。因此,处置好矿山生产的废石和尾砂是无废开采的重点环节,将其用于矿山充填则是最直接、最有效的途径之一。

周爱民、古德生提出了基于工业生态学的矿山充填模式[24]。他们将矿山工业生态系统定义为:以采矿活动为中心,将矿山人文环境、生态环境、资源环境和经济环境相互联系起来,构成有机的工业系统;在采矿过程中,以最少的废料排放量获取最大资源量和最高的企业经济效益;在采矿活动结束后,通过最少的末端治理使矿山工程与生态环境融为一个整体。因此,基于工业生态学的矿山充填模式可描述为:将矿山充填作为矿山固体废料资源化的有效手段,通过矿山充填将矿山废料转化为矿山内部资源,从根源上解决矿山环境问题,提高资源利用率,实现矿山效益最大化。

从目前的充填技术水平来看,要实现尾砂的零排放、将全部尾砂用作充填料,则使用全尾砂胶结充填是最佳方案(在全尾砂中添加水泥等胶结剂)。因此,充填成本控制是关键因素。寻找冶炼炉渣、粉煤灰、赤泥[25]等水泥的代用品,是降低充填成本的有效措施之一,同时也是炉渣等固体废弃物资源化的最佳途径之一。济南张马屯铁矿和南京铅锌银矿是两个无废开采技术较成熟的典型矿山。

1.3.1 张马屯铁矿无废开采综合技术[26,27]

1.3.1.1 概况

济南钢城矿业有限公司(原张马屯铁矿)位于济南市东郊,始建于1966年,年生产能力50万t。该铁矿为接触交代硅卡岩型磁铁矿床,赋存于闪长岩与灰岩接触带内,由东西两个矿体及少量零星矿体组成。西矿体为建矿以来开采的主矿体,分布于5~11勘探线之间,矿体形态复杂,多呈扁豆状和透镜状。矿体在7勘探线以东走向NE,倾向NW;以西发生扭转,走向转为SN,倾向转为W,倾角为16°~70°上缓下陡,长1100m,平均厚度为21.57m,埋深-200~-434m。磁铁矿致密,中等硬度$f=6\sim8$,地质品位$w(TFe)=54\%$;下盘闪长岩致密稳固$f=8\sim10$,上盘为中厚层结晶灰岩、大理岩,$f\approx6$,较为稳固。地表为良田和村庄,不允许塌陷,属"三下"开采。

矿区岩溶裂隙发育,地下水补给充沛。通过专门水文地质勘探,揭露了矿区水文地质条件,确认属于水文地质条件极复杂的大水矿床,预测最低开采水平(-360m)涌水量达414000m^3/d,是国内外罕见的大水矿床,不治水无法开采。矿山采用"以堵为主,排、堵结合"的方法防治地下水。将井筒预注浆封堵技术应用于矿床大范围、深层基岩,对矿床实施全封闭接地式整体帷幕注浆堵水,同水平完全疏干,实现安全开采。

根据矿体的赋存条件,将矿体划分为-240m、-300m、-360m三个阶段水平,采用分段矿房法开采。进行了分段空场嗣后全尾砂胶结充填采矿工艺优化研究，将矿体按合理的回采顺序划分为一期和二期矿房，不留间柱；先回采一期矿房，采空区全尾胶结充填后，利用两侧的胶结充填体支撑围岩地压，再回采二期矿房，提高了矿石回采率。

1.3.1.2　全尾砂胶结充填技术

由于矿山地处市郊，占地狭小，在选矿厂投产后，找不到建尾矿库的场地；同时，又面临充填料短缺的问题，必须利用尾矿充填采空区，但尾矿极细，泥化严重（小于38μm的占40%），全部用于充填难度大，全尾砂胶结充填技术的研究成功解决了这些难题。如图1-14所示，全尾砂胶结充填技术将选矿尾砂用板框式压滤机压滤成含水25%左右的滤饼，堆存在尾砂池内，通过抓斗、胶带输送机输送至双轴搅拌机，与水泥、水初步混合搅拌、高速搅拌机高效活化搅拌，制成浓度60%左右的胶结充填料浆，通过管道输送到充填采空区。

全尾砂胶结充填体具有支护岩层，改善矿柱受力条件的作用，直立高度接近60m，直立性和稳定性良好，抗爆破冲击力强，能够满足安全有效回采矿柱的要求。全尾砂胶结充填技术的成功应用不仅实现了地表不设尾矿库，采矿、选矿、充填生产良性闭路循环，综合平衡，而且可有效回采矿柱，大幅度提高了矿石回采率。为降低充填水泥消耗，成功地开展了应用高炉水淬渣代替50%水泥的全尾砂胶结充填研究。

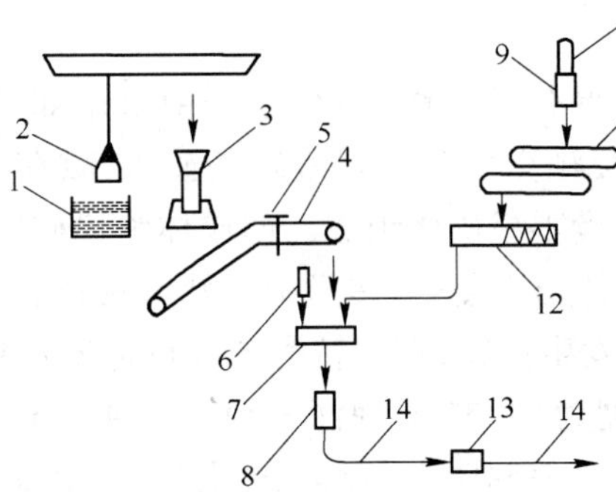

图1-14　张马屯铁矿胶结充填工艺流程图

1—尾砂池；2—抓斗吊；3—振动放矿矿机；4—皮带机；5—电子皮带秤；
6—除尘器；7—双轴搅拌机；8—高速搅拌机；9—200t水泥仓；
10—30m³ 水仓；11—螺旋秤；12—螺旋输送机；
13—混凝土泵；14—充填管路；15—集控室

1.3.1.3　废石的开发利用

建矿以来采矿产生了约30万 m^3 的废石，全部堆放在地表，且每年还要产生1万 m^3。由于受周围空间的限制，排废困难，制约了生产。

废石成分主要是闪长岩和灰岩，不含放射性和有毒有害物质，经试验破碎成石子，能达到建材标准。为此，公司建设了建筑用石子生产线，以废石为原料，经过破碎筛分，加工成石子、石粉等建筑材料，并回收废石中残留的磁铁矿。不仅解决了排废问题，而且使这些废石变成了资源，并减少了土地占用问题。

1.3.1.4 废水的开发利用

在帷幕注浆堵水后，矿坑疏干水量仍达 6.5 万 m^3/d，如果白白排掉，既是对日益紧缺水资源的巨大浪费，也影响着矿山的经济效益。

该矿地下水化学类型为 HCO_3-Ca-Mg 型，水质符合钢铁冶炼用水标准。经充分论证，利用距离济钢集团总公司主要钢铁生产区域较近的优势，铺设了 ϕ700mm 管道近 5km，把排出的矿坑水全部调入总公司作钢铁生产用水。每年可节省抽取地下新水 2372 万 m^3，按内部供水价格 1 元/m^3 计算，年创经济效益 2372 万元。不仅提高了矿业公司的经济效益，而且对水资源十分短缺的济南也有深远的意义。

济南钢城矿业有限公司多年来在矿床地下水防治、全尾砂胶结充填、采矿工艺优化、废石废水等废弃物的综合利用方面作了大量的研究和实践，实现了无废开采，既综合开发利用了资源，又保护了环境，对其他类似矿山具有很好的借鉴意义。

1.3.2 南京铅锌银矿无废开采技术[28,29]

南京铅锌银矿地处南京市东北郊栖霞山。栖霞山是国内著名的风景区和佛教圣地，区内有明镜湖、千佛岩等国家重点文物保护单位。该矿为地下开采矿山，矿床类型属大型铅锌多金属矿床。主矿体为 1 号矿体，走向长 850m，沿倾向延伸 250～400m，平均厚度 23m，矿体走向 NE45°～55°，倾向北西，倾角 60°～80°，浅部较缓，深部转向直立。矿体赋存于栖霞街与九乡河下，北距长江仅 1.8km，南靠近沪宁铁路与沪宁高速公路，交通方便。矿区经济发达，居民密集，地表无尾砂堆放场地，且不允许地表有任何塌陷，属于典型的“三下”矿山。目前矿山生产能力约为 30 万 t/a。

1.3.2.1 全尾砂胶结充填技术

矿山现采用上向水平分层充填采矿法，原系利用分级粗尾砂充填工艺和水砂充填工艺两套充填系统充填采场。选矿尾砂分级后，细粒级部分加水泥胶结充填矿山，用来对 20 世纪 70～80 年代采用空场法开采留下的采空区进行采空区治理。随着采空区治理的即将结束，由于细粒级尾砂的粒级细、沉降性能差、原有充填系统充填浓度低、胶结充填强度低等因素影响，细粒级尾砂无法进入采场。这将造成每年有 6～7 万 t 细粒级尾砂无处可充。如果外排，势必对周围环境造成污染。为解决上述问题，该矿进行全尾砂胶结充填技术研究，将选矿尾砂直接充入采场，确保满足采场生产要求。同时，避免因尾砂外排而对地表环境造成污染。根据现场充填经验以及南京铅锌银矿充填工艺要求，尾砂浓度控制在 65%～70% 之间时，都能满足现场充填所要求的流动性。考虑到充填成本和充填效果,最终尾砂浓度确定在68%;水泥添加量(1t砂)控制在0.1~0.15t之间,充入采场后,1d即可行人,3d即可开始回采作业,基本满足了上向分层充填采矿工艺需要(见图1-15)。

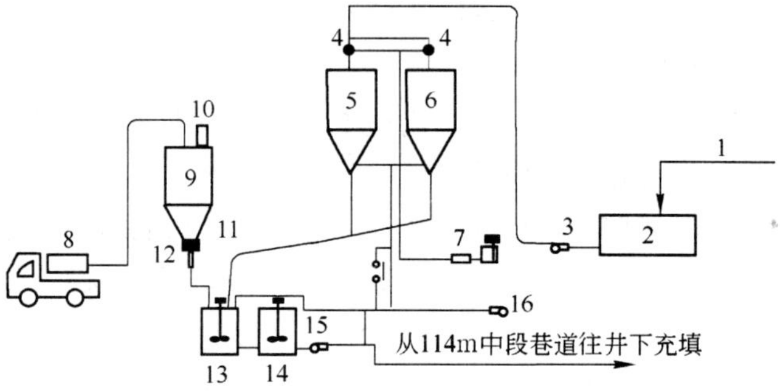

图1-15　南京铅锌银矿全尾砂胶结充填系统流程图

1—来自选厂全尾砂;2—尾砂中转池;3—4PNJ衬胶泵;4—絮凝剂与全尾砂混合器;5—尾砂仓(800m³);6—尾砂仓(880m³);7—絮凝剂搅拌添加装置;8—水泥罐车;9—水泥仓(145m³);10—收尘器;11—双管螺旋给料机;12—电子螺旋秤;13——级搅拌桶;14—二级搅拌桶;15—渣浆泵;16—高压水泵

1.3.2.2　废水循环利用技术

南京铅锌银矿选矿厂总用水量约4500m³/d,铅、锌、硫3种精矿及尾矿充填带走水约800m³/d,最终产生的选矿废水约3700m³/d;此外还有井下采矿排出地表的废水约800m³/d。为了不给长江和周围环境造成影响,并使企业能长远生存和发展,必须解决这些废水的出路问题。但由于选矿废水中含较复杂的各种药剂成分,要将其全部处理到达标后再排放,不仅处理难度较大、效果不好,而且处理成本特别高。随着我国环境保护政策的日益完善和矿山对环保的日益重视,南京铅锌银矿业有限责任公司通过与科研院所的密切合作研究,投入大量的改造资金,采取部分废水优先直接回用,其余废水适度净化处理后再回用的方案,实现了矿山废水100%回用于选矿生产,彻底解决了矿山废水的处理问题,取得了良好的环境效益和经济效益。

1.3.2.3　废气处理技术

工业废气经水膜除尘器除尘后,废气排放达标率100%,取得了烟气排放许可证。

1.4　充填力学问题

随着充填采矿法的广泛使用,充填力学作为矿山工程力学的一个分支迅速发展[30,31]。充填力学研究的对象是由地下采矿场及充填体所组成的地下开采体系的力学性能及特征。因此，充填力学的研究范围相当广泛，涉及充填材料的力学性能及散体介质力学问题，涉及充填材料水力输送的两相流流体力学或流变力学问题，还涉及关于充填体与采场围岩间的相互作用，以及充填体控制采场地压、维护采场稳定等方面的岩土力学问题。这些研究领域及其相互间的关系可用图 1-16 表示。可见，矿山充填力学与采矿工程、岩石力学、土力学、流体力学、弹塑性力学、计算力学及其他学科的关系十分密切。

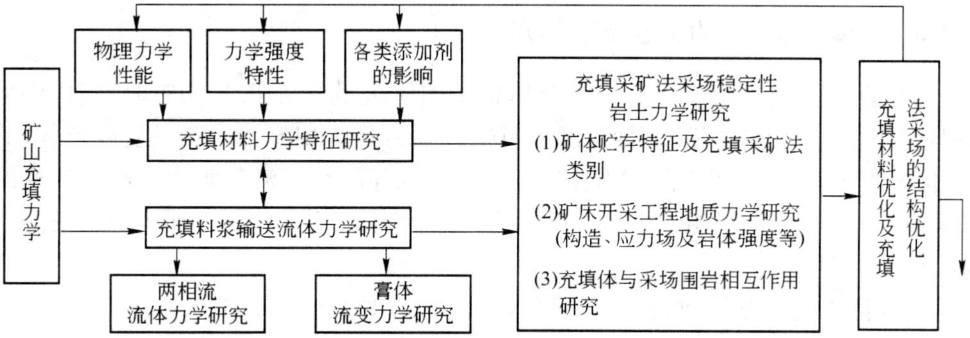

图 1-16 矿山充填力学研究框图

1.4.1 充填材料力学特性研究

干式块石充填料、非胶结的粗粒级碎石或脱泥尾砂充填料，以及含水泥量很少（少于 6% 或灰砂比为 1:20 左右）的胶结脱泥尾砂充填料，若用来支护采场围岩，其最重要的力学特性是体积压缩率[32]，而体积压缩率与充填材料的孔隙率、含水量、密度、硬度以及颗粒形状等因素有关。一般来说，这些充填材料可归类于散体介质材料，可用散体介质力学方法来分析研究其力学特性。对于水泥含量低的胶结脱泥尾砂充填料来说，因其强度特性类似于固结土，也可用土力学方法来分析研究其力学特性。

对于胶结块石、胶结碎石和水泥含量高的胶结脱泥尾砂等强度较高的充填材料来说，在用于支护采场围岩时，其最重要的力学性能是刚度和体积压缩率[32]。这些充填材料的力学性能与胶结剂的性质及其养护特性有关，还与充填材料的输送方式有关。由于这些充填材料的强度与混凝土相比仍然低得多，故可将其视作黏结性散体介质材料，仍使用散体介质力学去加以研究。

1.4.2 各种添加剂对充填材料力学特性的影响

添加剂可分为两大类，一类为胶结剂，除了常用的硅酸盐水泥外，还有粉煤灰、磨碎的炉渣[33]或黄铁矿、生石灰等，它们可使散体颗粒状的充填材料具有真实的黏结力；还有一类添加剂是用来改善充填材料的水力输送特性的，如降低充填料浆输送阻力或防止水泥流失和离析的减阻剂、絮凝剂等。一般来说,这些添加剂对胶结充填料的强度有一定程度的影响,在使用前应进行实验来加以确定[34]。

有关各类充填材料力学特性和力学强度研究的论文很多,因此,有理由认为,各类充填材料的力学性能我们都定性地掌握了。然而,针对某种具体的充填材料,某些实验室测试仍是必要的,以获得确切的力学参数。本书第 2 章论述了充填材料的物理力学特性、充填材料优化以及散体介质力学基础等问题。

1.4.3　充填料管道水力输送流体力学研究

(1)两相流流体力学问题。当充填料浆固体重量浓度低于 70% 时,固体颗粒在料浆中将发生相对沉降,因此,这种料浆可认为是两相流体或者是复合流体,其流体力学问题主要是研究固体颗粒在液体中的沉降、料浆流动阻力及临界流速的计算等。应当说,在两相流流体力学研究中,近年来较引人注目的研究进展是复合浆体理论[35]和计算流体力学[36]。

(2)膏体流变力学问题。当料浆呈膏体状态时,已具有黏塑性固体的某些特点,固体颗粒在膏体中不再有相对沉降。因此,膏体的管道输送应使用流变力学模型来加以研究。

由于膏体流变力学的特点,以及膏体充填料的工业应用尚处于初级阶段,现在的膏体流变力学是以实验为基础的,缺乏系统的理论性。有人认为,目前尚没有一个膏体充填料管道输送系统不经过试验而只作理论解算就可以确定的。本书第 3 章将讨论两相流流体力学问题和膏体流变力学问题。

1.4.4　充填法采场稳定的岩土力学研究

由图 1-16 可见,充填法采场稳定的岩土力学研究除了地质因素外,主要是研究充填体与采场结构(包括采场围岩、矿柱等)间的相互作用。一般来说,充填体在采空区的主要作用是用来支护不稳定的采场围岩,例如表 1-1 中所列的 17 个矿山,有 13 个矿山使用充填料是为了支护采场围岩或控制岩层移动。本书第 4 章讨论了地下采场包括充填法采场稳定性的评估方法,以及维护采场的稳定所应遵循的一般原则。第 5 章作为本书的重点,较详细地研究了充填体支护采场围岩的各种力学机理,介绍了研究这种力学机理的一些方法。

对于矿山来说,充填力学理论研究的结果可用于充填材料的优化和充填法采场结构及支护的优化,进而达到指导矿山设计和生产、降低生产成本、提高矿山开采的经济效益和社会效益的目的。近十多年来,充填采矿法方面的专著出版了多部,如彭续承主编的《充填理论及应用》[37],孙恒虎、刘永文编著的《高水固结充填采矿》[38],刘同友等编著的《充填采矿技术与应用》[1],孙恒虎、黄玉诚、杨宝贵编著的《当代胶结充填技术》[39],王新民等编著的《深井矿山充填理论与技术》[40],周爱民编著的《矿山废料胶结充填》[41]等。这些专著中涉及了大量的充填力学问题。

矿山充填力学与一般的岩土工程力学一样,其研究方法也是从实验出发,通过实验数据、实测资料和实践结果而提出有关的力学模型,并得到相应的解答,然后上升到较为成熟和系统的理论。随着现代科学技术的迅速发展,以及充填采矿法工艺技术和机械设备的不断进步,矿山充填力学研究将会取得更为丰硕的成果。

参 考 文 献

[1] 刘同友,等. 充填采矿技术与应用[M]. 北京:冶金工业出版社,2001.

[2] 姚香,刘成平. 我国岩金充填采矿技术现状与发展方向[C]. 第八届国际充填采矿会议论文集. 北京,2004.

[3] 李旭. 山东黄金矿山采矿方法概况及今后的设想[C]. 首届黄金采矿学术会议论文集. 山东省招远市,1988.

[4] Jubilee Symposium on Mine Filling[M]. Australian Inst. Min. & Met. , Mt. Isa, 1973.

[5] Application of Rock Mechanics to Cut-And-Fill Mining[M]. London:Inst. Min. & Met. ,1981.

[6] Mining with Backfill[C]. Proc. of Interna. Symp. ,Lulea,Sweden:June,1983.

[7] Innovations in Mining Backfill Technology[C]. Proc. of 4th Interna. Symp. , Montreal, Canada, October, 1989.

[8] Mine Fill'98[M]. Brisbane, Queensland, Australia, April, 1998.

[9] 何哲祥,周爱民. 矿山充填技术研究与应用新进展——第七届国际充填采矿大会论文述评[C]. 中国有色金属学会第五届学术年会论文集. 2003. 8.

[10] Proceedings of the 8th International Symposium on Mining with Backfill[C]. Beijing, China, September, 2004.

[11] Innovations and Practice of Mine Backfill Design[M]. Canada:Montreal University, April, 2007.

[12] 燕洪波. 尾砂分层充填采矿法几项技术问题[C]. 首届黄金采矿学术会议论文集,山东省招远市,1988. 4.

[13] 解世俊. 矿床地下开采理论与实践[M]. 北京:冶金工业出版社,1991.

[14] 蔡嗣经,童光煦. 充填采矿法的新理论、新工艺和新方案[C]. 第二届冶金矿山采矿技术进展报告会论文集,1991. 11.

[15] 徐祖麟. 粗粒级水砂充填法的实践应用[J]. 有色矿山,1991(5).

[16] 赵传卿,王红岩. 高水充填采矿法在焦家金矿的应用[J]. 采矿技术,2002,2(1):8~11.

[17] 古德生,邓建,李夕兵. 地下金属矿山无间柱连续采矿可靠性分析与设计[J]. 中国工程科学,2001,3(1):51~57.

[18] 凡口铅锌矿、长沙有色冶金设计研究院. 凡口铅锌矿盘区上向中深孔配套机械化采矿新工艺研究(鉴定会资料). 1992. 12.

[19] 何儒,等. 分段分条胶结充填采矿法在小铁山铅锌矿的试验研究[J]. 有色矿山,1988. 10.

[20] 何哲祥,鲍侠杰,董泽振. 铜录山铜矿不脱泥尾矿充填试验研究[J]. 金属矿山,2005(1)(Series No. 343):15~17.

[21] 阳雨平,周旭,王贻明,等. 大进路无轨机械化联合充填连续开采新技术[J]. 金属矿山,

2008(12)(Series No. 390):12～15.

[22] 陈顺良,等. 全尾砂充填技术研究的现状与发展对策. 铁尾砂综合利用现状与对策. 冶金部科技司、冶金部科技信息研究所编,1991.

[23] 黄志伟,古德生. 我国矿山无废开采的现状[J]. 矿业研究与开发,2002,22(4):9～10.

[24] 周爱民,古德生. 基于工业生态学的矿山充填模式[J]. 中南大学学报:自然科学版,2004,35(3):468～472.

[25] 周爱民. 基于工业生态学的矿山充填模式与技术[D]. 长沙:中南大学,2004.

[26] 张省军. 张马屯铁矿床无废开采综合技术研究[J]. 采矿技术,2006,6(3):161～166.

[27] 韩克峰,高林. 全尾砂胶结充填技术在张马屯铁矿的应用与探讨[J]. 山东冶金,1995,17(6):9～11.

[28] 汪顺才,曹维勤,康瑞海. 南京铅锌银矿全尾砂胶结充填[J]. 有色金属,2008,60(2):107～109.

[29] 缪建成,王方汉,胡继华. 南京铅锌银矿废水零排放的研究与实践[J]. 金属矿山,2003(Series No. 326):56～58.

[30] 廖国华. 矿山岩体力学[讲义]. 北京:北京钢铁学院,1983.

[31] Jeremic M L.(杰里米克). 岩体力学在硬岩开采中的应用[M]. 赵玉学等译. 北京:冶金工业出版社,1990.

[32] 蔡嗣经. 新城金矿分层充填法采场围岩力学响应特性研究[D]. 北京:北京科技大学,1991.

[33] Thomas E G, et al. Fill Technology in Underground Metalliferous Mines[M]. Interna. Acad. Serv. Ltd., Ontario, Canada, 1979.

[34] 何哲祥. 絮凝剂对胶结充填体强度的影响[J]. 长沙矿山研究院季刊,1990,10(1).

[35] 王可钦. 管道两相流[M]. 北京:清华大学出版社,1986.

[36] 吴江航,韩庆书. 计算流体力学的理论、方法及应用[M]. 北京:科学出版社,1988.

[37] 彭续承. 充填理论及应用[M]. 长沙:中南工业大学出版社,1998.

[38] 孙恒虎,刘永文. 高水固结充填采矿[M]. 北京:机械工业出版社,1998.

[39] 孙恒虎,黄玉诚,杨宝贵. 当代胶结充填技术[M]. 北京:冶金工业出版社,2001.

[40] 王新民,肖卫国,张钦礼. 深井矿山充填理论与技术[M]. 长沙:中南大学出版社,2005.

[41] 周爱民. 矿山废料胶结充填[M]. 北京:冶金工业出版社,2007.

2 充填材料散体介质力学基础

采出矿石后,充入采场或采空区的砂石等物料统称为充填材料。充填材料的质量或物理力学性能,对充填材料的输送、充填体的形成以及采场的生产、安全和经济效果等,均有巨大影响。

2.1 充填材料的分类

国内矿山广泛使用的充填材料,可按不同的标准进行分类。

2.1.1 充填材料按粒级的分类

根据充填材料颗粒的大小,可将充填材料分为块石(废石)、碎石(粗骨料)、磨砂(以及戈壁集料)、天然砂(河砂及海砂)、脱泥尾砂和全尾砂等几类。

(1)块石(废石)充填料。主要用于处理空场法或留矿法开采所遗留下来的采空区,如赣南各钨矿等;有时也用于中小型矿山和地方黄金矿山的水平分层充填采矿法,如东坪金矿、红花沟金矿等。对于削壁充填采矿法如撰山子金矿,其充填料也是块石。

块石充填料的粒级组成因矿山和岩性而异,难以进行统计分析,充填料借助重力或用矿车和皮带输送机卸入采场,在这一过程中由于碰撞、滚磨等原因块石的颗粒级配将明显变小。

(2)碎石(粗骨料)充填料。主要用于机械化水平分层充填法,以及分段充填采矿法,用水力输送。也可加入胶结剂制备成类似混凝土的充填料。例如,锡矿山矿利用选厂手选废石(硅化灰岩)破碎成碎石,再加入20%的矿渣混合成充填料,其最大粒径 $d_{max}=45$mm,平均粒径 $d_{av}=14.94$mm,密度 $\rho=2.52$t/m^3,堆密度 $\rho_{堆}=1.41$t/m^3,孔隙率 $\omega=44\%$,渗透系数 $k=960$cm/h[1]。

会泽铅锌矿麒麟厂矿区利用地表剥离废石和井下掘进废石(白云岩和白云化灰岩)经破碎后用作碎石充填料,平均粒径 $d_{av}=7.37$mm。其粒级组成如表2-1所示。

(3)磨砂(以及戈壁集料)充填料。当分级尾砂数量不足时,可采用一部分磨砂或戈壁集料补充。凡口铅锌矿的磨砂是井下掘进废石经破碎和棒磨而成。这类充填料与脱泥尾砂相同,用水力输送,主要用于分层或进路充填法采场。

表 2-1　会泽铅锌矿碎石充填料粒级组成[2]

粒级/mm	产率/%	累计/%
40	0. 14	0. 14
40 ~25	5. 36	5. 50
25 ~18	3. 13	8. 63
18 ~15	5. 41	14. 04
15 ~10	15. 76	29. 80
10 ~5	22. 44	52. 24
5 ~3. 2	5. 33	57. 57
3. 2 ~1. 6	10. 88	68. 45
1. 6 ~1. 0	3. 66	72. 11
1. 0 ~0. 1	21. 47	93. 58
-0. 1	6. 42	100. 00

金川镍矿砂石厂专门为充填而生产的棒磨砂，其最大粒径 d_{max} =5. 5mm，比表面积 81. 9m^2/cm^3，密度 2. 67t/m^3，孔隙率 37. 7%。金川镍矿棒磨砂的粒级组成见表 2-2。

表 2-2　金川镍矿棒磨砂粒级组成[3]

粒级/mm	产率/%	累计/%
+5. 0	2. 59	2. 59
+3. 0	9. 83	12. 42
+1. 6	3. 32	15. 74
+0. 84	21. 86	37. 60
+0. 545	13. 88	51. 48
+0. 287	17. 81	69. 29
+0. 197	9. 08	78. 37
+0. 15	6. 90	85. 27
+0. 10	8. 63	93. 90
+0. 071	1. 84	95. 74
-0. 071	4. 26	100. 00

（4）天然砂（河砂和海砂）充填料。这类充填材料与磨砂一样，也是用于脱泥尾砂的数量不足或选厂尾砂不适合用作充填料的情况。其输送方式及适应的充填采矿法均与磨砂相同。

山东省金城金矿海砂的粒级组成如表 2-3 所示。

表 2-3 金城金矿海砂粒级组成[4]

粒级/mm	产率/%	累计/%
+2.0	22.00	22.00
+0.90	42.50	64.50
+0.45	23.46	87.96
+0.28	8.71	96.67
+0.18	2.35	99.02
+0.154	0.54	99.56
−0.154	0.44	100.00

(5)脱泥尾砂充填料。这是使用最广泛的一种充填材料,其来源方便,成本低廉,只需将选厂排出的尾砂用旋流器脱泥。这种充填料全部用水力输送,即适合于各种分层或进路充填法,也适用于处理采空区。国内部分矿山脱泥尾砂的粒级组成列于表 2-4 中。

表 2-4 国内部分矿山脱泥尾砂的粒级组成[5]

矿山	粒级组成											
凡口铅锌矿	粒径/mm	0.2	0.13	0.077	0.05	0.037	0.02	0.01	−0.01			
	重量浓度/%	4.28	30.41	24.2	16.92	9.36	12.26	1.48	1.27			
招远金矿	粒径/mm	0.18	0.15	0.125	0.09	0.075	0.063	0.053	0.044	−0.044		
	重量浓度/%	41.0	13.5	8.0	17.5	4.3	4.8	2.0	1.0	8.0		
锡矿山矿	粒径/mm	0.3	0.15	0.105	0.074	0.037	0.02	0.01				
一级脱泥	重量浓度/%	23.35	22.25	8.00	16.00	11.85	10.50	8.05				
二级脱泥	重量浓度/%	22.5	15.0	20.5	7.5	21.17	9.31	4.02				
东乡铜矿	粒径/mm	0.50	0.30	0.217	0.15	0.121	0.104	0.077	0.05	0.04	0.03	−0.03
	重量浓度/%	0.15	1.08	3.82	11.37	12.21	3.72	14.43	20.73	10.14	9.79	8.52
黄沙坪矿	粒径/mm	0.2	0.147	0.074	0.043	−0.043						
	重量浓度/%	4.77	12.89	32.79	43.15	6.40						
铜录山矿	粒径/mm	0.053	0.038	0.027	0.017	0.01	−0.01					
	重量浓度/%	77.6	14.9	3.6	1.7	0.6	1.6					
凤凰山铜矿	粒径/mm	0.053	0.038	0.027	0.019	−0.019						
	重量浓度/%	92.16	6.29	0.99	0.16	0.40						

(6)全尾砂充填料。选厂出来的尾砂不经分级脱泥,只经浓缩脱水制成高浓度或膏体充填料。目前,高浓度或膏体全尾砂充填料在添加水泥等胶结剂后,主要用于分层或进路充填采矿法中,采用泵压输送或自溜输送方法。国内部分矿山全尾砂充填料的粒级组成见表 2-5,其物理性能见表 2-6。

表 2-5　国内部分矿山全尾砂充填料粒级组成

矿　山	粒　级　组　成											
金川	粒径/mm	0.128	0.096	0.064	0.048	0.032	0.016	0.008	0.004	0.002	0.001	−0.001
一选厂	重量浓度/%	0.4	4.5	20.4	6.1	12.8	8.8	17.2	12.5	7.6	6.1	3.0
二选厂	重量浓度/%	0.8	7.9	24.0	6.5	12.1	7.9	15.4	10.8	6.2	4.9	3.5
车江铜矿	粒径/mm	0.074	0.05	0.037	−0.037							
	重量浓度/%	23.7	16.0	11.3	49.0							
锡矿山	粒径/mm	0.4	0.3	0.2	0.1	0.074	0.037	0.02	−0.02			
	重量浓度/%	10.8	10.24	13.41	15.4	4.07	10.0	5.2	30.88			
金城金矿	粒径/mm	0.45	0.28	0.18	0.154	0.125	0.098	0.076	0.05	0.02	0.01	−0.01
	重量浓度/%	3.16	15.52	23.31	19.8	13.19	11.85	1.64	4.36	5.58	1.25	0.33

表 2-6　国内部分矿山全尾砂物理性能

指标 \ 矿山	锡矿山矿	金川一选厂	金川二选厂	车江铜矿	金城金矿
密度/$t \cdot m^{-3}$	2.50	2.87	2.87		2.61
堆密度/$t \cdot m^{-3}$	1.54	1.30		1.63	1.41
孔隙率/%	38.40	54.70	48.20		35.60
渗透系数/$cm \cdot h^{-1}$	5.40			0.70～1.20	3.25

按照土力学或散体介质力学的粒级分类方法，例如我国原水电部颁布的《土工试验规程》(SD 128—84)中的规定(参见图 2-1)，脱泥尾砂基本上属于砂粒范围，而全尾砂则属于细砂粒和粉粒范围。

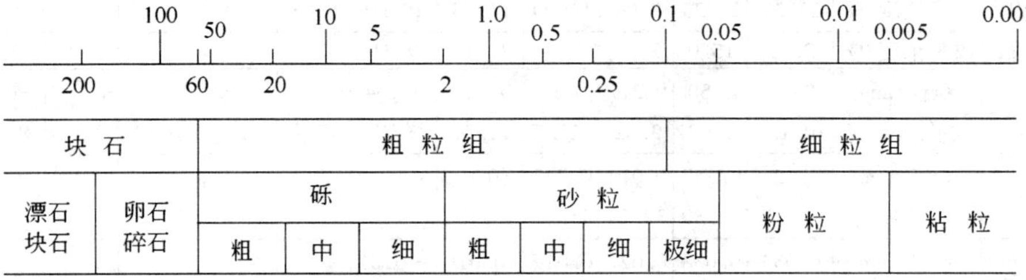

图 2-1　粒组划分图[6]

2.1.2　充填材料按力学性能的分类

根据充填体是否具有真实的内聚力，可将充填材料分为非胶结和胶结两类。

(1)非胶结充填材料。前面所述的各种充填材料均可作为非胶结充填料，但对全尾砂来说，由于含细微颗粒多，脱水比较困难，在爆破等动荷载作用下存在被重新液化的危险性。因此,在目前的工程技术水平条件下,全尾砂充填料一般需加入水泥等胶结剂制备成胶结充填料。

除了干式充填的块石以及风力输送的砂、石充填料外,对于非胶结的水砂(尾砂)充填材料来说,其脱水性能即渗透系数是最重要的质量指标,在设计中一般推荐渗透系数不小于100mm/h。

(2)胶结充填材料。一般情况下,块石、碎石、天然砂、脱泥尾砂和全尾砂均可制备成胶结充填材料或胶结充填体。对于不适宜用水力输送的块石或大块的碎石来说,可借助于重力或风力先将其充入采空区,然后在其中注入胶结水砂(尾砂)充填料以形成所谓的胶结块石充填体。

固体重量浓度为60% ~70%的胶结脱泥尾砂充填料,由于加入了水泥,其渗透系数大为降低,如Thomas曾报道过一组渗透实验结果,见表2-7。因此,对胶结充填材料来说,渗透系数已无太大的实际意义,而充填体抗压强度才是最重要的质量指标。

表2-7　胶结充填材料的渗透系数[7]

波特兰水泥含量(重量)/%	孔隙比①	渗透系数(以不含水泥的充填料为100%)/%
0	0.689	100.0
4	0.664	25.40
8	0.644	10.10
12	0.646	5.03
16	0.603	2.43

①测定孔隙比时,对充填料进行了常规的击实。

2.2　充填材料的物理力学性能

如果充填材料的化学成分稳定,不迅速氧化、不自燃、不遇水溶解、不具有自胶结性或自胶结性极小等,则对于力学研究的目的来说,充填材料的重要物理力学性能有密度和堆密度、孔隙率和孔隙比、渗透系数、颗粒级配、压缩特性、非胶结充填材料的强度特性、胶结充填材料的强度特性。

2.2.1　充填材料的密度和堆密度

充填材料的密度定义为:单位体积的充填材料在密实状态下的质量。国际标准单位为kg/m^3,工程上常用的单位为t/m^3。

通常,充填材料处于松散状态。充填材料的堆密度即是处于松散状态的充填材料单位体积(包括固体颗粒和空隙)所具有的质量。工程上常用的单位为t/m^3。

2.2.2 充填材料的孔隙率和孔隙比

充填材料的孔隙比是指充填材料中孔隙体积与固体颗粒体积之比，而孔隙率是指松散充填材料中孔隙体积所占的百分率。若用 ε 表示孔隙比，用 ω 表示孔隙率，则有：

$$\varepsilon = \omega/(1-\omega) \tag{2-1}$$

充填材料的孔隙比或孔隙率是一个表示充填料性能的重要参数，其数值的大小反映了充填体的密实程度，对胶结充填材料来说，则进一步反映了充填体的强度特性。

2.2.3 充填材料的渗透系数

根据达西定律，多孔介质的渗透性定义为：

$$K = \frac{QL\eta}{hA\gamma^2} \tag{2-2}$$

式中 K——多孔介质的渗透性，m^2；

Q——通过多孔介质渗透出来的流体流量，N/s；

L——多孔介质在流体流动方向的长度，m；

h——静水压头，m；

A——（垂直于流动方向的）多孔介质的横剖面面积，m^2；

η——流体的绝对黏度，$N \cdot s/m^2$，见表 2-8；

γ——流体的重力密度，kN/m^3，见表 2-8。

表 2-8　不同温度时水的绝对黏度和重力密度

温度 T/℃	绝对黏度 $\eta/N \cdot s \cdot m^{-2}$	重力密度 $\gamma/kN \cdot m^{-3}$
5	1.519×10^{-3}	9.807
10	1.307×10^{-3}	9.804
15	1.139×10^{-3}	9.798
20	1.002×10^{-3}	9.789
25	0.8904×10^{-3}	9.778
30	0.7975×10^{-3}	9.764
35	0.7194×10^{-3}	9.749
40	0.6529×10^{-3}	9.730

由于渗透性 K 的单位为 m^2，该指标没有明显的物理意义。因此，在充填采矿法中，广泛采用渗透系数这个指标来评价充填材料的脱水性能。

在式(2-2)中，代入 $Q = q\gamma$，其中 q 为渗透出来的流体之体积，m^3/s，则有：

$$K=\frac{qL\eta}{hA\gamma} \tag{2-3}$$

在常定温度下，η/γ 是一个常数，因此式(2-3)可写成：

$$k=\frac{qL}{hA} \tag{2-4}$$

式中，k 为多孔介质的渗透系数，m/s，在充填采矿法中常用的单位为 cm/h。

在充填体中渗透出的流体是水。不同温度下水的绝对黏度和重力密度均有所变化，如表 2-8 所示。因此，通过试验得出的充填材料的渗透系数，须注明试验时的室温。

2.2.4 充填材料的颗粒分级

对于砂类散体介质来说，颗粒大小的分布情况，即级配，是影响其力学性能的最重要的物理参数。

充填材料的粒度组成，可用列表法如表 2-1 来表示，也可用粒度组成曲线来表示，如图 2-7 所示。

为表征充填材料的级配情况，常用到以下两个特征值：

(1)加权平均粒径 d_{av}。其计算公式为：

$$d_{av}=\sum_{i=1}^{n}(d_i,G_i)/100 \tag{2-5}$$

式中 d_i——每一个筛分粒级的上限粒径和下限粒径的平均值，$d_i=(d_{max}^i+d_{min}^i)/2$；

G_i——该粒级在总试样中所占的重量百分比；

n——筛分时的粒级数。

由于加权平均粒径 d_{av} 与筛分时所划分的粒级数目有关，因此，对同一种充填料采用不同的筛分粒级划分，则所得到的 d_{av} 值不一样。可见，d_{av} 只有相对的意义。

(2)粒级组成不均匀系数 C_u：其计算公式为

$$C_u=d_{60}/d_{10} \tag{2-6}$$

式中 d_{60}——60%的充填料能通过的筛孔直径，mm；

d_{10}——10%的充填料能通过的筛孔直径，mm。

充填料的上述物理特性，即密度、堆密度、孔隙比或孔隙率、渗透系数以及颗粒分级等，其实验室测定方法可参照土木工程试验的有关国家标准进行，如上文提到的《土工试验规程》(SD 128—84)等。

2.2.5 充填材料的压缩特性

松散的充填材料尤其是非胶结的充填材料，孔隙率相当高，因而其体积压缩性很大。充填体无论是设计用来支护采场围岩还是仅作为采场工作底板，充填材料的压缩特性是其最重要的力学性能之一，不同种类的充填材料其压缩特性不同，具体讨论详见第 5 章中的有关内容。

2. 2. 6　非胶结充填料的强度特性

这里,主要讨论砂土级的非胶结充填材料而不涉及块石类的干式充填材料。在土力学术语中,砂土级的非胶结充填材料被称为无内聚力的颗粒散体介质。这种材料的抗剪强度主要来自两个方面:

(1)由于毛细水产生的表面张力而形成的视在内聚力。当颗粒完全干燥或浸水饱和时这种视在内聚力则消失;

(2)颗粒间的相互啮合作用。这种啮合作用一般与材料的湿度无关,而与孔隙水压力的大小有关。

无真实内聚力的颗粒状散体介质的莫尔强度包络线的一般形式如图 2-2 所示。

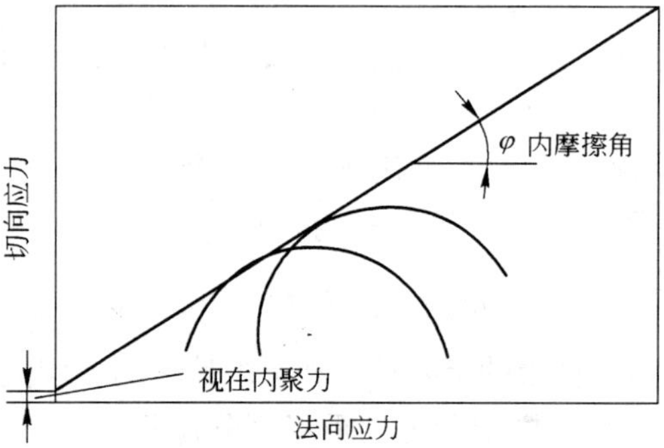

图 2-2　无内聚力散体材料的莫尔强度包络线

若用数学方法来描述这种材料的强度特性,即有库仑公式:

$$\tau = c_a + (\sigma - \mu)\tan\varphi \tag{2-7}$$

式中　τ——散体材料的抗剪强度;

c_a——散体材料的视在内聚力;

σ——作用在散体材料上的正应力;

μ——散体材料中的孔隙水压力;

φ——材料的内摩擦角。

若忽略 c_a 和 μ 的存在,则对于某种具体的充填材料,由图 2-2 或式(2-7)所表示的强度特性可以在实验室用剪切仪方便地进行测定。

由式(2-7)可见,要提高这种材料的抗剪强度,一是增加作用其上的正应力,二是提高其内摩擦角。在充填采矿实践中,方便可行的途径是提高充填材料的内摩擦角。

散体材料的内摩擦角主要与颗粒形状、颗粒级配及密实程度有关。Lambe 和

Whitman 通过试验得出的实验结果如表 2-9[8] 所示。

表 2-9 影响散体材料内摩擦角大小的因素 (°)

颗粒形状和分级	松散状态	密实状态
圆滑,颗粒均一	30	37
圆滑,分级良好	34	40
有棱角,颗粒均一	35	43
有棱角,分级良好	39	45

2.2.7 胶结充填材料的强度特性

胶结充填材料由于具有真实的内聚力,其强度特性主要是指抗压强度特别是单轴抗压强度特性。下面以胶结脱泥尾砂为典型充填材料来进行讨论。

胶结充填材料的莫尔强度包络线可用下式表示:

$$\tau = c + \sigma \cdot \tan\varphi \tag{2-8}$$

式中 c——胶结充填材料的内聚力;

其余符号的意义同前。

(1)抗压强度与水泥含量的关系。使用普通硅酸盐水泥作为胶结剂时,若其他条件不变,则充填材料中的水泥含量越高充填体的抗压强度越大,典型的实验曲线如图 2-3 所示。

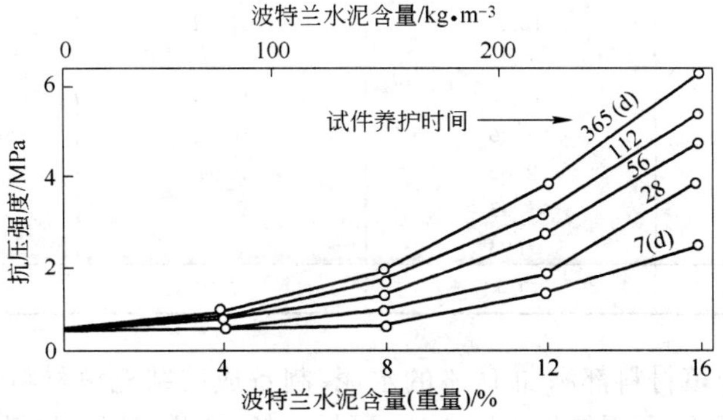

图 2-3 水泥含量与单轴抗压强度的关系

(2)抗压强度与养护时间的关系。在充填采矿中,通常说的胶结充填体强度是指试件养护 28 天后在实验室试验测得的抗压强度值。事实上,胶结充填体的强度随养护时间的延长而增加,特别是井下恒温恒湿的环境更有利于水泥的长期养护。在水泥含量一定时,实验室测定的胶结充填材料的养护特性如图 2-4 所示。

(3)抗压强度与充填材料颗粒级配的关系。为研究胶结充填材料抗压强度与颗粒级配的关系,托马斯等曾进行了一组对比试验[7]。所用的充填材料有三种:一

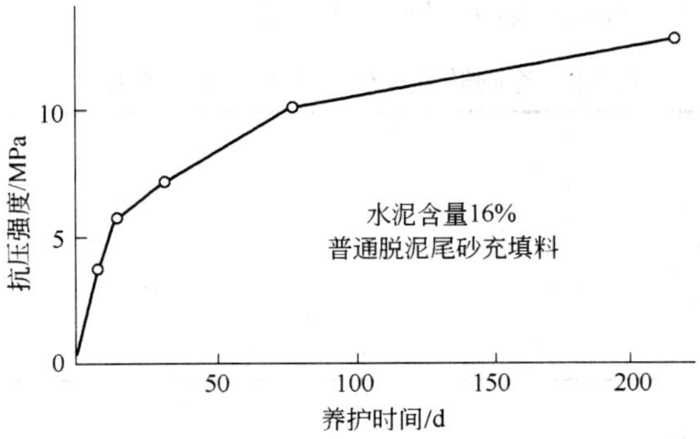

图 2-4　水泥含量 16% 时胶结充填材料的养护特性

种为普通脱泥尾砂，一种为在普通脱泥尾砂中加入一定量的细微颗粒，一种为普通脱泥尾砂再进行第二次脱泥。这三种材料的颗粒分级如表 2-10 所示。

表 2-10　三种充填材料的粒级组成　　%

颗粒粒径/μm	脱泥尾砂(A)	在(A)中加入细颗粒(B)	从(A)中剔除细颗粒(C)
+425	0.10	0.09	0.11
300～425	0.31	0.40	0.39
212～300	1.83	1.78	2.01
150～212	4.53	3.48	4.67
106～150	20.99	21.06	23.93
75～106	20.82	19.86	22.08
53～75	18.39	17.92	19.04
41～53	3.27	3.96	3.55
31～41	13.01	11.84	12.20
21～31	4.26	5.25	3.81
14～21	2.62	3.64	1.79
10～14	1.93	2.17	0.97
0～10	7.93	8.61	5.44
平均粒径/μm	80.44	77.91	86.03

将这三种充填材料都添加 16% 的水泥，制备成胶结充填材料试件，在实验室进行抗压强度试验，所得结果见图 2-5。可见，对胶结脱泥尾砂材料来说，并不是颗粒平均粒径越大，试件抗压强度就越高，而是存在一个最佳级配。关于这一点，详见下一节关于充填材料优化的讨论。

(4)抗压强度与料浆浓度的关系。用水力输送的胶结充填材料，其料浆输送浓度实质上反映了水灰比(水与水泥之比)的大小。在混凝土制备中，水灰比一般控制在 0.5～1.0 范围内。而对于重量浓度 50%～70% 左右的水力充填料来说，水灰比可能在 1.0～10.0 的范围内。一般来说，当水泥含量一定时，料浆输送浓度越高也即水灰比越小，则胶结充填体的抗压强度就越大。凡口铅锌矿的试验数据见表 2-11。

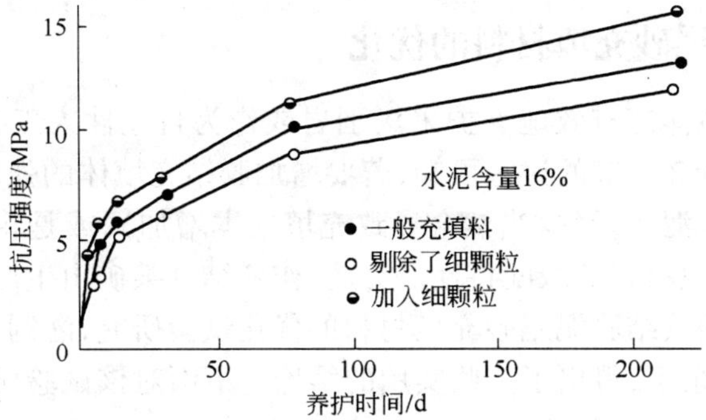

图 2-5 充填材料级配对其强度特性的影响

表 2-11 水灰比与充填试件抗压强度关系的实验数据[5]

水泥与尾砂之比	重量浓度/%	水灰比	抗压强度(28d)/MPa
1∶3	75	1.00	12.40
	70	1.28	6.98
	65	1.62	6.00
1∶4	75	1.33	8.50
	73	1.47	7.53
	70	1.71	7.00
	60	2.16	5.53
1∶5	75	2.00	4.40
	73	2.21	3.30
	65	3.22	3.00

(5)抗压强度与养护温度的关系。由于矿体开采深度的影响,以及矿山所处区域的气温差异,胶结充填材料在井下的养护温度也不相同。试验表明,胶结充填料中水泥含量为8%时,其最佳养护温度是25～38℃,如图2-6所示。

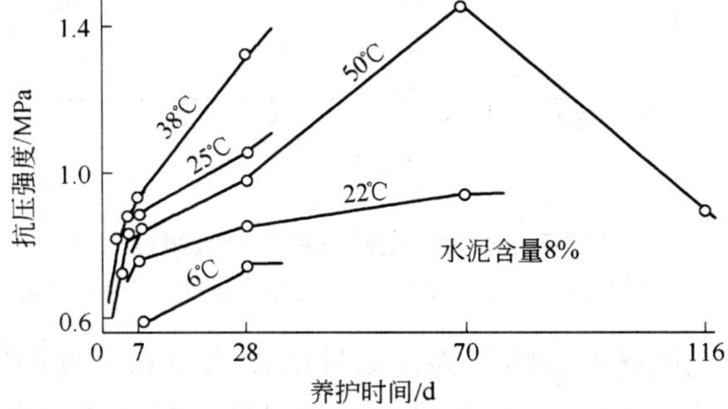

图 2-6 养护温度对抗压强度的影响[7]

2.3　胶结脱泥尾砂充填材料的优化

为使胶结充填体能有效地支护采场围岩或作为自立性人工矿柱，应保证其具有足够的强度。从 2.2 节的讨论可知，若要增加胶结充填体的强度，其途径或是增加充填材料中的水泥含量(这当然会导致充填成本增加)，或是将充填材料进行优化，主要是优化充填材料的级配特性。为此，作者结合某矿山生产实践在实验室进行了一项大规模的胶结脱泥尾砂充填材料的优化试验研究，灌制、养护的胶结充填体试件多达 1700 余个，得出了一些实用的结论。下面对该试验研究项目作一简单介绍。

试验所用的原材料有选厂原生铜尾砂、原生铅锌尾砂。考虑到矿山充填作业中有可能使用混合尾砂，还配制了两种混合尾砂样品，其中 1 号混合尾砂含 2/3 的铜尾砂和 1/3 的铅锌尾砂，2 号混合尾砂含 1/3 的铜尾砂和 2/3 的铅锌尾砂。这四种尾砂材料的粒级组成及材料的用量、密度等如表 2-12 和图 2-7 所示。

表 2-12　尾砂材料的用量及密度测定

尾砂名称	总重量/kg	固体浓度(重量)/%	固体重量/kg	尾砂密度/$t \cdot m^{-3}$
铜尾砂	291.0	72.56	211.1	2.80
1 号混合尾砂	322.2	69.01	222.4	2.92
2 号混合尾砂	335.1	66.40	222.5	3.04
铅锌尾砂	358.5	69.37	248.7	3.17

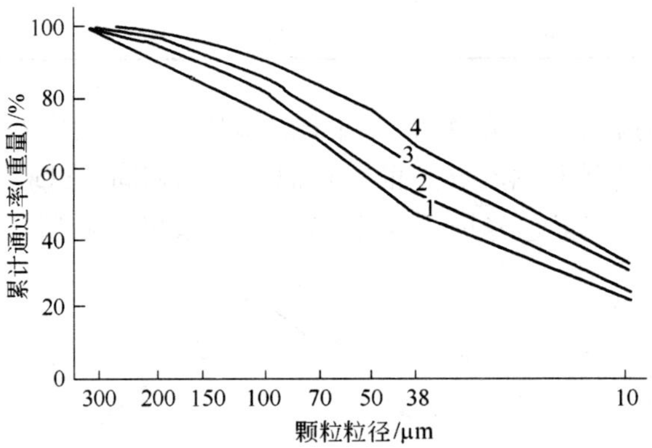

图 2-7　实验用尾砂材料的粒级组成

1—铜尾砂；2—1 号混合尾砂；3—2 号混合尾砂；4—铅锌尾砂

试验中采用的充填材料胶结剂为优质硅酸盐水泥和干燥的磨碎铜反射炉渣，其有关的特性分别见表 2-13 和表 2-14。所有尾砂材料和胶结剂材料均从矿山充填材料堆中按标准取样。

表 2-13 优质硅酸盐水泥的特性

等 级		A 级
化学性质/%	燃烧损失	1.7
	SO_3	2.0
	MgO	1.8
水化物组成/%	C_3A	8.0
	C_4AF	10.0
	C_3S	57.0
	C_3S	18.0
安定性		相当于 Na_2O 0.59
比表面积/$m^2 \cdot kg^{-1}$		362.0
密度/$t \cdot m^{-3}$		3.15

表 2-14 磨碎铜反射炉渣的特性

密度/$t \cdot m^{-3}$			3.32
比表面积/$m^2 \cdot kg^{-1}$			290.6
颗粒分级	粒径/μm	重量浓度/%	累计/%
	+300	1.27	1.27
	+212	3.91	5.18
	+150	5.27	10.45
	+106	7.53	17.98
	+75	13.74	31.72
	+53	28.61	60.33
	+45	7.40	67.73
	+38	12.86	80.59
	−38	19.41	100.00

充填材料优化试验研究过程,大致分为如下六个步骤进行:

(1)充填材料样品的制备。按试验设计要求,四种尾砂每种经过脱泥制备出15个不同颗粒级别组成的充填料。充填料制备流程见图2-8。

(2)按设计的尾砂回收率进行脱泥。上述 4×15 个尾砂样品,按不同的回收率进行脱泥。如15个铜尾砂样品,设计的脱泥回收利用率及实验室脱泥方法如表2-15所列。其他三种尾砂样品的脱泥过程也与此相同。

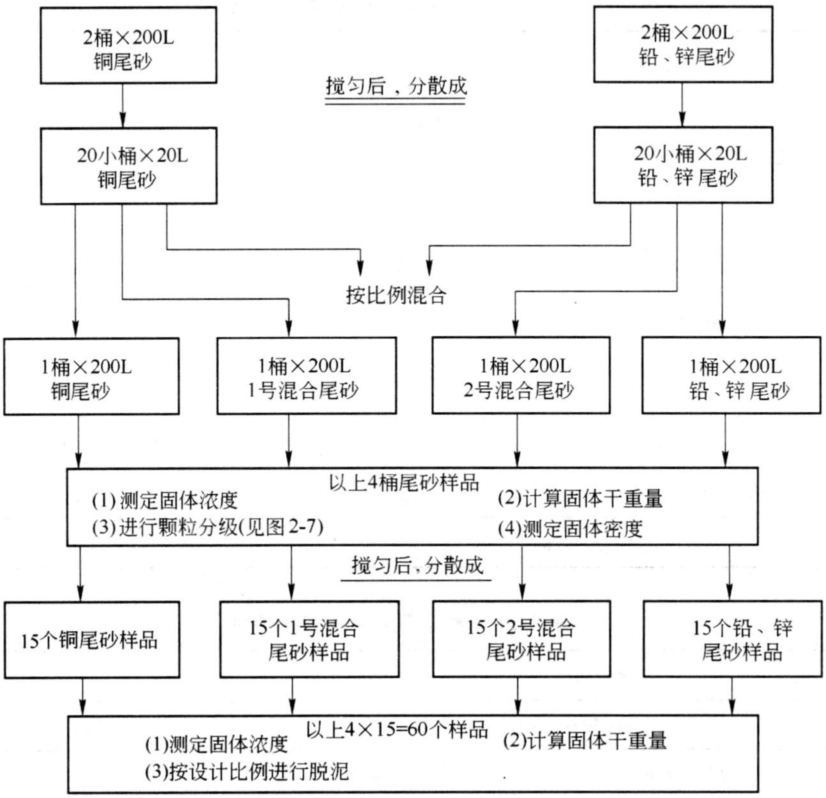

图 2-8　充填料的制备流程图

表 2-15　铜尾砂样品的脱泥方法

序号	回收利用率/%	样品名称	脱　泥　方　法
1	95	C95	分为两个子样品，倾析法，沉淀时间从 3h 降至 0.5h
2	90	C90	分为两个子样品，倾析法，沉淀时间从 3h 降至 0.5h
3	85	C85	分为两个子样品，倾析法，沉淀时间从 3h 降至 0.5h
4	80	C801	分为两个子样品，倾析法，沉淀时间从 3h 降至 0.5h
5	80	C802	螺旋分级机，所得脱泥尾砂中仍含有较多细颗粒
6	70	C701	同 C801，沉淀时间最后为 20min
7	70	C702	螺旋分级机，所得脱泥尾砂中仍含有较多细颗粒
8	60	C601	分为三个子样品，倾析法，沉淀时间最后降至 15min
9	60	C602	同 C601，沉淀时间最后降至 10min
10	60	C603	螺旋分级机，其过程比 C802 更粗糙
11	60	C604	同 C603，但更粗糙
12	50	C501	同 C601，沉淀时间最后为 10min

续表 2-15

序号	回收利用率/%	样品名称	脱 泥 方 法
13	50	C502	同 C601,沉淀时间最后为 3min
14	50	C503	螺旋分级机,其过程比 C802 粗糙
15	50	C504	螺旋分级机,但更粗糙

(3)脱泥尾砂的颗粒分级。所有尾砂样品经脱泥后,按与原生尾砂相同的分级标准进行分级。为保证分级的准确性,每个样品分级两次,个别样品的分级进行了三次。典型的脱泥铜尾砂充填料的分级曲线如图 2-9 所示。脱泥铜尾砂与脱泥铅锌尾砂的级配比较如图 2-10 所示。

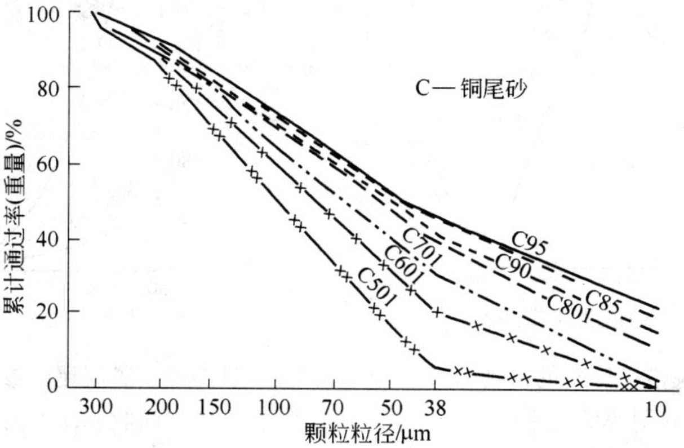

图 2-9 典型的脱泥铜尾砂充填料分级曲线

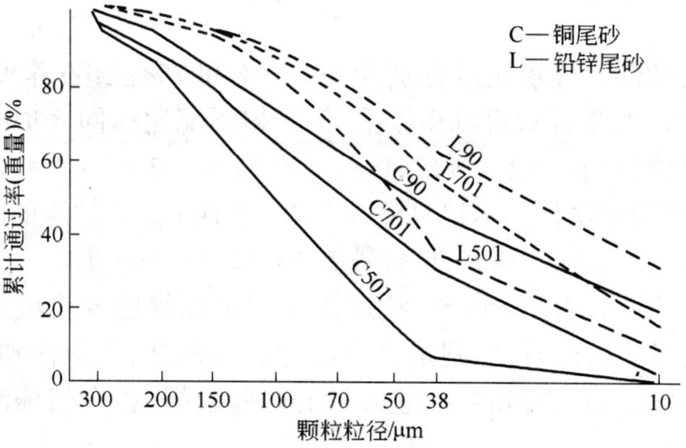

图 2-10 脱泥铜尾砂与脱泥铅锌尾砂级配的比较

(4)脱泥尾砂密度的测定。4 ×15 个脱泥尾砂充填料样品,逐个测定其密度,结果发现,对于脱泥铜尾砂,其密度与尾砂回收利用率无关,即在任何回收利用率时其密度均与原生尾砂相同(2.80t/m³),脱泥后的混合尾砂其密度也与回收利用率关系不大,但对于脱泥铅锌尾砂,其密度与回收利用率有关,如图 2-11 所示。

(5)脱泥尾砂渗透系数的测定。测定脱泥尾砂的渗透系数时,采用的是常压头滴定方法。试验证明测定时使用湿样品比使用干样品更符合实际情况,往样品中加入蒸馏水与加入自来水所测得的数据相差无几。因此,湿样品加入自来水的方案被采用。部分测定结果如图 2-12 所示。

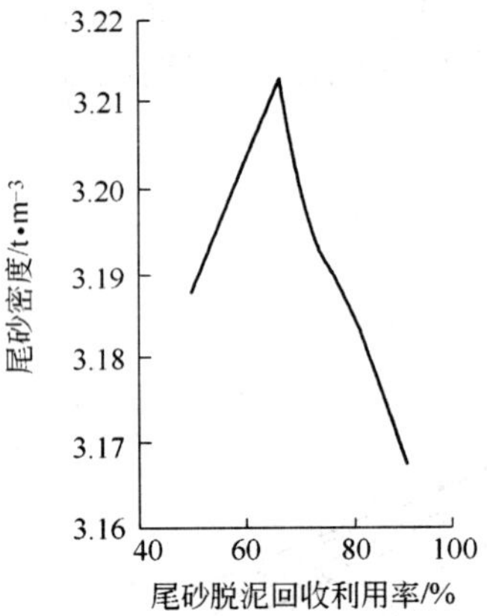

图 2-11　脱泥铅锌尾砂的密度与其回收利用率的关系

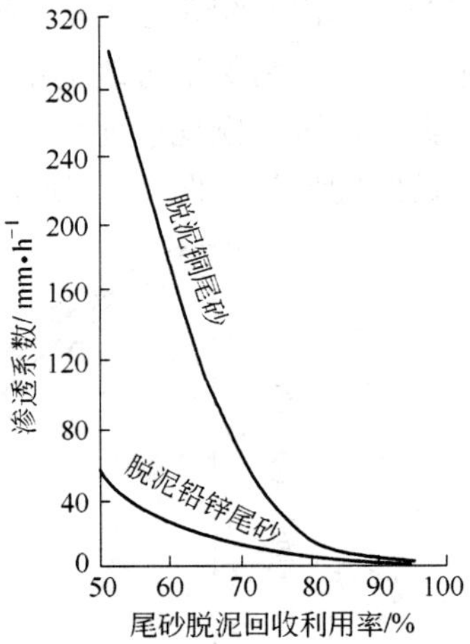

图 2-12　脱泥尾砂渗透系数与其回收利用率的关系

(6)胶结充填试件强度的测定。所制备的 4 ×15 个脱泥尾砂样品,每个都按下述组合浇灌胶结充填体试件进行抗压强度试验。试件为圆柱形,直径 54mm,高 108mm。

1)水泥胶结试件。含水泥量分别为 3%、5% 和 7% 三组;养护时间分为 28d、56d 和 112d 三组。为保证获得可靠数据,每个相同配比相同养护时间的试件均灌制 3 个,测定的数据取平均值。因此,试件总数为 60 ×3 ×3 ×3 =1620 个。

2)水泥、炉渣胶结试件。本组只灌制含 3% 水泥和 6% 炉渣的胶结脱泥铜尾砂和胶结脱泥铅锌尾砂试件。所以,试件数为 15 ×2 ×3 =90 个。

上述两种试件总数为 1710 个。抗压强度测试在等应变土壤强度试验机上进行。在测试抗压强度的同时,还测定每个试件的堆密度、孔隙比和含水率等,每个试件测取 9 个数据。为处理和分析这大量的实验数据,曾专门编制了一个计算机程序。

试验得到的部分主要结果为:

(1)试件抗压强度与尾砂脱泥回收利用率的关系。试验结果表明,对于某一种脱泥尾砂充填材料来说,存在一种使胶结充填试件获得最大强度的最佳颗粒级配,如图 2-13 所示。

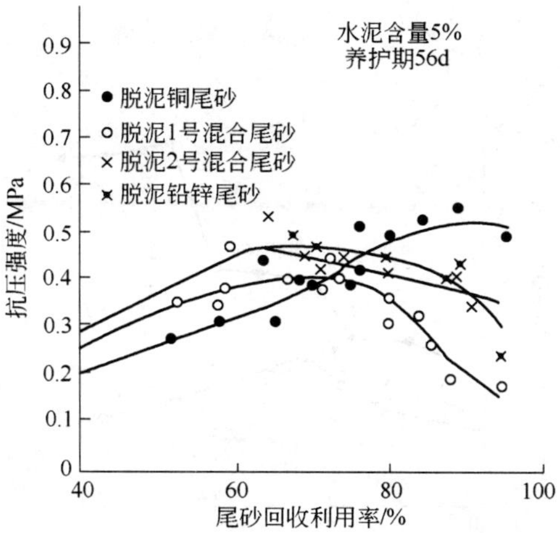

图 2-13　试件强度与尾砂脱泥回收利用率的关系

由图可见，不同的脱泥尾砂，其最佳脱泥回收利用率不同：铜尾砂为 85% ~90%，铅锌尾砂为 60% ~65%，混合尾砂为 65% ~70%。

需要说明的是，尾砂的脱泥回收利用率与充填材料的颗粒级配是两回事。因充填材料的颗粒级配很难用一个简单的参数描述，只好借用在矿山生产实践中使用方便的尾砂脱泥回收利用率。

（2）最佳颗粒级配充填材料的特性。具有最佳颗粒级配也即是最佳尾砂脱泥回收利用率的充填材料，应具有孔隙比或孔隙率最小、材料不均匀系数最大的特点，如图 2-14 和图 2-15 所示。例如，铜尾砂的最佳脱泥回收利用率是 85% ~90%，此时试件的孔隙比最小，为 ε =0.745，材料的不均匀系数最大，为 C_u =7.80。

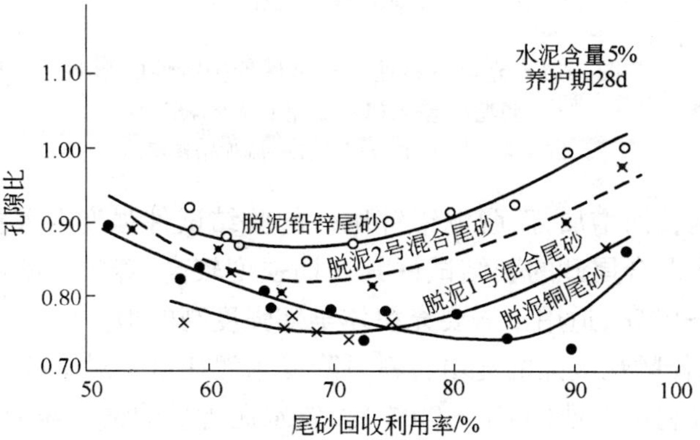

图 2-14　尾砂脱泥回收利用率与孔隙比的关系

（3）充填材料性质对试件养护特性的影响。铜尾砂、铅锌尾砂以及不同比例的混合尾砂，其各自的物理性质不同，对试件养护特性的影响也有较大差异。如图 2-16所示，当四种尾砂的回收利用率均为 70% 左右时，脱泥铜尾砂的胶结试件强度

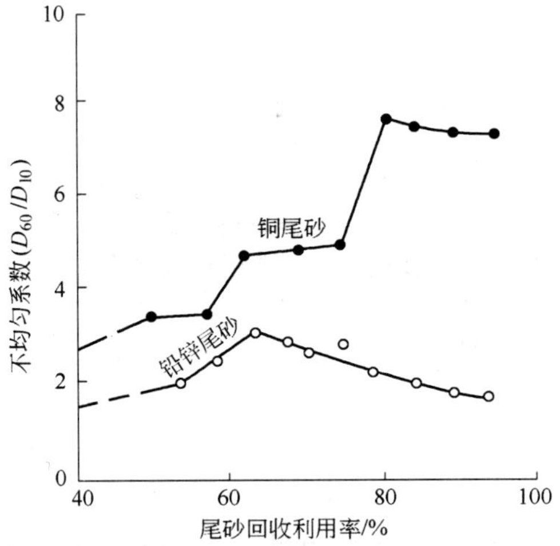

图 2-15　尾砂脱泥回收利用率与不均匀系数的关系

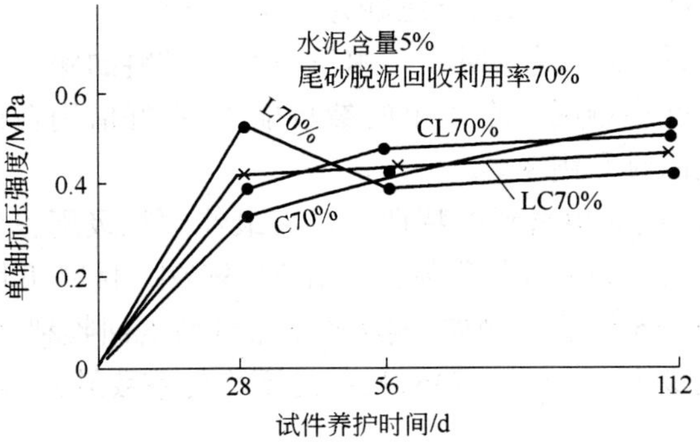

图 2-16　充填材料性质对试件养护特性的影响

C—脱泥铜尾砂；CL—脱泥 1 号混合尾砂；

LC—脱泥 2 号混合尾砂；L—脱泥铅锌尾砂

随养护时间的延长而增加，而脱泥铅锌尾砂的胶结试件强度在养护 28d 时达到峰值后下降。脱泥混合尾砂的胶结试件其初期强度较高，养护 28d 的强度即达其最终强度的 80% ~90%，适用于需要充填体早期强度高的地方。

(4)使用最佳颗粒级配的充填材料可降低水泥耗量。对于脱泥铜尾砂充填料，在最佳脱泥回收利用率处(85% ~90%)，3% 水泥含量的试件养护 56d 的抗压强度为 0.30MPa；而当脱泥回收利用率为 50% ~60% 时，5% 水泥含量的试件在养护 56d 后的抗压强度平均仅为 0.29MPa，如图 2-17 所示。

综上所述，为降低胶结充填的成本并提高胶结充填体的强度，对胶结充填材料进行优化是经济可行的方法[9~11]。

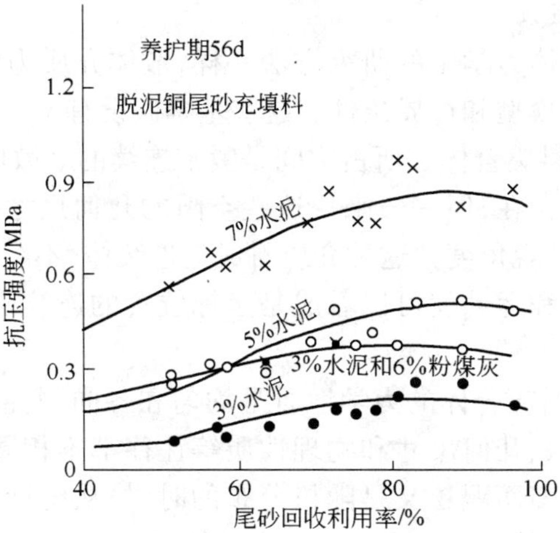

图 2-17 胶结脱泥铜尾砂试件的抗压强度

2.4 充填材料散体介质力学基础

2.4.1 基本概念

工程意义上的散体介质,如爆破后的矿石堆和脱泥尾砂充填材料等,具有如下基本特征:

(1)在宏观上,散体介质由几何尺寸大致属于同一数量级的颗粒组成。理想的散体介质没有固定形状,其形状随容器的外形而定,并对容器的侧壁和底部产生压力。

(2)散体介质没有抵抗拉伸的能力,或者抗拉强度很低,一般只能在承受压应力的条件下工作。

除了理想散体介质外,土壤和低强度的胶结充填材料其颗粒间有一定的黏结力,能保持一定的几何形状,或者还可承受不大的拉应力,但它们仍具有散体介质材料最基本和最主要的特征。因此,这类材料可称之为黏结性散体介质。无论是理想散体介质还是黏结性散体介质,在受力分析中考虑内摩擦效应是它们的共同特点。

2.4.1.1 基本问题

在采矿工程中,研究散体介质力学经常碰到的问题是:

(1)研究散体介质的运动规律[12]。如崩落采矿法或空场采矿法中的放矿,充填系统立式砂仓和散装水泥仓的放料等;

(2)研究散体介质的极限承载能力。如土的承载能力,岩土边坡的稳定性以及采场充填体的承载能力等;

(3)研究散体介质与相邻接触物之间的作用力。如矿石与矿仓壁之间、充填体与采场围岩或矿柱之间的作用力等。

2.4.1.2　基本假设

与固体力学和流体力学中的研究方法一样，散体介质力学研究也需要作一些基本假设以简化力学模型和边界条件。这些基本假设有：

（1）散体介质材料集合体在所占空间是紧密连续的。散体介质是颗粒的集合，颗粒间有一定的空隙存在，但一般来说这些空隙的几何尺寸不会超过颗粒本身的空间量级。因此，从宏观角度把这种介质看成是连续体，不会带来很大的误差。这样，质点的受力、位移和运动就可以看成是坐标位置的连续函数，为数学分析带来了极大的方便。

（2）散体介质材料集合体的力学性质是均匀和各向同性的。对于散体介质的各个颗粒来说，其形状、几何尺寸和物理性质等往往都不相同，仅当我们研究的范围比单个颗粒大得很多而颗粒又是随机分布的时候，从统计平均的观点把散体介质看成是均匀和各向同性的，基本上符合实际情况。

（3）散体介质的颗粒是不变形的。散体介质在达到极限平衡而丧失稳定时，质点将产生某种程度的位移。这种位移比起颗粒本身的弹性或塑性变形来说要大得多，因此，可以认为颗粒本身是不变形的。这就是刚体散体介质颗粒的假说。在本节中所讨论的散体介质，主要是针对粒级为脱泥尾砂一类的充填材料而言，包括非胶结充填料和胶结充填料，即理想散体介质和黏结性散体介质。

2.4.2　散体介质力学的状态方程

承受外力的散体介质，当应力很小时，基本上属于弹性范畴，质点位移和变形要满足一定的关系，这就是弹性力学中的协调条件；当达到极限平衡产生滑移时，也要满足一定的关系，这就是运动时必须满足的连续条件[13]。

体积为 V 的空间充满了物质，其密度为 ρ，设微表面积 $\mathrm{d}A$ 上物质流出的速度为 v_n，则单位时间内从微表面积 $\mathrm{d}A$ 上流出的物质为 $\rho v_\mathrm{n}\mathrm{d}A$；而单位时间内从整个表面积上流出的物质为：

$$\int_A \rho v_\mathrm{n}\mathrm{d}A \tag{a}$$

其中，以物质从体积中流出的 v_n 为正，从外部流入的 v_n 为负。体积中单位时间的质量改变为：

$$\int_V \frac{\mathrm{d}\rho}{\mathrm{d}t}\mathrm{d}V \tag{b}$$

因此，应有：

$$\int_A \rho v_\mathrm{n}\mathrm{d}A = -\int_V \frac{\mathrm{d}\rho}{\mathrm{d}t}\mathrm{d}V \tag{2-9}$$

将面积分变为体积分，有：

$$\int_A \rho v_\mathrm{n}\mathrm{d}A = \int_V \boldsymbol{\nabla}(\rho\boldsymbol{v})\mathrm{d}V \tag{c}$$

式中：

$$\left.\begin{aligned}\nabla &= \boldsymbol{i}\frac{\partial}{\partial x}+\boldsymbol{j}\frac{\partial}{\partial y}+\boldsymbol{k}\frac{\partial}{\partial z}\\ \boldsymbol{v} &= \boldsymbol{i}v_x+\boldsymbol{j}v_y+\boldsymbol{k}v_z\end{aligned}\right\} \tag{d}$$

其中，$\boldsymbol{i}$，$\boldsymbol{j}$，$\boldsymbol{k}$ 为坐标单位矢量。

将式(c)代入式(2-9)中，有：

$$\left.\begin{aligned}&\int_V \nabla(\rho\boldsymbol{v})\,\mathrm{d}V = -\int_V \frac{\mathrm{d}\rho}{\mathrm{d}t}\mathrm{d}V\\ \text{即：}\quad &\int_V\left[\frac{\mathrm{d}\rho}{\mathrm{d}t}+\nabla(\rho\boldsymbol{v})\right]\mathrm{d}V=0\end{aligned}\right\} \tag{e}$$

由于积分边界的任意性，要满足上式关系，被积函数必须等于零，即：

$$\frac{\mathrm{d}\rho}{\mathrm{d}t}+\nabla(\rho\boldsymbol{v})=0 \tag{2-10a}$$

或写为：

$$\frac{\partial\rho}{\partial t}+v_x\frac{\partial\rho}{\partial x}+v_y\frac{\partial\rho}{\partial y}+v_z\frac{\partial\rho}{\partial z}+\rho\left(\frac{\partial v_x}{\partial x}+\frac{\partial v_y}{\partial y}+\frac{\partial v_z}{\partial z}\right)=0 \tag{2-10b}$$

式(2-10)是连续条件的一般表达式。式中 ρ 和 $\boldsymbol{v}$ 均是坐标 x、y、z 和时间 t 的函数。若 ρ 不随时间改变，则式(2-10)变为：

$$\nabla(\rho\boldsymbol{v})=0 \tag{2-11}$$

当 ρ 为常数时，则有：

$$\nabla\boldsymbol{v}=0 \tag{2-12a}$$

$$\frac{\partial v_x}{\partial x}+\frac{\partial v_y}{\partial y}+\frac{\partial v_z}{\partial z}=0 \tag{2-12b}$$

式(2-12)为不可压缩性散体介质的连续条件。在静力学中，ρ 与时间 t 无关，$\boldsymbol{v}=0$，连续方程式(2-10)、式(2-11)和式(2-12)均自动满足。

在散体介质力学中，一共有九个未知量需要加以确定，它们是：

$$\sigma_{ij}=\begin{vmatrix}\sigma_x & & \text{对}\\ \tau_{xy} & \sigma_y & \quad\text{称}\\ \tau_{xz} & \tau_{yz} & \sigma_z\end{vmatrix}$$

$$v_i=(v_x,v_y,v_z)$$

一般来说，这些未知量是 x、y、z、t 的函数。求解这些未知量的方程有：

(1)三个力学方程：

$$\left.\begin{aligned}X-\frac{1}{\rho}\left(\frac{\partial\sigma_x}{\partial x}+\frac{\partial\tau_{xy}}{\partial y}+\frac{\partial\tau_{xz}}{\partial z}\right)&=\frac{\partial v_x}{\partial t}+v_x\frac{\partial v_x}{\partial x}+v_y\frac{\partial v_x}{\partial y}+v_z\frac{\partial v_x}{\partial z}\\ Y-\frac{1}{\rho}\left(\frac{\partial\tau_{xy}}{\partial x}+\frac{\partial\sigma_y}{\partial y}+\frac{\partial\tau_{yz}}{\partial z}\right)&=\frac{\partial v_y}{\partial t}+v_x\frac{\partial v_y}{\partial x}+v_y\frac{\partial v_y}{\partial y}+v_y\frac{\partial v_y}{\partial z}\\ Z-\frac{1}{\rho}\left(\frac{\partial\tau_{zx}}{\partial x}+\frac{\partial\tau_{zy}}{\partial y}+\frac{\partial\sigma_z}{\partial z}\right)&=\frac{\partial v_z}{\partial t}+v_x\frac{\partial v_z}{\partial x}+v_y\frac{\partial v_z}{\partial y}+v_z\frac{\partial v_z}{\partial z}\end{aligned}\right\} \tag{2-13}$$

式中　X,Y,Z——体积力在 x,y,z 方向上的分量。

(2)一个连续方程:即式(2-10)。

(3)三个应力和位移、速度关系方程:

$$\left.\begin{aligned}\frac{2\tau_{xy}}{\sigma_x-\sigma_y}&=\left[\frac{1}{2}\left(\frac{\partial v_x}{\partial y}+\frac{\partial v_y}{\partial x}\right)\pm\frac{\partial v_x}{\partial x}\times\tan\varphi\right]\Big/\left[\frac{\partial v_x}{\partial x}\mp\frac{1}{2}\left(\frac{\partial v_x}{\partial y}+\frac{\partial v_y}{\partial x}\right)\tan\varphi\right]\\\frac{2\tau_{yz}}{\sigma_y-\sigma_z}&=\left[\frac{1}{2}\left(\frac{\partial v_y}{\partial z}+\frac{\partial v_z}{\partial y}\right)\pm\frac{\partial v_y}{\partial y}\times\tan\varphi\right]\Big/\left[\frac{\partial v_y}{\partial y}\mp\frac{1}{2}\left(\frac{\partial v_y}{\partial z}+\frac{\partial v_z}{\partial y}\right)\tan\varphi\right]\\\frac{2\tau_{zx}}{\sigma_z-\sigma_x}&=\left[\frac{1}{2}\left(\frac{\partial v_z}{\partial x}+\frac{\partial v_x}{\partial z}\right)\pm\frac{\partial v_z}{\partial z}\times\tan\varphi\right]\Big/\left[\frac{\partial v_z}{\partial z}\mp\frac{1}{2}\left(\frac{\partial v_z}{\partial x}+\frac{\partial v_x}{\partial z}\right)\tan\varphi\right]\end{aligned}\right\}\tag{2-14}$$

(4)两个极限平衡条件:

$$\left.\begin{aligned}(\sigma_x-\sigma_y)^2+4\tau_{xy}^2&=(\sigma_x+\sigma_y+2c\cdot\cot\varphi)^2\sin^2\varphi\\(\sigma_y-\sigma_z)^2+4\tau_{yz}^2&=(\sigma_y+\sigma_z+2c\cdot\cot\varphi)^2\sin^2\varphi\\(\sigma_z-\sigma_x)^2+4\tau_{zx}^2&=(\sigma_z+\sigma_x+2c\cdot\cot\varphi)^2\sin^2\varphi\end{aligned}\right\}\tag{2-15}$$

式中　c,φ——散体介质材料的内聚力和内摩擦角。

极限平衡条件式(2-15)可以写出三个,但只有两个方程是独立的。

散体介质力学的全部问题,就是根据已知边界条件由上述九个方程求解 σ_{ij} 和 ν_i 等九个未知量。关于式(2-13)、式(2-14)和式(2-15)的推导,可参见有关的弹性理论文献[14~16]。

2.4.3　平面静力学问题

散体介质静力学在岩土工程、采矿工程等领域中有着广泛的应用,如确定地基的承载能力、挡土墙的土压力、边坡稳定性、采场充填体的稳定性以及充填体的所需强度等。工程实践中很多问题都可以看作是平面问题,或者可以近似地作为平面问题来处理。平面静力学问题的状态方程由前述的九个变为下列三个:

$$\left.\begin{aligned}&\rho X-\frac{\partial\sigma_x}{\partial x}-\frac{\partial\tau_{xy}}{\partial y}=0\\&\rho Y-\frac{\partial\tau_{xy}}{\partial x}-\frac{\partial\sigma_y}{\partial y}=0\\&(\sigma_x-\sigma_y)^2+4\tau_{xy}^2=(\sigma_x+\sigma_y+2c\cdot\cot\varphi)^2\cdot\sin^2\varphi\end{aligned}\right\}\tag{2-16}$$

由上式三个方程求解 σ_x、σ_y 和 τ_{xy} 三个未知量,而 $\tau_{zx}=\tau_{yz}=0$,$\sigma_z=(\sigma_x+\sigma_y)/2$。因不考虑时间因素,并且质点的运动速度等于零,连续方程(2-10)自动满足。

如图 2-18,设已知主应力 σ_1 和 σ_3,以及主应力 σ_1 与 x 轴的夹角 β,当散体介质处于极限平衡时,有:

$$\left.\begin{aligned}\sigma_x &= \frac{\sigma_1 - \sigma_3}{2\sin\varphi} + \frac{\sigma_1 - \sigma_3}{2} \times \cos 2\beta - c \cdot \cot\varphi \\ \sigma_y &= \frac{\sigma_1 - \sigma_3}{2\sin\varphi} - \frac{\sigma_1 - \sigma_3}{2} \times \cos 2\beta - c \cdot \cot\varphi \\ \tau_{xy} &= \frac{\sigma_1 - \sigma_3}{2} \times \sin 2\beta\end{aligned}\right\} \quad (a)$$

若令

$$\sigma = \frac{\sigma_1 - \sigma_3}{2\rho\sin\varphi} = \left(\frac{\sigma_1 + \sigma_3}{2} + c \cdot \cot\varphi\right)\frac{1}{\rho} \tag{2-17}$$

则式(a)可以写成：

$$\left.\begin{aligned}\sigma_x &= \rho\sigma(1 + \sin\varphi\cos 2\beta) - c \cdot \cot\varphi \\ \sigma_y &= \rho\sigma(1 - \sin\varphi\cos 2\beta) - c \cdot \cot\varphi \\ \tau_{xy} &= \rho\sigma\sin\varphi\sin 2\beta\end{aligned}\right\} \tag{2-18}$$

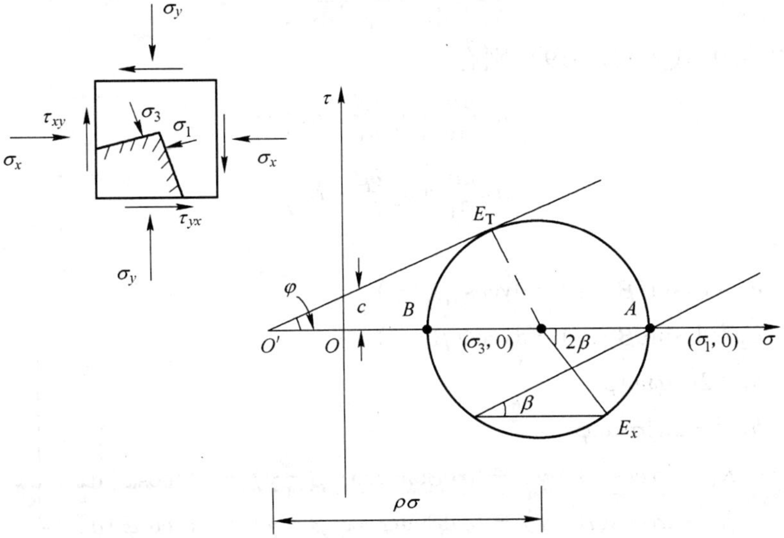

图 2-18 散体介质平面静力学分析

引用式(2-17)，相当于把黏结性散体介质换算成理想散体介质，σ 可称为换算静水压力。将式(2-18)代入式(2-16)的前两个方程中，有：

$$\left.\begin{aligned}\frac{\partial\sigma}{\partial x}\cos(\beta+\gamma) + \frac{\partial\sigma}{\partial y}\sin(\beta+\gamma) + 2\sigma\tan\varphi \cdot \left[\frac{\partial\beta}{\partial x}\cos(\beta+\gamma) + \frac{\partial\beta}{\partial y}\sin(\beta+\gamma)\right] + \frac{A}{\cos\varphi} = 0 \\ \frac{\partial\sigma}{\partial x}\cos(\beta-\gamma) + \frac{\partial\sigma}{\partial y}\sin(\beta-\gamma) - 2\sigma\tan\varphi \cdot \left[\frac{\partial\beta}{\partial x}\cos(\beta-\gamma) + \frac{\partial\beta}{\partial y}\sin(\beta-\gamma)\right] + \frac{B}{\cos\varphi} = 0\end{aligned}\right\} \tag{2-19}$$

式中：

$$\left.\begin{aligned} A &= X\sin(\beta-\gamma) - Y\cos(\beta-\gamma) \\ B &= -X\sin(\beta+\gamma) + Y\cos(\beta+\gamma) \end{aligned}\right\} \tag{b}$$

符号 γ 的意义如下面所述。

式(2-19)是以函数 σ 和 β 表示的满足极限平衡条件的平衡方程,称为散体介质极限平衡平面静力学问题的基本方程。

在 xy 平面内,沿某一曲线 $y=f(x)$ 给定了函数 σ 和 β,则在该曲线上:

$$\left.\begin{aligned} d\sigma &= \frac{\partial\sigma}{\partial x}dx + \frac{\partial\sigma}{\partial y}dy \\ d\beta &= \frac{\partial\beta}{\partial x}dx + \frac{\partial\beta}{\partial y}dy \end{aligned}\right\} \tag{c}$$

由此可得:

$$\left.\begin{aligned} \frac{\partial\sigma}{\partial x} &= \frac{d\sigma}{dx} - \frac{\partial\sigma}{\partial y}\times\frac{dy}{dx} \\ \frac{\partial\beta}{\partial x} &= \frac{d\beta}{dx} - \frac{\partial\beta}{\partial y}\times\frac{dy}{dx} \end{aligned}\right\} \tag{2-20}$$

将式(2-20)代入式(2-19),则有:

$$\left.\begin{aligned} a_1\frac{\partial\sigma}{\partial y} + b_1\frac{\partial\beta}{\partial y} &= K_1 \\ a_2\frac{\partial\sigma}{\partial y} + b_2\frac{\partial\beta}{\partial y} &= K_2 \end{aligned}\right\} \tag{2-21}$$

式中:

$$\left.\begin{aligned} a_1 &= dx\sin(\beta+\gamma) - dy\cos(\beta+\gamma) \\ a_2 &= dx\sin(\beta-\gamma) - dy\cos(\beta-\gamma) \\ b_1 &= 2a_1\sigma\tan\varphi \\ b_2 &= -2a_2\sigma\tan\varphi \\ -K_1 &= d\sigma\cos(\beta+\gamma) + 2\sigma d\beta\tan\varphi\cos(\beta+\gamma) + (A/\cos\varphi)dx \\ -K_2 &= d\sigma\cos(\beta-\gamma) - 2\sigma d\beta\tan\varphi\cos(\beta-\gamma) + (A/\cos\varphi)dx \end{aligned}\right\} \tag{d}$$

式(2-21)是以 $\partial\sigma/\partial y$,$\partial\beta/\partial y$ 为未知量的代数方程组,可以解出:

$$\left.\begin{aligned} \frac{\partial\sigma}{\partial y} &= \frac{\begin{vmatrix} K_1 & b_1 \\ K_2 & b_2 \end{vmatrix}}{\begin{vmatrix} a_1 & b_1 \\ a_2 & b_2 \end{vmatrix}} \\ \frac{\partial\beta}{\partial y} &= \frac{\begin{vmatrix} a_1 & K_1 \\ a_2 & K_2 \end{vmatrix}}{\begin{vmatrix} a_1 & b_1 \\ a_2 & b_2 \end{vmatrix}} \end{aligned}\right\} \tag{2-22}$$

若$\begin{vmatrix} a_1 & b_1 \\ a_2 & b_2 \end{vmatrix} \neq 0$,则上式给出确定的解,也即是跨过曲线 $y=f(x)$,导数 $\partial\sigma/\partial y$, $\partial\beta/\partial y$ 存在,σ、β 是连续的;

若$\begin{vmatrix} a_1 & b_1 \\ a_2 & b_2 \end{vmatrix} = 0$,式(2-22)表示的导数就不能唯一确定,这时跨过曲线 $y=f(x)$,导数可能不连续,即已知一侧的导数,若无其他条件就不能推导出另一侧的导数。具有这种性质的线称为特征线。

式(2-23)称为特征方程。

$$\begin{vmatrix} a_1 & b_1 \\ a_2 & b_2 \end{vmatrix} = 0 \tag{2-23}$$

若 $a_1=b_1=0$,式(2-23)成立,可得第一特征线的微分方程:

$$\frac{\mathrm{d}y}{\sin(\beta+\gamma)}=\frac{\mathrm{d}x}{\cos(\beta+\gamma)} \tag{2-24}$$

若 $a_2=b_2=0$,式(2-23)仍然成立,可得第二特征线的微分方程:

$$\frac{\mathrm{d}y}{\sin(\beta-\gamma)}=\frac{\mathrm{d}x}{\cos(\beta-\gamma)} \tag{2-25}$$

在 xy 平面内,特征线就是滑移线。两条滑移线与主应力 σ_1 的夹角分别为“$+\gamma$”和“$-\gamma$”(参见图 2-21),而与 x 轴的夹角则分别为“$\beta+\gamma$”和“$\beta-\gamma$”。

应当指出的是,式(2-23)成立时,$\partial\sigma/\partial y$ 和 $\partial\beta/\partial y$ 的值也可能是无穷大,这时 $y=f(x)$ 是间断线。因此,按式(2-24)和式(2-25)确定的可能是特征线,也可能是特征线的包络线或是间断线,而间断线本身也可能是特征线或是特征线的包络线。

式(2-23)是特征线必须满足的一个条件。特征线必须满足的另一个条件是:

$$\begin{vmatrix} a_1 & K_1 \\ a_2 & K_2 \end{vmatrix} = 0 \tag{2-26}$$

若 $a_1=K_1=0$,第一特征线的微分方程为:

$$\frac{\mathrm{d}y}{\sin(\beta+\gamma)}=\frac{\mathrm{d}x}{\cos(\beta+\gamma)}=(\mathrm{d}\sigma+2\sigma\tan\varphi\mathrm{d}\beta)/(-A/\cos\varphi) \tag{2-27}$$

若 $a_2=K_2=0$,第二特征线的微分方程为:

$$\frac{\mathrm{d}y}{\sin(\beta-\gamma)}=\frac{\mathrm{d}x}{\cos(\beta-\gamma)}=(\mathrm{d}\sigma-2\sigma\tan\varphi\mathrm{d}\beta)/(-B/\cos\varphi) \tag{2-28}$$

当偏微分方程有两族特征线时,为双曲线形方程;只有一族特征线时,为抛物线形方程;没有特征线时,为椭圆形方程。式(2-19)所表示的平面静力学问题基本方程是双曲线形的。

(1)不考虑自重时滑移线的性质。当散体介质的自重与其受力相比很小时,则忽略自重不会带来很大的影响。

不考虑自重时,平衡方程为

$$\left.\begin{aligned}\frac{\partial\sigma_x}{\partial x}+\frac{\partial\tau_{xy}}{\partial y}=0\\\frac{\partial\tau_{xy}}{\partial x}+\frac{\partial\sigma_y}{\partial y}=0\end{aligned}\right\}\tag{2-29}$$

若令

$$\sigma=\frac{\sigma_1-\sigma_3}{2\sin\varphi}\tag{2-30}$$

则式(2-18)可以写成:

$$\left.\begin{aligned}\sigma_x&=\sigma(1+\sin\varphi\cos2\beta)-c\cdot\cot\varphi\\\sigma_y&=\sigma(1-\sin\varphi\cos2\beta)-c\cdot\cot\varphi\\\tau_{xy}&=\sigma\sin\varphi\sin2\beta\end{aligned}\right\}\tag{2-31}$$

将式(2-31)代入式(2-29),可以得到类似式(2-19)的基本方程,但此时 $A=B=0$,而 σ 如式(2-30)所定义。

这时特征线的微分方程是:

第一特征线

$$\left.\begin{aligned}\frac{\mathrm{d}y}{\sin(\beta+\gamma)}=\frac{\mathrm{d}x}{\cos(\beta+\gamma)}\\\mathrm{d}\sigma+2\sigma\tan\varphi\cdot\mathrm{d}\beta=0\end{aligned}\right\}\tag{2-32}$$

第二特征线

$$\left.\begin{aligned}\frac{\mathrm{d}y}{\sin(\beta-\gamma)}=\frac{\mathrm{d}x}{\cos(\beta-\gamma)}\\\mathrm{d}\sigma-2\sigma\tan\varphi\cdot\mathrm{d}\beta=0\end{aligned}\right\}\tag{2-33}$$

第一特征线的微分方程积分后,可以得到第一族滑移线,设其表示为:

$$\xi=\xi(x,y)=\text{常量}\tag{2-34}$$

同样,第二族滑移线可表示为:

$$\eta=\eta(x,y)=\text{常量}\tag{2-35}$$

滑移线的主要性质有:

1)在同一滑移线上,σ 随 β 而改变。

在第一族滑移线上,将式(2-32)的第二式积分,有:

$$\ln\sigma+2\beta\tan\varphi=C\tag{2-36}$$

而在第二族滑移线上将式(2-33)中的第二式积分,同样得:

$$\ln\sigma-2\beta\tan\varphi=D\tag{2-37}$$

其中,C、D 为积分常数。式(2-36)和式(2-37)即表示了同一滑移线上 σ 和 β 的关系。

2）如果由一条滑移线 ξ_1 转到另一条滑移线 ξ_2，则沿着任一条 η 线 β 的变化是一常量。

由式(2-36)和式(2-37)得：

$$\left.\begin{aligned}\ln\sigma &= (C+D)/2\\ \beta &= (C-D)/(4\cdot\tan\varphi)\end{aligned}\right\}\tag{2-38}$$

在图 2-19 中，ξ_1、ξ_2 与 η_1、η_2 的交点上，有

$$\beta_{11}=(C_1-D_1)/(4\cdot\tan\varphi),\beta_{12}=(C_1-D_2)/(4\cdot\tan\varphi)$$

$$\beta_{21}=(C_2-D_1)/(4\cdot\tan\varphi),\beta_{22}=(C_2-D_2)/(4\cdot\tan\varphi)$$

ξ_1、ξ_2 两线之间的转角为：

$$\angle\beta_1=\beta_{21}-\beta_{11}=(C_2-C_1)/(4\cdot\tan\varphi)$$

$$\angle\beta_2=\beta_{22}-\beta_{12}=(C_2-C_1)/(4\cdot\tan\varphi)$$

$$\angle\beta_1=\angle\beta_2$$

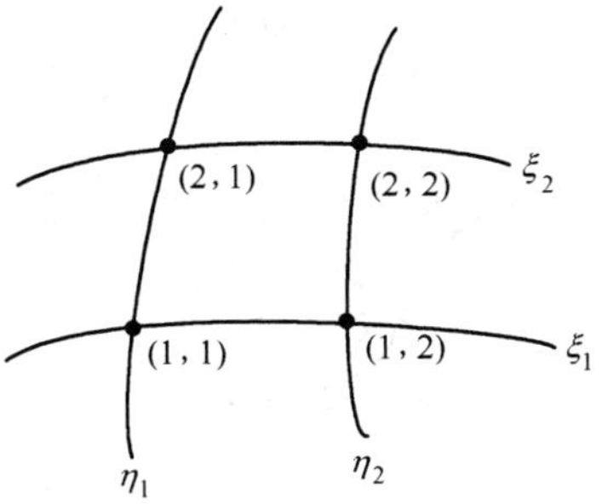

图 2-19

3）任一 η 滑移线与 ξ_1、ξ_2 两滑移线相交，两交点上 σ 比值的自然对数为常量。

按图 2-19，据式(2-38)中的前一式，即有：

$$\ln\sigma_{21}-\ln\sigma_{11}=\ln(\sigma_{21}/\sigma_{11})=(C_2-C_1)/2$$

$$\ln\sigma_{22}-\ln\sigma_{12}=\ln(\sigma_{22}/\sigma_{12})=(C_2-C_1)/2$$

$$\ln(\sigma_{21}/\sigma_{11})=\ln(\sigma_{22}/\sigma_{12})$$

4）如果滑移线的某一段是直线，则沿着这段直线 β、σ 以及 σ_x、σ_y、τ_{xy}、σ_1 和 σ_3 等都是常量。

对于滑移线的直线部分，$(\beta+\gamma)$ 或 $(\beta-\gamma)$ 必为常数，因此，β 为常量，$d\beta=0$。由式(2-32)和式(2-33)得 $d\sigma=0$，所以，σ 也为常量。已知 σ、β 为常量，由式(2-31)和式(2-30)，可知 σ_x、σ_y、τ_{xy}、σ_1 和 σ_3 等均为常量。

因此，可以得出结论：若某一区域的滑移线由两族相交的直线组成，则该区域中 σ、β、σ_x、σ_y、τ_{xy}、σ_1 和 σ_3 等都为常量。

5）如果已知某一族(ξ)滑移线中的一条线(ξ_1)被另一族两条滑移线(η_1、η_2)截取的部分是直线，则相邻滑移线(ξ_2)被此两滑移线所截取的部分也是直线。

该性质可直接由性质 2)得出。因为若图 2-19 中(1,1)和(1,2)两点间的线段为直线,则 $\angle\beta_1=0$;按性质 2),必有 $\angle\beta_2=0$,即(2,1)和(2,2)两点间角度 β 的变化等于零,也就是直线。

(2)极限平衡区的边界条件。建立滑移线场,需要利用边界上的已知受力条件。边界上一般给出的是法向应力和切向应力,而滑移线场中涉及的是静水压力 σ 和主应力 σ_1 的方向角 β,所以需要建立这两者间的关系。

如图 2-20 所示,设任一边界 L 的法线与 x 轴的夹角为 θ,由弹性理论可知:

$$\left.\begin{aligned}\sigma_n&=\frac{\sigma_x+\sigma_y}{2}+\frac{\sigma_x-\sigma_y}{2}\cos2\theta+\tau_{xy}\sin2\theta\\ \tau_n&=-\frac{\sigma_x-\sigma_y}{2}\sin2\theta+\tau_{xy}\cos2\theta\end{aligned}\right\}\tag{2-39}$$

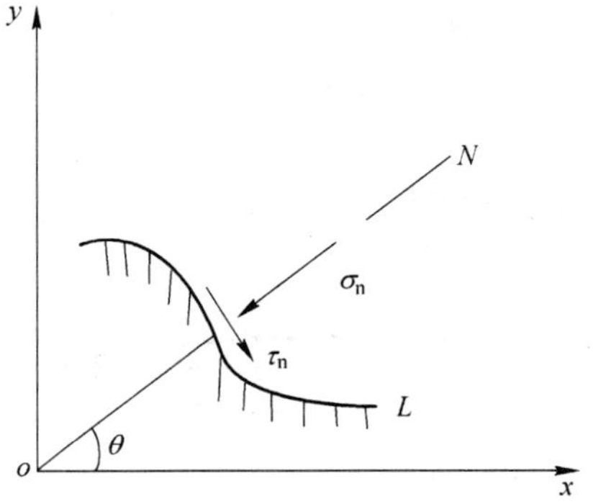

图 2-20

将式(2-18)代入式(2-39),有:

$$\left.\begin{aligned}\sigma_n&=\sigma[1+\sin\varphi\cos2(\beta-\theta)]-c\cdot\cot\varphi\\ \tau_n&=\sigma\sin\varphi\sin2(\beta-\theta)\end{aligned}\right\}\tag{2-40}$$

消去$(\beta-\theta)$,得:

$$\tau_n^2+(\sigma_n-\sigma+c\cdot\cot\varphi)^2=(\sigma\sin\varphi)^2\tag{2-41}$$

在式(2-41)中,σ 是所要求的换算静水压力,其他的均为已知量。一般来说,由式(2-41)可解得两个 σ 值,也得到两个$(\beta-\theta)$。可见,对于同一边界条件,可能出现两种极限平衡状态。

下面讨论一种特殊情况。若 $\tau_n=0$,$\sigma_n=\sigma_1$,则 $\beta=\theta$。将上述数据代入式(2-40)中,有:

$$\sigma=\frac{\sigma_n+c\cdot\cot\varphi}{1+\sin\varphi}\tag{2-42}$$

如图 2-21,在给定的边界上,第一滑移线与法线成 γ 角,第二滑移线与法线成 $-\gamma$ 角。

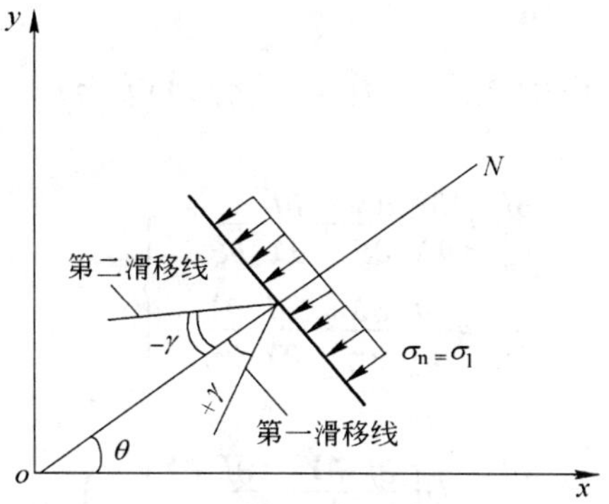

图 2-21

(3)滑移线场的近似解法。当考虑自重影响或者边界条件复杂时，σ 和 β 是变化的，因此对式(2-24)和式(2-25)直接积分很困难。这时可采用数值解法，根据已知边界条件近似地作出滑移线场。

在数值方法日趋完善的今天，这类问题完全可以方便地使用有限单元法进行求解。这里介绍另一种求解方法——有限差分法的求解过程。

把式(2-27)所示的第一滑移线微分方程改写成：

$$\left.\begin{aligned}&\frac{\mathrm{d}y}{\mathrm{d}x}=\tan(\beta+\gamma)\\&\frac{\mathrm{d}x}{\cos(\beta+\gamma)}=\frac{\mathrm{d}\sigma+2\sigma\tan\varphi\cdot\mathrm{d}\beta}{-A/\cos\varphi}\end{aligned}\right\}\tag{2-43}$$

同样，式(2-28)所示的第二滑移线微分方程可写成：

$$\left.\begin{aligned}&\frac{\mathrm{d}y}{\mathrm{d}x}=\tan(\beta-\gamma)\\&\frac{\mathrm{d}x}{\cos(\beta-\gamma)}=\frac{\mathrm{d}\sigma-2\sigma\tan\varphi\cdot\mathrm{d}\beta}{-B/\cos\varphi}\end{aligned}\right\}\tag{2-44}$$

由于式(2-34)和式(2-35)是第一滑移线和第二滑移线的表达式，若以 ξ、η 为独立变量，把 x、y 表示为其函数：

$$x=X(\xi,\eta),y=Y(\xi,\eta)\tag{2-45}$$

则有如下变换关系：

$$\left.\begin{aligned}&\frac{\partial\xi}{\partial X}=D\frac{\partial Y}{\partial\eta};\frac{\partial\xi}{\partial Y}=-D\frac{\partial X}{\partial\eta}\\&\frac{\partial\eta}{\partial X}=-D\frac{\partial Y}{\partial\xi};\frac{\partial\eta}{\partial Y}=D\frac{\partial X}{\partial\xi}\end{aligned}\right\}\tag{2-46}$$

式中：

$$D=\begin{vmatrix}\dfrac{\partial\xi}{\partial X}&\dfrac{\partial\xi}{\partial Y}\\\dfrac{\partial\eta}{\partial X}&\dfrac{\partial\eta}{\partial Y}\end{vmatrix}=\frac{\partial\xi}{\partial X}\times\frac{\partial\eta}{\partial Y}-\frac{\partial\xi}{\partial Y}\times\frac{\partial\eta}{\partial X}\tag{2-47}$$

如此,对任意函数:

$$f = f(X,Y) = f[X(\xi,\eta),Y(\xi,\eta)] \tag{a}$$

可以写出:

$$\left.\begin{aligned}\frac{\partial f}{\partial \xi} &= \frac{\partial f}{\partial X}\frac{\partial X}{\partial \xi} + \frac{\partial f}{\partial Y}\frac{\partial Y}{\partial \xi}\\ \frac{\partial f}{\partial \eta} &= \frac{\partial f}{\partial X}\frac{\partial X}{\partial \eta} + \frac{\partial f}{\partial Y}\frac{\partial Y}{\partial \eta}\end{aligned}\right\} \tag{b}$$

由此,得:

$$\left.\begin{aligned}\frac{\partial f}{\partial X} &= D\left[\frac{\partial f}{\partial \xi}\frac{\partial Y}{\partial \eta} - \frac{\partial f}{\partial \eta}\frac{\partial Y}{\partial \xi}\right]\\ \frac{\partial f}{\partial Y} &= D\left[\frac{\partial f}{\partial \eta}\frac{\partial X}{\partial \xi} - \frac{\partial f}{\partial \xi}\frac{\partial X}{\partial \eta}\right]\end{aligned}\right\} \tag{2-48}$$

在第一族滑移线上,每一条滑移线的 ξ 是常数而 η 是变量;对第二族滑移线中的每一条线则 η 为常数而 ξ 为变量。因此,在每一条滑移 ξ 线上:

$$\begin{aligned}\mathrm{d}\xi &= \frac{\partial \xi}{\partial X}\mathrm{d}X + \frac{\partial \xi}{\partial Y}\mathrm{d}Y\\ &= \frac{\partial \xi}{\partial X}\cos(\beta+\gamma) + \frac{\partial \xi}{\partial Y}\sin(\beta+\gamma) = 0\end{aligned} \tag{c}$$

在每一条 η 线上:

$$\begin{aligned}\mathrm{d}\eta &= \frac{\partial \eta}{\partial X}\mathrm{d}X + \frac{\partial \eta}{\partial Y}\mathrm{d}Y\\ &= \frac{\partial \eta}{\partial X}\cos(\beta-\gamma) + \frac{\partial \eta}{\partial Y}\sin(\beta-\gamma) = 0\end{aligned} \tag{d}$$

将式(2-46)代入式(c)、(d)中,有:

$$\left.\begin{aligned}\mathrm{d}\xi &= \frac{\partial Y}{\partial \eta}\cos(\beta+\gamma) - \frac{\partial X}{\partial \eta}\sin(\beta+\gamma) = 0\\ \mathrm{d}\eta &= -\frac{\partial Y}{\partial \xi}\cos(\beta-\gamma) + \frac{\partial X}{\partial \xi}\sin(\beta-\gamma) = 0\end{aligned}\right\} \tag{2-49}$$

由于在同一条 ξ 线上,有:

$$\left.\begin{aligned}&\mathrm{d}X = \frac{\partial X}{\partial \xi}\mathrm{d}\xi + \frac{\partial X}{\partial \eta}\mathrm{d}\eta = \frac{\partial X}{\partial \eta}\mathrm{d}\eta\\ &\mathrm{d}\sigma = \frac{\partial \sigma}{\partial \eta}\mathrm{d}\eta;\qquad \mathrm{d}\beta = \frac{\partial \beta}{\partial \eta}\mathrm{d}\eta\end{aligned}\right\} \tag{e}$$

将式(e)代入式(2-27)中的第二式,得:

$$\frac{-A(\partial X/\partial \eta)}{\cos\varphi\cos(\beta+\gamma)} = \frac{\partial \sigma}{\partial \eta} + 2\sigma\tan\varphi\frac{\partial \beta}{\partial \eta} \tag{2-50a}$$

同理可得:

$$\frac{-B(\partial X/\partial \xi)}{\cos\varphi\cos(\beta-\gamma)} = \frac{\partial \sigma}{\partial \xi} - 2\sigma\tan\varphi\frac{\partial \beta}{\partial \xi} \tag{2-50b}$$

用ξ、η作自变量时，滑移线上的坐标由式(2-45)表示，而滑移线上的参数σ、β由式(2-51)表示。

$$\sigma=\sigma(\xi,\eta);\beta=\beta(\xi,\eta) \tag{2-51}$$

确定这些量的方程是式(2-49)和式(2-50)，其用差分法求解也可获得满足工程要求的具有一定精度的解。

在$\xi\eta$坐标系中，ξ_S和η_T两滑移线的交点用$P(S,T)$表示，同样，$P(S-1,T)$和$P(S,T-1)$也有类似意义。

在这些点上：

$P(S,T)$的参数为：$X_{S,T},Y_{S,T},\sigma_{S,T},\beta_{S,T}$；

$P(S-1,T)$的参数为：$X_{S-1,T},Y_{S-1,T},\sigma_{S-1,T},\beta_{S-1,T}$；

$P(S,T-1)$的参数为：$X_{S,T-1},Y_{S,T-1},\sigma_{S,T-1},\beta_{S,T-1}$；如此等等。

设$f=f(\xi,\eta)$，则近似地有：

$$\left.\begin{aligned}\frac{\partial f}{\partial\xi}&=\frac{f_{S,T}-f_{S-1,T}}{\Delta\xi}\\\frac{\partial f}{\partial\eta}&=\frac{f_{S,T}-f_{S,T-1}}{\Delta\eta}\end{aligned}\right\} \tag{2-52}$$

将式中的f用X、Y、σ、β替代后代入式(2-49)及式(2-50)中，则原来的微分方程变成下述四个代数方程：

$$\left.\begin{aligned}&(Y_{S,T}-Y_{S,T-1})\cos(\beta_{S,T-1}+\gamma)-\\&(X_{S,T}-X_{S,T-1})\sin(\beta_{S,T-1}+\gamma)=0\\&(Y_{S,T}-Y_{S-1,T})\sin(\beta_{S-1,T}+\gamma)-\\&(X_{S,T}-X_{S-1,T})\cos(\beta_{S-1,T}+\gamma)=0\\&(\sigma_{S,T}-\sigma_{S,T-1})+2\sigma\tan\varphi(\beta_{S,T}-\beta_{S,T-1})+\\&A(X_{S,T}-X_{S,T-1})/[\cos\varphi\cos(\beta_{S,T-1}+\gamma)]=0\\&(\sigma_{S,T}-\sigma_{S-1,T})-2\sigma\tan\varphi(\beta_{S,T}-\beta_{S-1,T})+\\&B(X_{S,T}-X_{S-1,T})/[\cos\varphi\cos(\beta_{S-1,T}-\gamma)]=0\end{aligned}\right\} \tag{2-53}$$

在已知点$P(S-1,T)$和$P(S,T-1)$的参数后，由式(2-53)可求出点$P(S,T)$的参数$X_{S,T},Y_{S,T},\sigma_{S,T},\beta_{S,T}$。为提高精度，式(2-53)中的$\sigma$可表示为：

$$\sigma=(\sigma_{S-1,T}+\sigma_{S,T-1})/2 \tag{2-54}$$

2.4.4 可压缩性散体介质

对于可压缩性散体介质，密度ρ与所受压力有关。理想散体介质密度与压力的关系可用静水压力表示，而黏结性散体介质则认为密度是换算静水压力的函数，即：

$$\rho=\rho(\sigma) \tag{a}$$

式中，σ 为换算静水压力，其定义见式(2-58)。

可压缩性散体介质的连续条件与式(2-11)相同，即：

$$\nabla(\rho \boldsymbol{v})=0 \tag{b}$$

这里我们只考察平面问题。在平面问题中，ρ、$\boldsymbol{v}$ 都是 x、y 的函数，由式(b)，有：

$$\frac{\partial(\rho v_x)}{\partial x}+\frac{\partial(\rho v_y)}{\partial y}=0$$

或

$$\frac{1}{\rho}\left[\frac{\partial \rho}{\partial x}v_x+\frac{\partial \rho}{\partial y}v_y\right]+\left(\frac{\partial v_x}{\partial x}+\frac{\partial v_y}{\partial y}\right)=0 \tag{2-55}$$

考虑到式(a)，有：

$$\frac{\partial \rho}{\partial \xi}=\frac{\partial \rho}{\partial \sigma}\times\frac{\partial \sigma}{\partial \xi}=\rho'\frac{\partial \sigma}{\partial \xi} \tag{c}$$

式中，ξ 为一独立变量。用 x、y 代替 ξ，则式(2-55)可以改写成：

$$\frac{\rho'}{\rho}\left[\frac{\partial \sigma}{\partial x}v_x+\frac{\partial \sigma}{\partial y}v_y\right]+\left[\frac{\partial v_x}{\partial x}+\frac{\partial v_y}{\partial y}\right]=0 \tag{2-56}$$

因此，可压缩性散体介质平面运动的状态方程为：

$$\left.\begin{aligned}
&X-\frac{1}{\rho}\left[\frac{\partial \sigma_x}{\partial x}+\frac{\partial \tau_{xy}}{\partial y}\right]=v_x\frac{\partial v_x}{\partial x}+v_y\frac{\partial v_x}{\partial y}\\
&Y-\frac{1}{\rho}\left[\frac{\partial \tau_{xy}}{\partial x}+\frac{\partial \sigma_y}{\partial y}\right]=v_x\frac{\partial v_y}{\partial x}+v_y\frac{\partial v_y}{\partial y}\\
&\frac{\rho'}{\rho}\left[v_x\frac{\partial \sigma_x}{\partial x}+v_y\frac{\partial \sigma_y}{\partial y}\right]+\frac{\partial v_x}{\partial x}+\frac{\partial v_x}{\partial y}=0\\
&\frac{2\tau_{xy}}{\sigma_x-\sigma_y}=\left\{\left[\frac{1}{2}\left(\frac{\partial v_x}{\partial y}+\frac{\partial v_y}{\partial x}\right)\pm\frac{\partial v_x}{\partial x}\tan\varphi\right]\Big/\right.\\
&\qquad\left.\left[\frac{\partial v_x}{\partial x}\mp\left(\frac{\partial v_x}{\partial y}+\frac{\partial v_y}{\partial y}\right)\tan\varphi\right]\right\}\\
&(\sigma_x-\sigma_y)^2+4\tau_{xy}^2=[\sigma_x+\sigma_y+2c\cdot\cot\varphi]^2\sin^2\varphi
\end{aligned}\right\} \tag{2-57}$$

设

$$\left.\begin{aligned}
&\sigma_x=\rho_0\cdot\sigma(1+\sin\varphi\cos2\beta)-c\cdot\cot\varphi\\
&\sigma_y=\rho_0\cdot\sigma(1-\sin\varphi\cos2\beta)-c\cdot\cot\varphi\\
&\tau_{xy}=\rho_0\cdot\sigma\sin\varphi\sin2\beta\\
&v_x=v\cos\alpha\\
&v_y=v\sin\alpha\\
&\sigma=(\sigma_1-\sigma_3)/(2\rho_0\sin\varphi)
\end{aligned}\right\} \tag{2-58}$$

式(2-58)中的应力满足极限平衡条件(即式(2-57)中第5式);其中ρ_0为散体介质的初始密度,α为速度v与x轴的夹角。

将式(2-58)代入式(2-57)中,可得到如下基本方程:

$$\left.\begin{aligned}
a_1\frac{\partial\sigma}{\partial y}+b_1\frac{\partial\beta}{\partial y}+c_1\frac{\partial\alpha}{\partial y}&=K_1\\
a_2\frac{\partial\sigma}{\partial y}+b_2\frac{\partial\beta}{\partial y}+c_2\frac{\partial\alpha}{\partial y}&=K_2\\
a_3\frac{\partial\sigma}{\partial y}+c_3\frac{\partial\alpha}{\partial y}+d_3\frac{\partial v}{\partial y}&=K_3\\
a_4\frac{\partial\sigma}{\partial y}+c_4\frac{\partial\alpha}{\partial y}+d_4\frac{\partial v}{\partial y}&=K_4
\end{aligned}\right\}\tag{2-59}$$

式(2-59)的推导过程类似于式(2-21);式中$a_1,a_2\cdots b_1,b_2\cdots d_3,d_4\cdots K_3,K_4$等的意义也类同于式(2-21)中对应的各项。

若速度v很小,以及速度v的变化也很小以至由加速度产生的惯性力可以忽略不计,则可用静力学平衡方程代替动力学方程而使问题得到简化。在静力学问题中,式(2-57)中前两式的右边项为零,因而在式(2-59)前两式中不计$\partial\alpha/\partial y$项。此时,基本方程的系数行列式为

$$D=\begin{vmatrix} a_1 & b_1 & 0 & 0\\ a_2 & b_2 & 0 & 0\\ a_3 & 0 & c_3 & d_3\\ a_4 & 0 & c_4 & d_4\end{vmatrix}\tag{d}$$

上式可以分解成:

$$D=\begin{vmatrix} a_1 & b_1\\ a_2 & b_2\end{vmatrix}\times\begin{vmatrix} c_3 & d_3\\ c_4 & d_4\end{vmatrix}\tag{e}$$

方程组(2-59)的特征方程是:

$$D=0\tag{f}$$

分别令上式中a_1、b_1,a_2、b_2,c_3、d_3,c_4、d_4为零,这样,特征线族的微分方程可写成:

$$\left.\begin{aligned}
&\text{第一族特征线} && \mathrm{d}Y\cos(\beta+\gamma)-\mathrm{d}X\sin(\beta+\gamma)=0\\
&\text{第二族特征线} && \mathrm{d}Y\cos(\beta-\gamma)-\mathrm{d}X\sin(\beta-\gamma)=0\\
&\text{第三族特征线} && \mathrm{d}Y\cos(\beta\pm\gamma)-\mathrm{d}X\sin(\beta\pm\gamma)=0\\
&\text{第四族特征线} && \mathrm{d}Y\sin(\beta\pm\gamma)+\mathrm{d}X\cos(\beta\pm\gamma)=0
\end{aligned}\right\}\tag{2-60}$$

采用与前述类似的方法,在式(2-60)所表示的特征线上,将基本方程写成差分形式即可进行数值积分。

参 考 文 献

[1] 刘嘉旋．锡矿山粗颗粒水砂充填技术试验研究[J],有色矿山,1991.

[2] 徐祖麟．粗粒级水砂充填法的实践应用[J]．有色矿山,1991.

[3] 北京有色冶金设计研究总院,金川镍矿．全尾砂膏体充填物料物理力学性能试验研究(鉴定会资料).1991.

[4] 吕文生．金城金矿胶结充填材料力学特性及优化试验研究[D]．北京:北京科技大学,1993.

[5] 刘可任．充填理论基础[M]．北京:冶金工业出版社,1982.

[6] 中华人民共和国原水利电力部．SD128—84 土工试验规程,第一分册．1984.

[7] Thomas E G, et al. Fill Technology in Underground Metalliferous Mines[M]. Interna. Acad. Serv. Ltd., Ontario, Canada, 1979.

[8] Lambe T W, Whitman R V. Soil Mechanics[M]. Wiley, New York, 1969.

[9] Cai Sijing. Strength Characteristics of Cemented Deslimed Mill Tailings Fill Materials [D]. Australia: M. S. Thesis, University of New South Wales, 1985.

[10] 蔡嗣经．矿山充填材料的优化试验研究[J]．江西有色金属,1987(2).

[11] 蔡嗣经,等．胶结充填材料的优化及强度预测[J]．北京科技大学学报,1992,14(专辑).

[12] 吴爱祥,孙业志,刘湘平．散体动力学理论及其应用[M]．北京:冶金工业出版社,2002.

[13] 北京钢铁学院力学教研室．松散介质力学[讲义].1983.

[14] 徐芝纶．弹性力学(上、下册)[M]．北京:人民教育出版社,1982.

[15] 铁木辛柯,古地尔．弹性理论[M]．徐芝纶等译,北京:人民教育出版社,1964.

[16] 钱伟长,叶开沅．弹性力学[M]．北京:科学出版社,1956.

3 充填料浆输送流变力学基础

3.1 充填材料的输送方法

矿山各种充填材料的输送方法,大致可以分为五类。

3.1.1 块石充填料干式输送

干式输送的块石充填料,一般是通过充填井溜入井下,在井下被矿车或皮带运输机转运充入采场或采空区。图 3-1 为我国新桥矿的块石干式充填系统示意图。

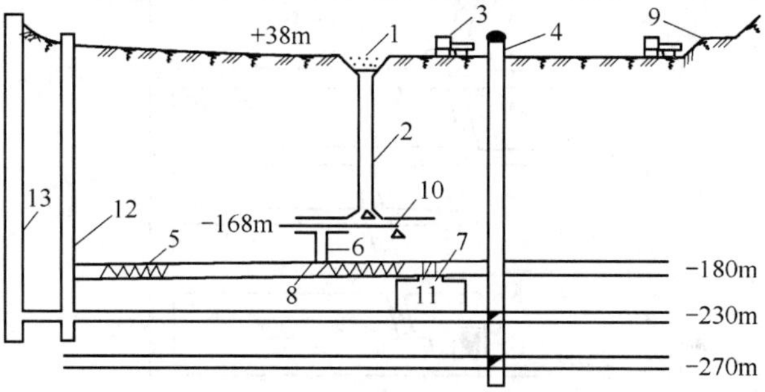

图 3-1 新桥矿块石充填输送系统示意图[1]

1—下料仓;2—块石下料井;3—自卸式汽车;4—措施井;5—副井车场列车;
6—废石分配井;7—充填天井;8—振动放矿漏斗;9—露天边坡;
10—电耙;11—1011 号采空区;12—副井;13—主井

新桥矿使用两步回采的底部漏斗分段空场嗣后充填采矿法。第一步先采矿柱,采完后形成人工矿柱;第二步回采矿房,采完后充填空区以控制地压。原来用江沙胶结充填矿柱采空区、江沙水力充填矿房采空区,对地压进行管理。近年来,一方面,由于长江限制采沙,江沙价格猛涨,充填沙源短缺,无法满足生产要求;另一方面,迫切要求降低矿石生产成本。因此寻求来源丰富、成本低廉的充填原料成为矿山生产的当务之急。经研究,利用废石充填矿房采空区管理地压是合理可行的[1]。

3.1.2 干充填料风力输送

图 3-2 是德国拉梅斯贝尔格矿的风力充填系统示意图[2]。废石采自地表采石

场,每年约 7.5 万 m^3,用破碎机破碎到块度小于 70mm,再通过贮料天井溜放到各中央风力充填站。各充填站安装有 Brieden 公司制造的数台 KZS150 型或一台新式的 KZS250 型风力充填机。用水泥作胶结剂,每年用量约 1 万 t。水泥从地表借助风力运至中央风力充填站附近的中间贮仓。从风力充填站沿平巷铺设固定管道;在采区铺设移动式管道,其直径为 175mm 或 200mm。配料叶轮的转数、充填料给料量和压缩空气量均可调节,即使充填站至采场工作面的距离不等,管道弯头多,充填料岩性不同,也能保证高效充填。风力充填管道长达 370m,如果包括弯头和岔道在内,理论吹送距离约为 600m。从一个风力充填站可以向 17 个采场工作面输送充填料。

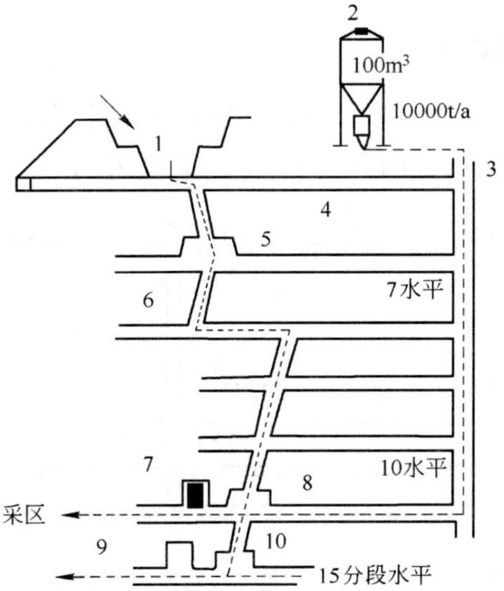

图 3-2　拉梅斯贝尔格矿风力充填系统图

1—7.5 万 m^3/a 页岩采石场;2—100m^3 水泥贮仓;3—竖井;4—通地表运输平巷;5—破碎设备;6—充填料小于 70mm;7—8.4m^3 水泥贮仓;8—中央风力充填站(2XKZS150 型布里顿型充填机)9—4.8m^3 水泥贮仓;10—中央风力充填站(KZS250 布里顿型充填机)

拉梅斯贝尔格矿采用下向进路式充填采矿法,必须按规定数量均匀地加入水泥,使人工假顶具有均匀的足够的强度。充填料的粒度分级、充填的捣实作用以及加入较多数量的水泥,可保证充填体的平均强度达到约 18MPa(波动范围在 15 ~25MPa)。经过长期生产试验,成功地发展了一种借助于串联装置将干水泥从中间贮仓输入风力充填管道的给料法。各种检测和调节装置加上程序计算机,能保证 1m^3 充填料中均匀精确地加入 130 ~140kg 的水泥。

充填效果取决于:充填料(粒度分级和水分)、风力充填设备的规格(配料叶轮的个数、规格及转数)、充填管道(直径、长度、弯头数)以及管网压力、工作风压、初始风速等。使用 KZS150 型风力充填机，在该矿正常条件下平均净通过能力为 60 ~ $75m^3$/(台·h)。由于充填时有粉尘，充填工作严格限定在夜班(停产)进行，充填作业工人需佩戴防尘面具。

我国某煤矿不加水泥的干充填料风力充填系统如图 3-3 所示。

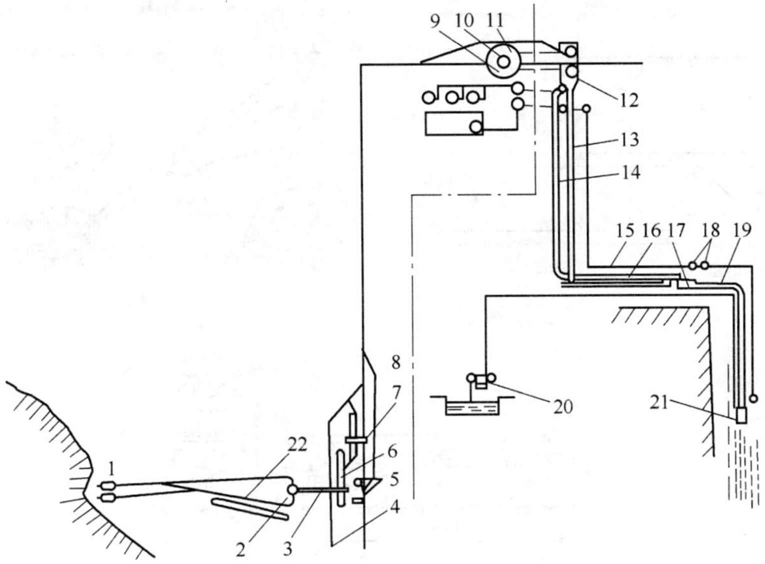

图 3-3　某煤矿风力充填系统示意图

1—装岩机；2，10—翻笼；3—皮带运输机；4—排粉道；5—破碎机；6，13，15—皮带运输机；7—筛子；8—轻便道；9—废石仓；11—下料机；12—井下废石仓；14—压风管；16—水管；17—充填机；18—信号；19—充填管；20—水泵；21—导向器；22—无极绳

3.1.3　抛掷充填

抛掷充填是 20 世纪 70 年代发展起来的一种新充填工艺。德国梅根(Meggen)矿已有成功的应用经验，每年抛掷充填 13 万 m^3 充填料。我国焦家金矿与长沙矿山研究院合作在 1992 年也鉴定了抛掷充填采矿法。目前，抛掷充填法主要用于碎石胶结充填，首先将块石破碎到粒度 50mm 以下，再将碎石中的泥洗去，加入水泥搅拌制备成充填料，水泥用量一般为 50 ~ 80kg/m^3。

通常使用的抛掷充填系统如图 3-4(a)所示，在地表建立充填料制备站，包括破碎、洗泥、加水泥搅拌等，制备好的充填料用溜井或钻孔下放到各中段贮料站，用抛掷充填车在贮料站接料或用矿车再转运一次。抛掷充填机由电机带动皮带运转(图 3-4b)，皮带线速度高达 20m/s，皮带上部装有漏斗，充填料用铲运机装入漏斗后下落到高速运转的皮带上并被抛掷出去，最大抛掷高度 8m，最大水平抛掷距离 14m，抛掷倾角可进行调节，平均台班效率为 $40m^3$。现在已发展成为抛掷充填车作业（图3-4c），抛掷车车厢内有一块靠液压油推动的推料板，在充填过程中推料板不断地将充填料运往车身尾部，借自重通过下料口落到快速运转的抛掷皮带上，再抛向采空区。这种充填车从装料到充填，只需一人操作，且可调节抛掷倾角和水平抛掷方向。在运距250m左右时，抛掷充填车的台班效率为60m^3。

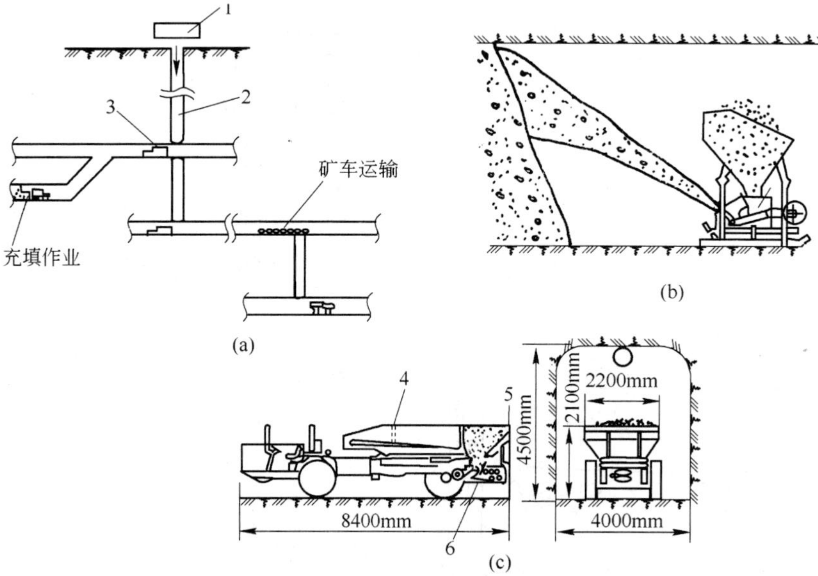

图3-4　抛掷充填系统及设备示意图[3]

（a）抛掷充填系统；（b）抛掷充填机；（c）抛掷充填车

1—充填料地面制备站；2—溜井；3—抛掷充填车；4—推料平板；

5—摆动式尾板；6—抛掷胶带，胶带宽500mm

据认为，抛掷充填法在密实接顶充填、构筑人工矿柱、分段充填采矿法等方面具有较大的技术优势。

3.1.4　脱泥尾砂充填料水力输送

粗粒级骨料、磨砂、脱泥尾砂及全尾砂充填料的水力输送，目前是充填材料输送的基本方法。在我国主要采取脱泥尾砂的水力输送。

会泽铅锌矿麒麟厂矿区粗粒级水砂充填系统如图3-5所示，为非胶结充填料制备和输送系统，其基本参数如下：充填倍线为3.17；水砂体积比1∶1～1∶1.5；临界流速5.15m/s，输送能力482～536m^3/h；安全系数1.3。

图3-6为澳大利亚芒特·艾萨矿充填料制备系统，该系统既可启用尾砂混合槽15制备非胶结充填料，也可启用水泥炉渣浆搅拌槽10和胶结充填料搅拌槽14制备水泥炉渣胶结尾砂充填料，还可关闭炉渣料浆储仓6而只制备水泥胶结充填料。当制备水泥炉渣胶结充填料时，散装水泥存放入两个120t的筒仓1中，研磨的

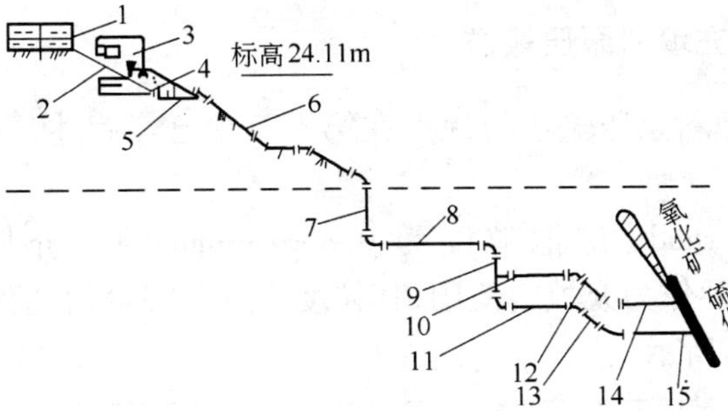

图 3-5　麒麟厂矿区粗粒级水砂充填系统示意[4]

1—充填水池;2—ϕ327 充填主供水管;3—充填制备站;4—充填斜井管线;5—一号坑充填管线;6—地表充填管线;7—充填钻孔管线;8—主运输巷充填管线;9—盲竖井充填管线;10,11—中段平巷充填管线;12,13—行人材料井充填管线;14,15—中段平巷充填管线

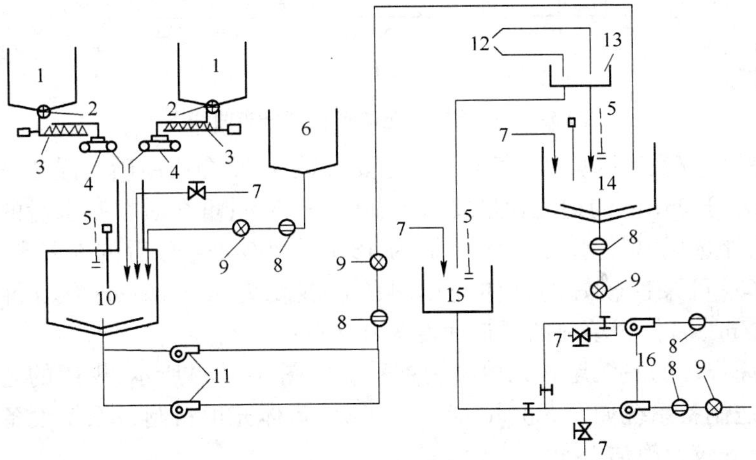

图 3-6　芒特·艾萨矿充填料制备系统示意图[5]

1—水泥筒仓;2—可变速回转阀;3—螺旋输送机;4—皮带秤给料机;5—超声波传感器液面指示仪;6—炉渣料浆储仓;7—水;8—电磁流量计;9—γ 射线浓度计;10—水泥炉渣搅拌槽;11—V/S 水泥浆输送砂泵;12—从一段旋流器组来的尾砂;13—自动取样装置;14—胶结充填料搅拌槽;15—尾砂混合槽;16—输送充填料的可变速砂泵

炼铜水淬炉渣以 60% 的重量浓度存放入有机械搅拌的储仓 6 中。从搅拌槽 14 排出的胶结充填料经过一个双层阀门供给砂泵 16 送入井下充填,双层阀门的作用是使砂泵既能一台单独运转,又可两台同时运转。当只有一台运转时,另一台即可进行冲洗以免胶结充填料在管道内凝结。系统中的控制仪表对于稳定充填料浆的浓度和提高充填料的质量及充填作业的效率至关重要。

3.1.5　全尾砂膏体充填料泵压输送

全尾砂膏体充填料泵压输送的优点在第 1 章中已经阐述，下面介绍一个德国矿山实例。

德国格隆德（Grund）矿把粒度为 0.8 ~ 30mm 的重介质尾砂和粒度为 0 ~0.5mm的浮选尾砂作为充填料使用，其粒度组成及混合后达到泵送充填料要求的粒度组成如图 3-7 所示。

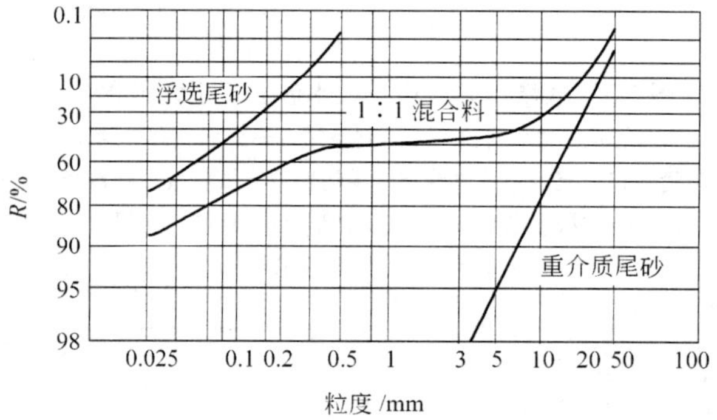

图 3-7　格隆德矿充填料粒度分布曲线[6]

经试验研究及实际应用，充填料的主要参数为：重介质尾砂与浮选尾砂的重量比为 1∶1；小于 25μm 的细泥含量要求占 10% ~15%；重介质在脱水后的含水量为 2% ~3%，浮选尾砂脱水后的含水量为 18% ~20%；混合后的充填料含水量为 12% ~15%；可泵性较好的膏体充填料的扩展度为 40 ~52cm；充填料的密度为 2.2 ~2.5t/m^3；膏体充填料的泵送速度为 0.7m/s。

该矿原设计的脱泥尾砂充填料制备系统如图 3-8（a）所示，现用的全尾砂膏体充填料泵送制备系统如图 3-8（b）所示。可见，膏体充填料制备系统设备配置很紧凑，工艺流程较为简洁。

3.2　两相流流体力学问题

充填材料的水力输送涉及流体力学的许多领域。在流体力学中，各种流体的基本分类如图 3-9 所示。一般来说，固体重量浓度小于 70% 的矿山尾砂充填料属于非牛顿流体，而全尾砂膏体充填料则属于塑性结构流体。在本节中只讨论非牛顿流体的一些力学问题，膏体充填料的塑性结构流体力学问题在下节中讨论。

非牛顿流体的黏度不是一个常数，随浆液浓度和速度梯度等因素的变化而变化。此外，非牛顿流体需要克服起始剪切应力才能流动，在流动中其黏度一般也为变数。因此，非牛顿流体的剪切应力为：

$$\tau = \tau_0 + K\left(\frac{\mathrm{d}v}{\mathrm{d}h}\right)^n \tag{3-1a}$$

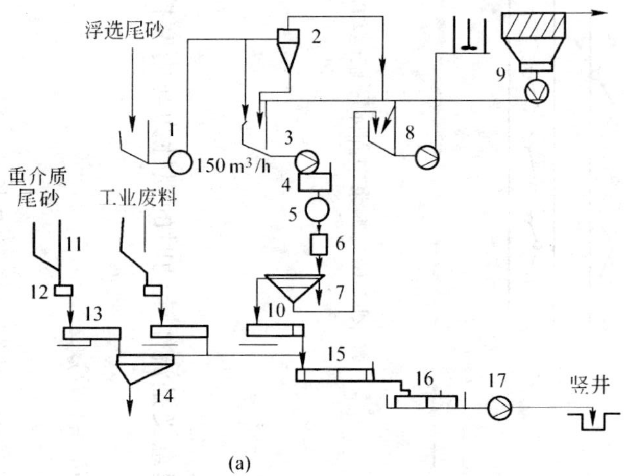

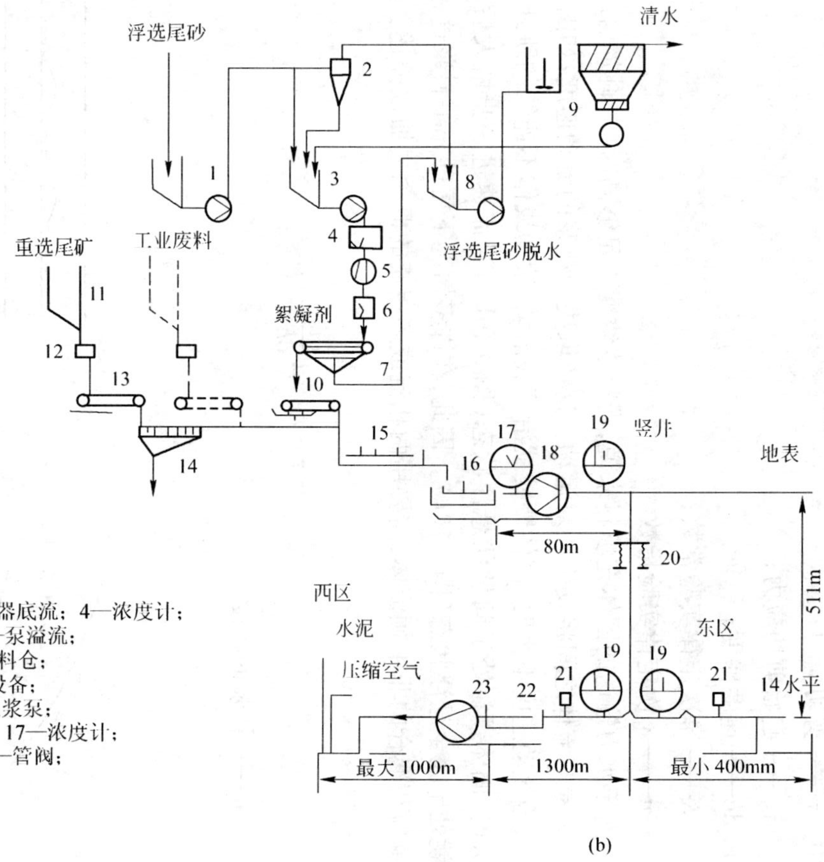

图 3-8 格隆德矿充填料制备系统[6]

(a) 脱泥尾砂充填料制备系统：1—泵给料；2—旋流器；3—泵旋流器底流；4—浓度计；5—流量计；6—添加絮凝剂；7—35m² 带式过滤机；8—泵溢流；9—叶片式滤清器；10—皮带秤浮选尾砂脱水；11—料仓；12—电磁输送槽；13—皮带秤；14—脱水筛和泵送设备；15—双轴混合器；16—双螺旋混合器；17—双活塞泥浆泵；

(b) 全尾砂膏体充填料制备系统：1～16 与图 3-8(a) 中相同；17—浓度计；18—双活塞泵；19—压力计；20—充气弹性托架；21—管阀；22—中继站搅拌机；23—双活塞泵

式中 τ——剪切应力；

τ_0——起始剪切应力；

dv/dh——速度梯度；

K——幂次定律实验常数；

n——幂次定律实验指数。

对于水力输送的固体充填料来说，当料浆浓度不足够高时，在料浆输送过程中固体颗粒与流体之间将发生相对运动。这还取决于料浆的流动速度：如图3-10(a)所示，当流动速度不大时，固体颗粒就沿管底滑动、滚动或作不连续的跳跃；当流速增大时，固体颗粒处于间歇状悬浮状态(图3-10b)；当流速进一步增大后，固体颗粒就处于完全悬浮状态(图3-10c)。因此，在许多情况下尾砂充填料浆这种水和固体颗粒相混合的非牛顿流体，需要用两相流或多相流的概念去加以描述。此时，式(3-1a)可写作：

$$\tau = \tau_0 + \mu \frac{dv}{dh} \tag{3-1b}$$

式中 μ——料浆的黏度。

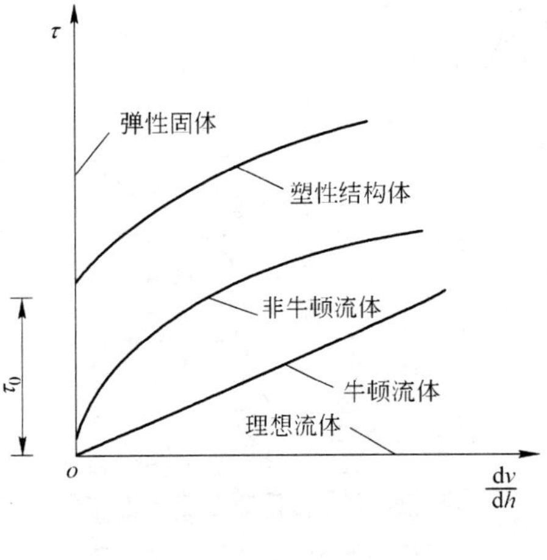

图3-9 各种流体的分类示意图

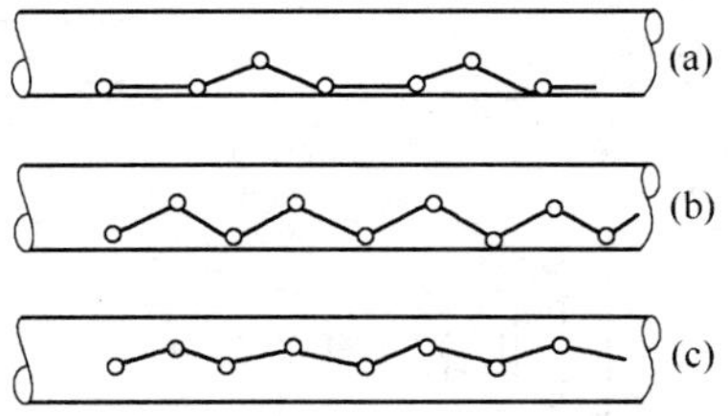

图3-10 料浆中固体颗粒运动状态

3.2.1 固体颗粒的沉降

3.2.1.1 雷诺数 Re

在水力学中，雷诺数 Re 的物理意义是流体流动时的惯性力与内摩擦力的比值。雷诺数 Re 可表示为：

$$Re = (vD)/\mu$$

式中 v——流体的流速；

D——圆形断面管道的直径或其他形状断面管道的当量直径；

μ——流体运动时的黏度。

3.2.1.2 固体颗粒沉降速度 v_s

固体颗粒沉降速度也称为水力粗度，是指颗粒在静水中的自由沉降速度。颗粒的密度、粒径、形状以及雷诺数等对其沉降速度有较大影响。对于圆形颗粒来说，其沉降速度的计算公式为：

（1）当 $Re \leqslant 1$（层流运动）时，用斯托克斯公式：

$$v_s = 54.5 d_s^2 \frac{\rho_s - \rho_w}{\mu} \tag{3-2}$$

式中 d_s——固体颗粒的直径；

ρ_s——固体颗粒的密度；

ρ_w——水的密度。

（2）当 $Re = 2 \sim 500$（介流运动）时，用阿连公式：

$$v_s = 25.8 d_s \left[\left(\frac{\rho_s - \rho_w}{\rho_w} \right)^2 (\rho_w / \mu) \right]^{1/3} \tag{3-3}$$

（3）当 $Re > 1000$（紊流运动）时，用雷廷格公式：

$$v_s = 51.1 \left[\frac{d_s(\rho_s - \rho_w)}{\rho_w} \right]^{1/2} \tag{3-4}$$

对于粗颗粒水砂充填料来说，由于固体颗粒较大，常用雷廷格公式。对于非圆球状颗粒，求出的 v_s 需乘以一个修正系数 c_s，$c_s = 0.5 \sim 0.85$（扁平状颗粒为 0.5，椭圆形颗粒为 0.85），同时式中的 d_s 应换成当量直径 $d_s = [(6G)/(\pi\gamma_s)]^{1/3}$。

3.2.1.3 固体颗粒沉降阻力系数 ψ

若固体颗粒在水中作等速沉降或被上升水流悬浮时，其所受的重力必须与浮力和沉降阻力相平衡，即重力 = 浮力 + 阻力，或

$$\rho_s g \frac{\pi d_s^3}{6} = \rho_w g \frac{\pi d_s^2}{6} + c_x \frac{\pi d_s^2}{4} \quad \frac{\rho_w v_s^2}{2} \tag{a}$$

式中 c_x——颗粒运动阻力系数；

$\pi d_s^2/4$——圆形颗粒在运动方向上的投影面积。

从式（a）中解出 c_x，有：

$$c_x = \frac{4}{3} \times \frac{(\rho_s - \rho_w) g d_s}{\rho_w v_s^2} \tag{b}$$

现在，定义

$\psi = \pi c_x / 8$，则有：

$$\psi = \frac{\pi}{6} \frac{(\rho_s - \rho_w) g d_s}{\rho_w v_s^2} \tag{3-5}$$

3.2.2　伯努利方程

在水砂充填料输送中，伯努利方程是决定料浆运动过程中能量间相互关系的重要公式。按能量守恒原理，假定充填料浆为稳定流，则可按照均质流体导出伯努利方程式，为：

$$z_1+\frac{p_1}{\gamma_p}+\frac{v_1^2}{2g}=z_2+\frac{p_2}{\gamma_p}+\frac{v_2^2}{2g}+H_{1-2} \tag{3-6}$$

式中　z_1, z_2——断面 1 和断面 2 处料浆的位能；
p_1, p_2——断面 1 和断面 2 处作用于料浆的压力；
v_1, v_2——断面 1 和断面 2 处料浆的流速；
H_{1-2}——料浆从断面 1 处流至断面 2 处的压头损失；
z——单位位能；
p/γ_p——单位压能；
$v^2/(2g)$——单位动能；
$(z+p/\gamma_p+v^2/(2g))$——单位机械能；
γ_p——料浆的重力密度：

$$\gamma_p=\frac{\gamma_w Q_w+\gamma_s Q_s}{Q_w+Q_s} \tag{3-7}$$

式中　γ_w, γ_s——水和固体颗粒的重力密度；
Q_w, Q_s——水和固体颗粒的流量。

3.2.3　流动阻力计算

3.2.3.1　影响因素及计算理论假说

影响料浆流动阻力的因素很多，其中主要是料浆流动速度、料浆浓度、管径、颗粒级配、颗粒沉降速度等等。

料浆的流动阻力与流速的关系可定性地用图 3-11 表示。在第一阶段，当流速很小、固体颗粒沉降在管底或作滑动和滚动时，阻力随流速增加而增加，如图中曲线 1～2 段；当流速达到一定值后，大部分固体颗粒呈悬浮状态而不再沿管底滑动，总的阻力随流速增加而减小，如图中曲线 2～3 段；在第三阶段，流速进一步增加，全部颗粒处于完全悬浮状态，阻力随流速的增加而增加，如图中曲线 3～4 段。

料浆的黏度与料浆浓度的关系如图 3-12 所示，为水泥浆的实验曲线。可见，存在一种“临界浓度”，若超过该临界浓度，则黏度急剧增加。

至于流动阻力与颗粒级配、颗粒沉降速度及管径之间的关系，也可通过系列试验得出实验曲线图[5]。

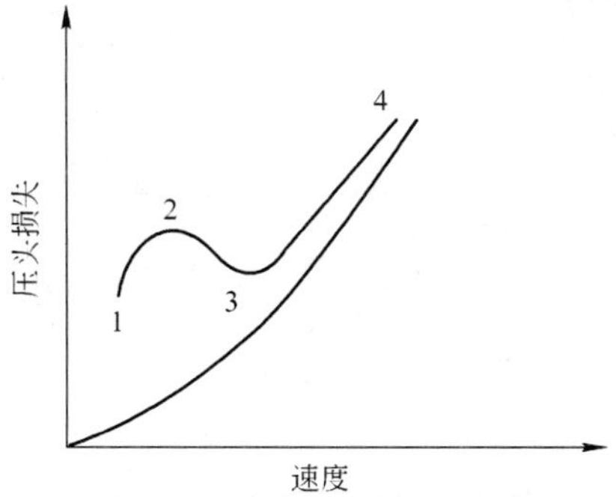

图 3-11 料浆流速与阻力的关系

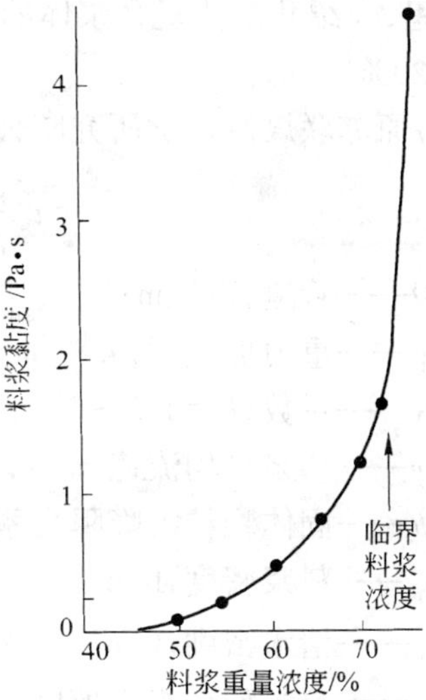

图 3-12 水泥浆的浓度与黏度的关系[8]

料浆的流动阻力计算理论目前有三种假说，一种为分散理论假说，认为固体颗粒均匀地扩散在流体中，因此，料浆的阻力损失 i_p 与清水的水力坡度 i_w 相似，只需将水的密度 ρ_w 换成料浆的密度 ρ_p，即 $i_p = i_w \rho_p$，其中已取水的密度 $\rho_w = 1$；另一种为重力理论假说，认为含固体颗粒的料浆在流动中要比清水消耗更多的能量 Δi 以维持固体颗粒悬浮，即 $i_p = i_w + \Delta i$；还有一种为重力—扩散理论假说，是前两种假说的叠加，即

$$i_p = i_w \rho_p + \Delta i \tag{3-8}$$

事实上，正如前面所指出的，料浆的流动阻力是很多因素的函数，一般只能通过实验建立一些经验公式，在具体运用中需再通过实验加以检验。

3.2.3.2 阻力计算经验公式

根据实验条件和实验技术的不同，不少研究者和矿山现场都提出了自己的料浆输送阻力计算公式，因而经验公式非常繁多。近年来，出现了一种复合浆体及其阻力计算学说，以瓦普斯为代表[9,10]。在通常的两相流研究文献中，把尾砂浆体或其他浆体分成均质的和非均质的两种，并分别进行阻力计算；而复合浆体学说则认为浆体中的细颗粒与水结合形成一种均质的“二相载体”，粗颗粒则非均质地悬浮于这种“二相载体”中。可见，复合浆体具有均质浆体和非均质浆体的双重特性。对于管道输送的复合浆体来说，均质的“二相载体”遍布于管道全横断面上，而非均质的粗颗粒主要分布于管底附近。因此，其阻力计算可分为两步进行：“两相载体”按伪一相流的公式计算阻力，然后非均质部分按杜兰德(Durand)公式计算阻力。

据清华大学王可钦和日本有关研究人员的试验研究结果，证实复合浆体的阻力计算方法是可取的[11]，但这种计算过程很繁杂。

这里，介绍几个非复合浆体的经验公式，据验证，其计算值与实测值相比较，误差小于20%。

(1)原苏联煤炭科学研究院公式：

$$i_p = i_w \frac{\rho_p}{\rho_w} + \frac{(gD)^{1/2}(\rho_p - \rho_w)}{K\psi v \rho_w} \tag{3-9}$$

式中　D——管道直径，m；

g——重力加速度，$9.81 m/s^2$；

K——系数，$K = 1.5 \sim 3.0$，平均 $K = 2.0$；

v——料浆平均流速，m/s；

ψ——固体颗粒沉降阻力系数；

ρ_p——料浆密度，t/m^3；

ρ_w——清水密度，t/m^3；

i_p——料浆输送水力坡度，米水柱/m(1 米水柱 =9806.375Pa，下同)；

i_w——清水输送水力坡度，米水柱/m。

可见，式(3-9)是按扩散-重力理论假说提出来的，据试验条件，其适用范围为：

$$v \leqslant \frac{(gD)^{1/2}}{(\lambda K\psi)^{1/3}}$$

式中　λ——清水的阻力系数。

(2)尤芬公式：

$$i_p = \rho_p (v-1)^{1/2}[v_s^2/(gD)]^{1/2} \quad 米水柱/m \tag{3-10}$$

式中　v_s——固体颗粒沉降速度，以平均粒径颗粒为其代表；

其余符号的意义同式(3-9)。

式(3-10)的适用条件为 $0.4mm < d_{av} < 10.0mm$；若 $C = d_{90}/d_{10} > 3$，则用 $v_s' = v_s/C^{1/3}$ 代替式中的 v_s。

(3)长沙矿冶研究院公式：

$$i_p = i_w \frac{\rho_p}{\rho_w}\left[1 + 3.68 \frac{(gD)^{1/2}}{v}\left(\frac{\rho_p - \rho_w}{p_w}\right)^{3.3}\right] \tag{3-11}$$

式中符号的意义同前。上式是在水力输送高浓度水泥浆试验研究中总结出来的，实验条件为：$D = 54 \sim 81mm$，$\rho_p = 1.32 \sim 1.60 t/m^3$，$v = 0.8 \sim 1.3 m/s$。

(4)金川公式：

$$i_p = 1.2 i_w \left\{1 + 108 m_i^{3.95}\left[\frac{gD(\rho_s - 1)}{v^2 \cdot C_x^{1/2}}\right]^{1.12}\right\} \tag{3-12}$$

式中　m_i——料浆的体积分数，%；

ρ_s——固体颗粒的密度，t/m^3；

$C_x = 8\psi/\pi$，ψ 为颗粒沉降阻力系数；

其余符号的意义同前。

式(3-12)的试验条件为:粒径小于3mm的磨砂,呈非均匀状砂浆;$D=100\text{mm}$;$\rho_s=2.72\text{t/m}^3$;灰砂比1∶6;$C_x=3.315$;$m_i=0.3732\sim0.5423$;$v=1.2\sim2.6\text{m/s}$。

(5)鞍山黑色金属矿山设计院公式:

$$i_p=\rho_p\left[i_w+\frac{\rho_p-1}{\rho_p}\left(\frac{\rho_s-\rho_p}{\rho_s-1}\right)^n\frac{v_{av}}{100v}\right] \tag{3-13}$$

式中　n——$n=5\left(1-0.2\lg\dfrac{v_{av}d_a}{\mu}\right)$;

v_{av}——加权平均沉降速度,cm/s;

d_a——v_{av}的当量粒径,cm;

μ——料浆的黏度。

据认为,式(3-13)比较适合于高浓度的料浆输送阻力计算。

3.2.3.3　充填倍线

"充填倍线"一词是充填采矿法中料浆输送的专用名词,其定义为:

在自溜输送时,

$$N=L/H \tag{3-14a}$$

式中　N——充填倍线;

L——充填系统管道总长度,m;

H——充填系统中料浆入口与出口处的垂直高差,m。

当管道系统中有增压泵时,

$$N=L/(H+H') \tag{3-14b}$$

式中　H'——增压泵的工作压头,m。

可见,充填倍线既反映了充填系统的充填能力,也表示了充填系统料浆输送的综合阻力。由于在充填系统中,还有弯管、岔道、负压区等局部阻力,一般应查找有关设计手册将这些局部阻力换算成标准当量管道长度。因此,实际充填工作倍线为:

$$N=\frac{L}{i_pL}=\frac{1}{i_p} \tag{3-15}$$

式(3-15)中的管道总长度L应包括局部阻力换算的当量管道长度。

3.2.4　临界流速计算

在图3-11中,已表明料浆输送的阻力与流速的关系。料浆的临界流速可定义为:使料浆流动阻力最小的流速。因此,可采用数学上求极值的方法,令$\mathrm{d}i_p/\mathrm{d}v=0$,即可从阻力计算的经验公式得到临界流速计算的经验公式。例如,对式(3-9)取$\mathrm{d}i_p/\mathrm{d}v=0$,并注意到存在下列关系:

$$i_w=\lambda\frac{v^2}{2gD}$$

则有:

$$v_c = (gD)^{1/2}\left(\frac{\rho_p - \rho_w}{K\psi\rho_p\rho_w\lambda}\right)^{1/3} \tag{3-16}$$

式中　v_c——临界流速,m/s。

在实践中,一般情况下充填管道系统中料浆的工作流速要比临界流速高10%~20%。此外,在有关矿山设计参考资料中,也给出了不同条件下临界流速的参考值[5]。

3.3　膏体流变力学问题

前面已提及,全尾砂膏体充填料属于塑性结构流体。因此,膏体流变力学问题即是塑性结构流体流变力学问题。

3.3.1　膏体充填料的基本特征

表3-1列举了国内外一些矿山所使用的或试验的膏体充填料的基本特征,从中可见:

表3-1　国内外部分矿山膏体充填料的基本特征

国别及矿山	充填材料	充填料脱水方式	固体重量浓度/%	水泥含量/%	塌落度/cm	输送泵类型	设计的充填体强度/MPa
德国,格隆德矿	重介质尾矿和浮选尾矿	带式过滤机和脱水筛	85~88	3.0	扩展度 40~52cm①	PM泵②	1.5~2.0
加拿大,多姆金矿	全尾砂	浓密机及JOY脱水机	77~82(平均为81)	1:30(水泥,尾砂)		正排量泵	0.43
美国,矿业局(半工业试验)	铜尾砂、铅锌尾砂、铜银尾砂		>75	4~6	10.8~17.8	活塞泵	
南非,西德里方廷金矿	全尾砂	JOY离心脱水机	78			往复式混凝土泵	
加拿大,国际镍公司安大略分公司	天然砂和全尾砂		81~86	1~6(平均4.6)	9~12英寸	混凝土泵	1.63
俄罗斯,阿奇塞铅锌矿	全尾砂(添加胶凝剂)		80~83	100~140 kg/m^3	10~20		
中国,金川镍矿(工业试验)	全尾砂	高效浓密机和过滤机	74~76	290~300	10~15	PM泵	4.0
	全尾砂和碎石混合料		81~82	150(kg/m^3)	15~20		

①相当于塌落度10~15cm;②双缸活塞泵(德国PM公司产品)。

(1)全尾砂膏体充填料的固体重量浓度一般为75% ~82%,而全尾砂与碎石相混合的膏体充填料的固体重量浓度则可达81% ~88%。

(2)塌落度是表征膏体充填料可泵性的指标。一般情况下,可泵性较好的全尾砂充填料的塌落度为10 ~15cm,全尾砂与碎石相混合的膏体充填料的塌落度为15 ~20cm。

(3)为获得高浓度的膏体充填料,常采用过滤机、浓密机或离心式脱水机对选厂送来的低浓度尾砂进行脱水。膏体充填料的泵送常用双活塞泵(如PM泵)或混凝土泵。

(4)膏体充填料中一般加入水泥制备成胶结充填料。由于膏体充填料浓度高和充入采空区后不需脱水,避免了水泥的离析和流失。因此,为获得同样强度的胶结充填体,膏体充填料要比普通浓度的脱泥尾砂充填料节省1/3 ~2/3的水泥。对比实验曲线如图3-13所示[12]。

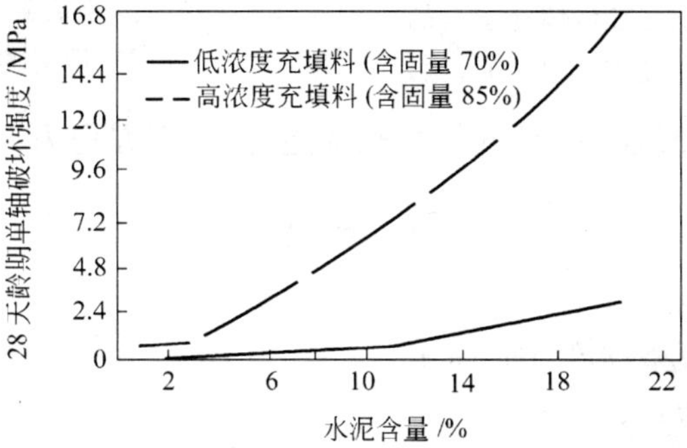

图3-13　胶结充填体强度与料浆浓度的关系

3.3.2　膏体充填料的流变力学模型

原则上讲,膏体充填料的流变模型也可用式(3-1a)来描述。然而,由于各矿山充填材料物理力学性能的差异,流变模型也有不同的表示形式。

(1) Hershel-Bulkley模型(简称H-B模型)。山东省招远金矿全尾砂膏体胶结充填料的流变实验曲线如图3-14所示。可见,膏体充填料具有相当大的屈服应力;膏体开始流动后管壁切应力随切变率的增长而近似呈直线增长。其他矿山膏体充填料的流变实验曲线也与此相仿,见图3-15和图3-16。

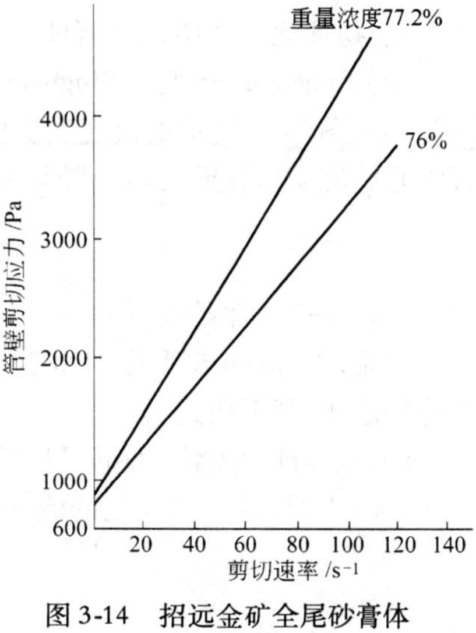

图3-14　招远金矿全尾砂膏体充填料的流变曲线

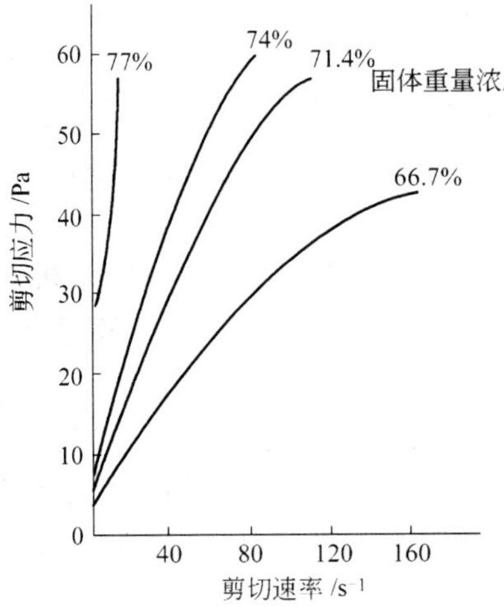

图 3-15　金川镍矿全尾砂膏体充填料的流变曲线[13]（灰砂比为 1∶4）

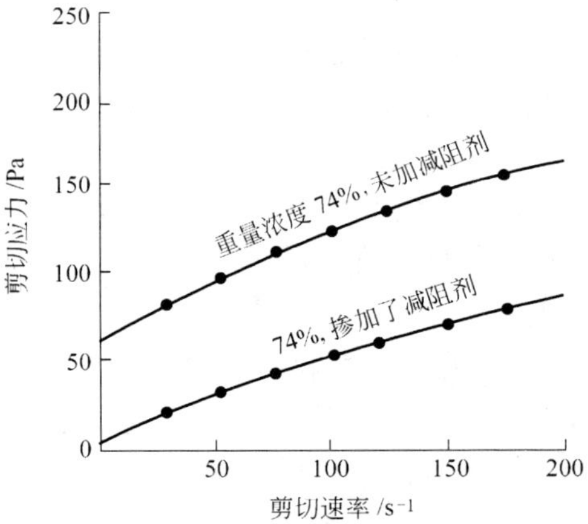

图 3-16　南非某金矿全尾砂 + 碎石膏体充填料的流变曲线

上述流变实验曲线可用 H-B 模型来描述，其流变方程为：

$$\tau = \tau_0 + \mu_{HB}\left(\frac{dv}{dh}\right)^n \tag{3-17}$$

式中　τ_0——屈服应力，Pa；

μ_{HB}——H-B 模型黏度，Pa · s^n；

n——流动指数；

dv/dh——切变速率，s^{-1}。

τ_0、μ_{HB}、n 三者构成了 H-B 模型流变特性的重要参数，其值依赖于充填料的粒度组成、物理化学性质以及膏体浓度等，也与时间和温度等因素有关。

（2）Bingham 模型。Bingham 模型又称为黏滞塑性流体模型。事实上，图 3-14 ~ 图 3-16 所示的流变实验曲线均可用 Bingham 模型来近似地描述，即认为膏体开始流动后管壁切应力随切变率的增长而呈直线增长。此时，流变方程为：

$$\tau = \tau_0 + \mu_B\left(\frac{dv}{dh}\right) \tag{3-18}$$

式中　μ_B——塑性黏度，Pa · s。

可见，Bingham 模型是 H-B 模型当 $n = 1$ 时的特殊情形。H-B 模型还有其他一些特殊形式，如下所述。

（3）Ostwald 模型。Ostwald 模型也称为结构黏性流体模型。当式（3-17）中 $\tau_0 = 0$、$n < 1$ 时，即为该模型的流变方程：

$$\tau = K\left(\frac{dv}{dh}\right)^n, n < 1 \tag{3-19}$$

式中　K——刚性系数，Pa · s。

(4)具有流变极限的结构黏性流体模型。当式(3-17)中 $n<1$ 时,即为该模型的流变方程:

$$\tau = \tau_0 + K\left(\frac{dv}{dh}\right)^n, n<1 \tag{3-20}$$

3.3.3　膏体充填料流变参数的实验室测定

由于充填材料的物理化学性质对膏体充填料的流变力学特性有着重大影响,因此,在测定其流变参数前,应首先测试充填料的密度、堆密度、孔隙率、含水量、颗粒级配、化学组分、不同料浆浓度和不同灰砂比时试件的单轴抗压强度、内聚力和内摩擦角、试件的养护特性等等。

值得注意的是,为了使膏体充填料具有较好的稳定性、流动性和可泵性,应使充填材料中含有一定比例的小于 25μm 的泥粒。根据德国格隆德矿的经验,这种泥粒应占充填料的 10% ~15%,根据我国金川镍矿的经验是应占 25% 左右。

3.3.3.1　流变参数的测定

对于 Bingham 模型来说,流变参数只有两个:屈服应力 τ_0 和塑性黏度 μ_B。上海地学仪器研究所生产的 DV-Ⅱ数字旋转黏度计、美国 Brookfield 公司生产的 DV-Ⅱ +Pro 数字黏度计(如图 3-17)等,均可用来测定流变参数。

用 NXS-Ⅱ型旋转式黏度计测定的金川公司二矿全尾砂膏体充填料的流变参数如表 3-2 所示[13]。

此外,还有一类仪器如德国生产的 RV-2 型黏度计,可用于测定膏体充填料的屈服应力 τ_0。RV-2 型黏度计是一种以柔性弹簧为传感器元件的多转速旋转式黏度计,在测量中可使用多种形式的桨叶式测量头,如图 3-18 所示的十字形桨叶等。

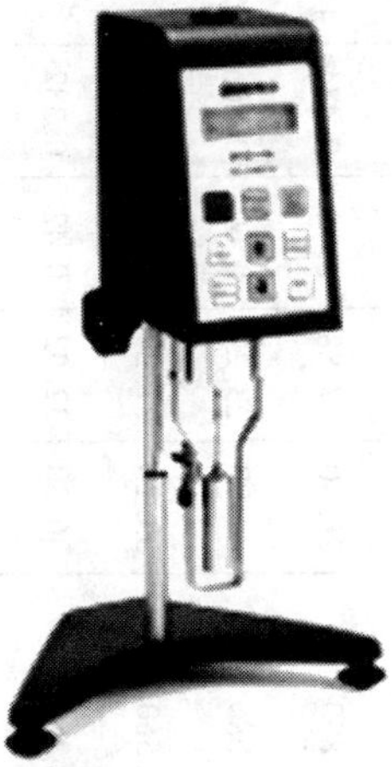

图 3-17　DV-Ⅱ +Pro 数字黏度计

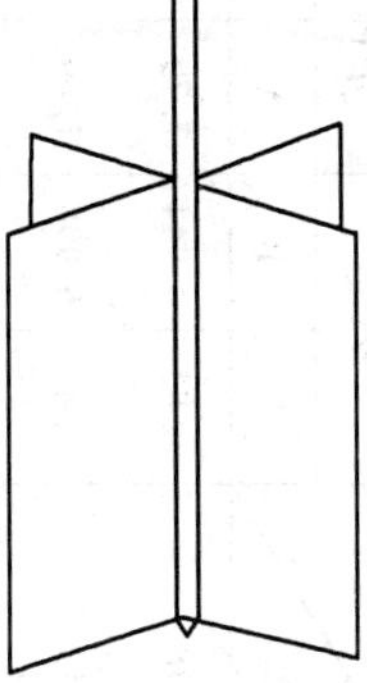

图 3-18　十字形桨叶式测量头示意图[13]

表 3-2　金川矿全尾砂膏体流变参数测定结果

浓度/%	66.7				71.0				74.0				77.0			
参数	剪切应力 τ/Pa		表观黏度 μ/Pa·s		剪切应力 τ/Pa		表观黏度 μ/Pa·s		剪切应力 τ/Pa		表观黏度 μ/Pa·s		剪切应力 τ/Pa		表观黏度 μ/Pa·s	
剪切速率 /s^{-1}	A	B	A	B	A	B	A	B	A	B	A	B	A	B	A	B
3.178	8.85	4.944	2.79	1.572	11.35	7.264	3.57	2.286	23.84	9.194	7.50	2.893	34.05	30.08	10.72	9.466
4.313	7.83	5.998	1.69	1.391	12.20	7.970	2.82	1.848	21.22	7.945	4.92	1.842	36.32	32.35	8.42	7.501
5.675	11.35	7.151	2.00	1.260	14.30	9.080	2.52	1.600	21.85	10.780	3.85	1.900	42.56	39.16	7.50	6.900
7.378	14.00	8.275	1.89	1.122	18.00	11.185	2.45	1.516	22.13	13.620	3.00	1.846		43.91		5.592
10.220	15.90	10.39	1.56	1.077	22.47	14.620	2.20	1.431	28.09	18.160	2.75	1.778				
15.890	20.70	14.42	1.30	0.907	28.15	22.250	1.77	1.400	34.96	24.060	2.20	1.514				
21.570	23.40	15.32	1.08	0.816	32.50	24.400	1.51	1.132	38.70	27.240	1.79	1.263				
28.380	25.50	17.03	0.90	0.600	39.20	27.240	1.38	0.960	44.95	31.780	1.58	1.120				
36.890	28.90	17.88	0.78	0.484	44.60	28.600	1.21	0.775	53.00	37.460	1.44	1.015				
51.080	30.90	23.27	0.60	0.466	52.50	38.020	1.03	0.744		45.970		0.900				
63.560	33.20	27.24	0.52	0.429		44.270		0.696		54.250		0.854				
86.260	36.30	32.92	0.42	0.382		52.780		0.612								
113.500	41.00	37.46	0.36	0.330												
147.600	49.90	42.56	0.34	0.288												

注：A—不含水泥；B—灰砂比为1∶4。

将仪器测量的扭矩值直接用标准塑性物质进行标定。屈服应力由下式计算：

$$\tau_0 = T_{max}/[4\pi R^3(H/2R + 1/6)] \tag{3-21}$$

式中　T_{max}——测量时的最大扭矩，N·m；

R——桨叶的半径，cm；

H——桨叶的高度，cm。

使用 RV-2 型黏度计并配备十字形桨叶测量头对金川公司二矿的不同浓度和不同灰砂比的全尾砂膏体充填料进行屈服应力测定，所得结果见表 3-3[13]。

表 3-3　全尾砂膏体充填料的静态屈服应力 τ_0　Pa

灰砂比 \ 浓度/%	71	73	75	76.5	78
0:1	428	863	1421	2209	4512
1:4	545	1010	2431	4084	7353
1:8	594	1088	2234	4215	6784
1:10	666	1170	2612	4479	7431
1:15	576	1070	2264	4281	7267
1:20	766	1227	2453	4545	7546

3.3.3.2　膏体充填料塌落度的测定

膏体充填料的塌落度是料浆流动性的表征，塌落度值即是料浆的稠度。塌落度的力学意义是料浆因自重流动，因内部阻力而停止流动的最终变形值。工程上和实验室常用的塌落度测定桶一般高 30cm，将搅拌好的膏体充填料装入桶内，让料浆在自重作用下自由下落，再量取所塌落的高度[14]。

与塌落度相对应的还有料浆的扩展度或扩散度。测定塌落度时所落下的料浆用一块面积为 100cm×100cm、厚度为 1.5cm 的硬塑料板接住，从塑料板的一边用手抬高 10cm，然后松手让其自由下落，依靠下落时的震动使料浆向四周扩散，如此抬高、下落反复进行 15 次，再测出膏体充填料在各方位的平面尺寸（单位为 cm），求其平均值即为扩展度或扩散度。

金川公司二矿全尾砂添加碎石的膏体充填料的塌落度与扩展度的实验关系曲线如图 3-19 所示。全尾砂与碎石之比分别为 60:40、60:50 和 40:60 等三种。

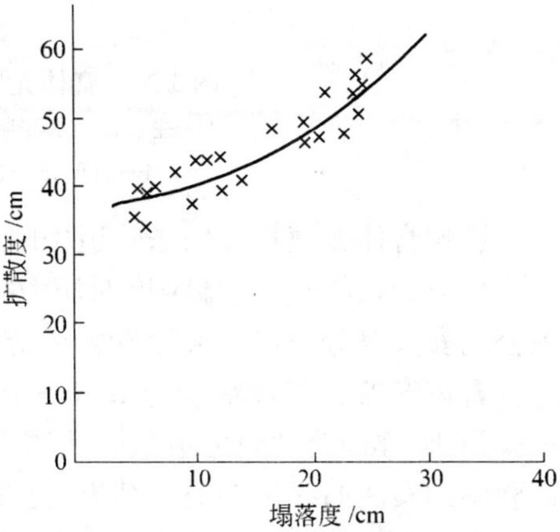

图 3-19　塌落度与扩展度的实验关系曲线[13]

根据图 3-19 中的数据，这种膏体充填料的塌落度 S(cm) 与扩展度 D(cm) 之间的回归关系方程为：

$$D = 36.981 + 0.027S^2 \tag{3-22}$$

3.3.4　膏体充填料输送阻力的计算与测定

3.3.4.1　影响阻力大小的主要因素

膏体充填料在输送管道中的运动状态及速度分布示意图如图 3-20 所示。由于膏体如固体一般在管道中作整体移动，膏体中的固体颗粒一般不发生沉降，膏体的层间也不出现交流，这是一种柱塞状的稳定结构流。膏体柱塞横断面上的速度变化为常数，只有在近管壁处的润滑层的速度有一定变化。

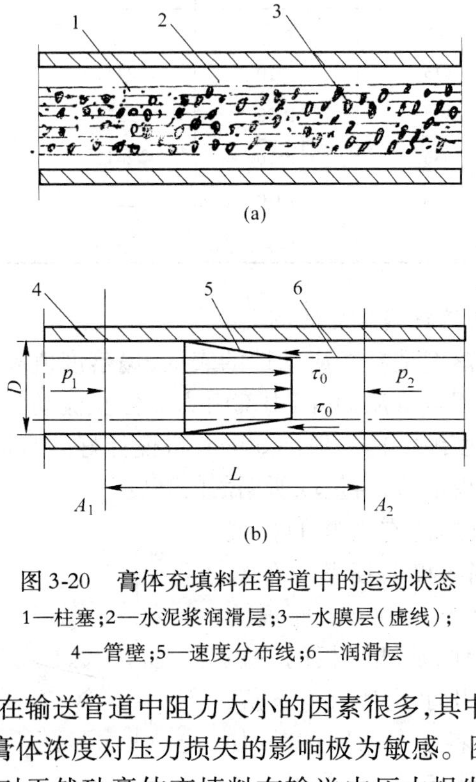

图 3-20　膏体充填料在管道中的运动状态

1—柱塞；2—水泥浆润滑层；3—水膜层（虚线）；
4—管壁；5—速度分布线；6—润滑层

影响膏体充填料在输送管道中阻力大小的因素很多，其中主要有：

(1) 膏体浓度。膏体浓度对压力损失的影响极为敏感。图 3-21 是加拿大国际镍公司安大略分公司对天然砂膏体充填料在输送中压力损失的实测结果。可见，这种膏体充填料在含水量为 14% ~19%（即固体重量浓度为 81% ~86%）时压力损失最小，亦即流动阻力最低。我国金川公司二矿全尾砂膏体充填料在输送工业试验中的实测曲线也有类似结果，见图 3-22。

(2) 充填料中细微泥粒的含量。细微泥粒（−25μm 的颗粒）在膏体充填料输送中具有两方面的减阻作用：一是形成润滑层，二是阻止充填料中的粗颗粒下沉以至堆积到管壁上，因膏体充填料的输送流速一般低于 1.0m/s，多为 0.5 ~0.9m/s。

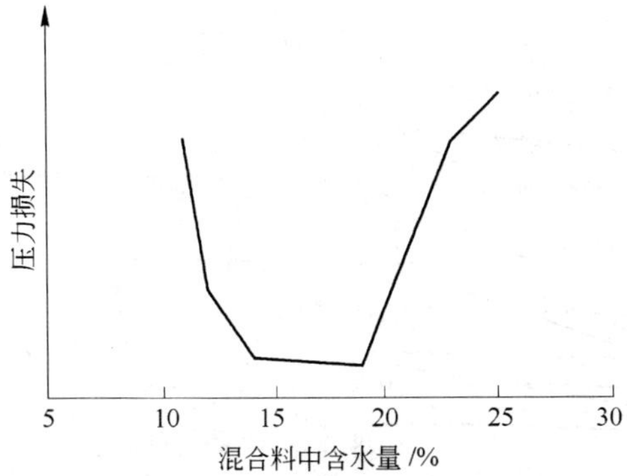

图 3-21 天然砂膏体充填料浓度与压力损失的关系

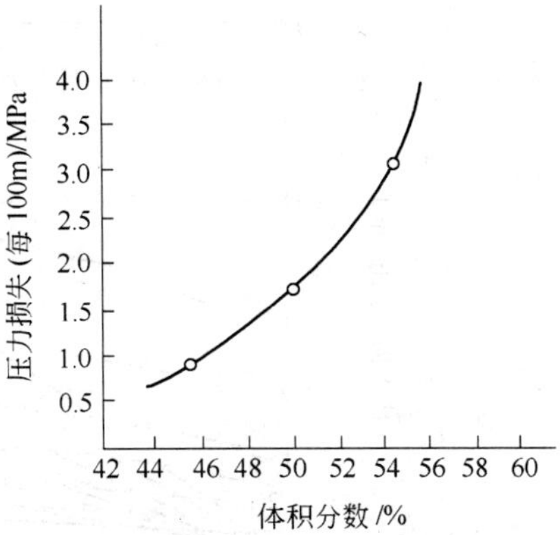

图 3-22 金川全尾砂膏体充填料浓度与压力损失的关系[15]
（管径 124mm；平均流速 1.0m/s）

加拿大安大略分公司的试验证明，天然砂膏体充填料的泥粒含量为 10% ~14% 时流动阻力最小，如图 3-23 所示。这些细微颗粒包括添加的水泥颗粒以及掺入的其他矿泥等。

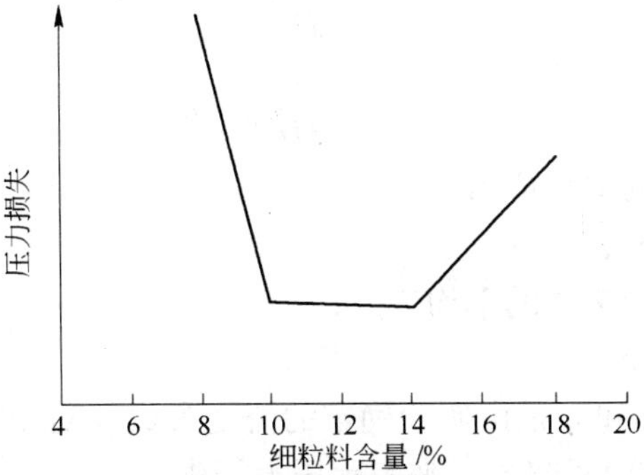

图 3-23 天然砂膏体充填料中细泥含量与流动阻力的关系

（3）流量与管径。一般情况下，膏体充填料的压力损失随流速的增加而呈直线增加，随管径的增大而有所减小。这种压力损失的变化也与膏体浓度及物料颗粒配比等因素有关。南非德里方廷（Driefontein）金矿公司全尾砂膏体充填料的管道输送特性实验曲线如图 3-24 所示。

3.3.4.2 阻力计算的经验公式

当膏体充填料可近似地视为 Bingham 黏滞塑性结构流体时，美国矿山局及我国金川公司二矿的研究资料都证明[15,16]，水平直线管段的压力损失可用 Buckinghom 公式来预测，由于式（3-18）可写成：

$$\tau_w = \frac{4}{3}\tau_0 + \eta\left(\frac{8v_m}{D}\right) \tag{3-23}$$

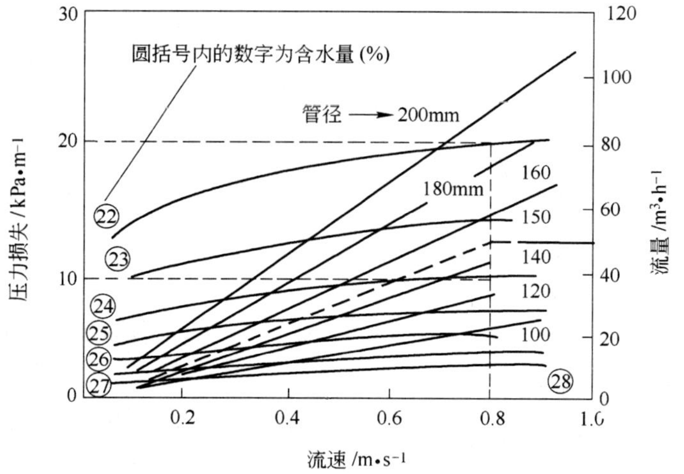

图 3-24　南非 Driefontein 金矿全尾砂膏体充填料的管输特性曲线

因此,在层流状态下,膏体流动的压力损失 i_p 为:

$$i_p = \frac{4}{D}\tau_w$$

$$= \frac{16}{3D}\tau_0 + \eta\frac{32v_m}{D} \quad (3\text{-}24)$$

式中　τ_w——管壁处的剪切应力;

η——塑性黏度;

v_m——膏体在管道中的平均流速;

D——管道内径。

在式(3-24)中,τ_0 和 η 是由实验确定的流变参数。对于一定的管道系统来说,D 为已知量,因而也可用回归方程来表示压力损失 i_p:

$$i_p = a + bv_m \quad (3\text{-}25)$$

式中　a,b——由实验数据得出的回归系数;

v_m 的意义同前。

例如,金川公司二矿全尾砂胶结膏体充填料,在灰砂比为 1∶4,膏体重量浓度为 78.1%、塌落度为 3.5cm 的条件下,实验得出的回归系数为[15]:

$$a = 0.7813109$$

$$b = 0.3775885$$

因此,管道压力损失的计算公式为:

$$i_p = 0.7813109 + 0.3775885v_m \quad (3\text{-}26)$$

式中,v_m 的单位为 m/s;i_p 的单位为 MPa/100m。

此外,还有其他一些经验公式,但在形式上与式(3-25)类似,不一一列举。

为降低膏体充填料在管道输送中的阻力，可在充填料中加入各种类型的减阻剂，如系列型号的泵送剂和六偏磷酸钠等。减阻剂的添加量需通过实验来确定。

3.3.4.3 管道系统阻力的实测

在膏体充填的现有工艺技术条件下，每个矿山在设计膏体充填系统时，进行管道输送的半工业试验并进行管道系统输送参数的实测是必要的。

管道系统压力损失（阻力）的实测，可采用数字显示式压力传感器，如航天空气动力技术研究所（原航空工业部701所）生产的JP型应变式压力传感器。通常，除测定直线水平管段的压力损失以外，对接头处、分岔处及弯管处的局部压力损失尤其需要进行测定。由于管道压力损失与料浆浓度和流速等密切相关，因此，还需要同时测定料浆的浓度和流量。测量料浆的浓度可使用同位素浓度计，如兰州同位素仪表研究所生产的FB-2300型微机工业密度计等；测量料浆的流量可使用电磁流量计，如上海安钧电子科技有限公司生产的上海电磁流量计等。

3.4 计算流体力学在充填料浆管道输送研究中的应用

3.4.1 概述

流体力学和其他物理学科一样，起初分为理论和实验两个分支。随着电子计算机的出现和现代计算技术的发展，可以应用电子计算机作为模拟和实验手段，用数值方法求解流体力学中的各种问题。这样就形成了流体力学的一个新分支——计算流体力学（Computational Fluid Dynamics，简称为CFD）。

计算流体力学的许多开创性工作是在Los Alamos的科学实验室中完成的，在第二次世界大战期间，Los Alamos以及J. von Neumann建立了抛物线形有限差分方程的稳定性准则，并且提出了分析线性化方程的方法[17,18]。1953年，E. C. Dufort和S. P. Franket对抛物线形方程提出了“跳点”方法，其允许任意大的时间步长，且具有全显式的特点。1965年，F. H. Harlow和J. E. Formm在《Scientific American》发表了著名的关于非定常涡流数值解的文章，与此同时，E. O. Macagno的一篇类似文章刊登在法国《La Houille Blanche》杂志上。这两篇文章的出现，标志着计算流体力学作为一门独立学科的出现。20世纪60年代后期以来，随着计算机技术和性能的提高，计算流体力学已迅速发展，它能计算理论流体力学所不能求解的复杂几何形状下的流动；它已经替代了很大一部分风洞试验，省时省钱；采用计算手段已经发现了一些理论上还解不出、试验上还测不到的流动中的新现象[19]。

在计算流体力学中，首先必须将各种各样的流体力学问题变成离散的有限数值模型，将流体的连续流动用多个质点的运动来近似，这在数学上就表示为有限单元、有限差分、有限分析或有限基本解的形式。因此，计算流体力学不仅只是探求流体力学微分方程的初值或边界值问题的多种数值解法，而且是要在物理直观和力学实验的基础上建立起各种流体运动的有限数值模型，同时还要给出在实际可能的条件下实现这种数值模型的计算机程序。

描述流体运动的偏微分方程可以是抛物线形、椭圆形或双曲线形的，其可能有各阶的数学奇点以及未知的或无穷远的边界，而现有的非线性问题数值解法的数学理论还不够完备，故计算流体力学一方面要依靠对较简单的线性问题的严格数学分析，另一方面也要依据物理模拟、力学实验的启发和在计算机上的数值试验。这种数值试验有其独特的优点，可以做无论是理论分析还是实物模型实验所不能办到的事情，能够检验流动现象对理论分析中所做的各种近似的敏感性，还能检验新的流体模型的本构方程的合理性。

水与尾砂充填材料混合组成的料浆在管道中正常输送时，尽管从微观上看，各点的浓度可能有变化，或出现涡流和层间交流等现象，但从宏观上可以认为是不可压缩黏性流体的稳定流动，因此，其流动的控制方程为：

（1）连续方程：

$$\nabla \boldsymbol{v} = 0 \tag{3-27}$$

（2）运动方程：

$$\rho\left(\frac{\partial \boldsymbol{v}}{\partial t} + \boldsymbol{v} \ \nabla \boldsymbol{v}\right) = -\Delta p + \mu \nabla^2 \boldsymbol{v} + \rho g \tag{3-28}$$

式中　∇——拉普拉斯算子，$\nabla = \partial/\partial x + \partial/\partial y + \partial/\partial z$

$\boldsymbol{v}$——速度向量，$\boldsymbol{v} = \boldsymbol{i}u + \boldsymbol{j}v + \boldsymbol{k}w$；

u, v, w——x、y、z 方向的速度分量；

$\boldsymbol{i}, \boldsymbol{j}, \boldsymbol{k}$——$x$、$y$、$z$ 方向的单位向量；

ρ——流体密度；

g——重力加速度；

μ——黏度；

Δp——压力差。

式（3-28）也称为 Navier-Stokes 方程。由式（3-27）和式（3-28）可解得 $\boldsymbol{v}$ 和 Δp。一般地，对式（3-27）和式（3-28）直接积分求解是困难的，可采用各种数值解法。

计算流体力学与其他计算力学一样，其模拟分析结果的正确性取决于输入参数的合理选取、边界条件的合理抽象以及计算网格的合理离散等。计算流体力学在充填料浆管道输送研究中，还可以模拟研究在不同雷诺数条件下流体绕流固体颗粒的流线轨迹、固体颗粒的悬浮条件、管道转弯处和分岔处流体的流线改变及流速改变等问题[20,21]。

3.4.2　CFD 基本模型及格子法理论

以模型尺度为标准，计算流体力学（CFD）的基本模型可大致分为三类：以雷诺平均 N-S 方程（RANSE，Reynolds Averaged Navier-Stokes Equations）为代表的基于连续统的宏观力学模型；微观分子动力学模型，如蒙特卡洛（DSMC，Direct Simulation Monte Carlo)法、分子动力学(MD, Molecular Dynamics)方法等;以及介于其间的多重尺度模型,尤以格子法(LBM, Lattice Boltzmann Method)及大涡模拟(LES, Large-Eddy Simulation)为代表。其中,格子法因为采用显式求解、压力可直接计算、边界处理方便、并行度高而非常适合大规模工程黏性流场计算,近十几年来受到国内外科研工作者的普遍关注[22]。

格子方法是由格子气自动机(Lattice Gas Automata, LGA)理论发展和改进而来的。1976 年,Hardy、De Pazzis 和 Pomeau 在 Broadwell 提出的离散速度模型的基础上,同时考虑了时空的离散,提出了基于正方形网格的 HPP 模型[23],并模拟了简单的流动现象,然而,由于该模型的格子缺乏各向同性,该模型在宏观尺度上逼近 Navier-Stokes 方程时相差非线性项和耗散项;1986 年 Frisch、Hasslacher 和 Pomeau 有效解决了二维情况下的这种困难,得到了 FHP 模型[24];同年 Humieres、Lallemand 和 Frisch 提出了适用于三维问题的 HLF 模型[25]。一旦能够得到对称性网格,剩下的唯一问题就是确定粒子的运动(演进)规则,在该问题的处理上,形成了两种不同的途径,即 LGA 方法和 LB 方法。

3.4.2.1 LGA 方法

LGA 方法是直接从分子运动论出发,运用统计力学理论建立粒子的简化运动模型。用 LGA 方法模拟流场,可大致分为以下几个步骤:

(1)空间、时间和速度的离散。如图 3-25 所示,将整个流场划分为间距相等的规则网格(虚线所示),流体离散为大量只有质量、没有体积的流体粒子,并让流体粒子分布在网格节点上。这些粒子可按离散的时间步长沿相邻网格线构成的速度向量 $\boldsymbol{e}_\alpha(\alpha=0,1,\cdots,b)$ 恰好运动到相邻节点。

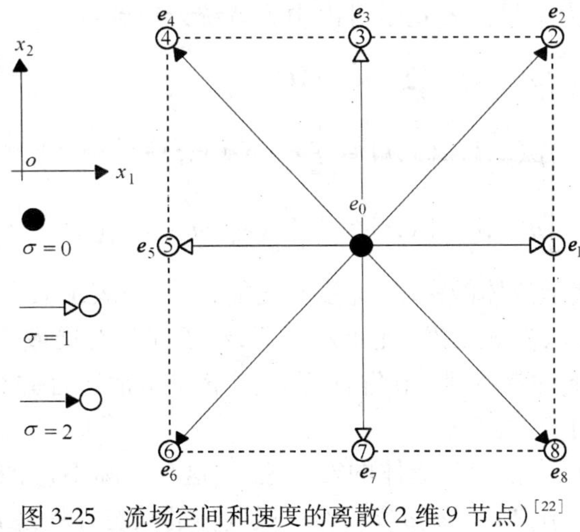

图 3-25 流场空间和速度的离散(2 维 9 节点)[22]

(2)粒子在时间和空间上的演进。让网格上的粒子以可能的离散速度按给定的规则运动。如图 3-26 所示,每个时间步长内粒子运动分为碰撞和迁移两个步

骤:

1)碰撞。$t=n$ 时刻,从相邻节点运动来的粒子在节点 x 上依据碰撞规则相互碰撞,改变了各自的运动方向(图中实线箭头所示);

2)迁移。粒子由节点 x 沿 $\boldsymbol{e}_\alpha$ 运动,于 $t+1$ 时刻到达相邻节点 $x+\boldsymbol{e}_\alpha$(图中虚线箭头所示)。

然后又是碰撞、迁移,如此反复,直至满足特定的计算要求。整个演进过程可表示为:

$$n_\alpha(x+e_\alpha,t+1)-n_\alpha(x,t)=\Omega_\alpha(n(x,t)),(\alpha=0,1,\cdots,b) \tag{3-29}$$

式中,$n_\alpha(x,\ t)$ 为 x 节点 t 时刻沿 $\boldsymbol{e}_\alpha$ 运动的粒子数,$\Omega_\alpha(n(x,t))$ 是用粒子数表示的碰撞函数。

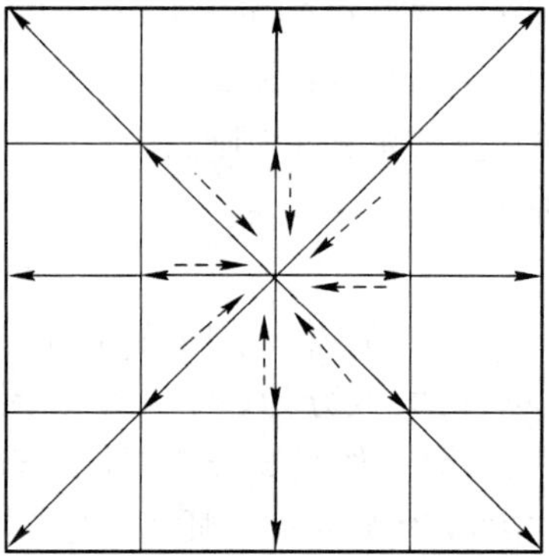

图 3-26　粒子在时空上的演进[22]

(3)统计宏观力学量。宏观量可由中观量统计得到:

$$\begin{cases}\rho(x,t)=\sum\limits_{\alpha=0}^{b}\langle n_\alpha(x,t)\rangle\\ \rho(x,t)u(x,t)=\sum\limits_{\alpha=0}^{b}e_\alpha\langle n_\alpha(x,t)\rangle\\ \rho(x,t)\varepsilon(x,t)=\dfrac{1}{2}\sum\limits_{\alpha=0}^{b}(e_\alpha-u)^2\langle n_\alpha(x,t)\rangle\end{cases} \tag{3-30}$$

式中,ρ、u、ε 分别表示流体的密度、速度和内能,<… >表示取系综平均。

LGA 方法直接从微观出发,纯布尔运算,粒子间只有局域作用,使得该方法具有绝对稳定、边界条件易处理、节省计算存储量和非常适合并行计算等独特的优点。但 LGA 也有自身的缺点:

(1)所得到的压力依赖于流体的宏观速度,这与实际不符,如 FHP 模型导出的状态方程为:$P=P_0(\rho,T)-\rho g(\rho)u^2$,而一般气体的状态方程是 $P=P_0(\rho,T)$;

(2)LGA 的演进是布尔运算,要得到宏观量必须按式(3-30)对 x 节点 t 时刻沿 $\boldsymbol{e}_\alpha$ 运动的粒子数 $n_\alpha(x,t)$进行系综平均,从而可能引发统计噪声问题;

(3)非 Galilei 不变性,表现在它所对应的宏观方程中对流项的系数依赖于密度,这是因 LGA 遵守 Pauli 不相容原理,使得粒子服从 Fermi-Dirac 分布而引起的。

为了在保留 LGA 方法的优点同时克服以上缺点,产生了 LB 方法。

3.4.2.2 LB 方法(格子法)

因为 LB 方法和格子气自动机理论一脉相承,所以格子法的主要思想和计算步骤与 LGA 相似,主要区别在于 LB 方法用中观的实数型变量——粒子分布函数 $f_\alpha(x,t)$ 代替 LGA 的布尔型变量 $n_\alpha(x,t)$。

这里 $f_\alpha(x,t)$ 表示 t 时刻 x 节点沿 e_α 方向有 1 个运动粒子的概率,即:

$$f_\alpha(x,t) = \langle n_\alpha(x,t) \rangle \tag{3-31}$$

这样,LB 不再需要具体计算微观量 $n_\alpha(x,t)$,而是直接按格子 Boltzmann 方程

$$f_\alpha(x+e_\alpha,t+1) - f_\alpha(x,t) = \Omega_\alpha(f(x,t)),(\alpha=0,1,\cdots,b) \tag{3-32}$$

计算中观量,然后由式(3-33)计算宏观量。也就是说,LB 方法是用格子 Boltzmann 方程来模拟宏观现象。

$$\begin{cases} \rho(x,t) = \sum\limits_{\alpha=0}^{b} f_\alpha(x,t) \\ \rho(x,t)u(x,t) = \sum\limits_{\alpha=0}^{b} e_\alpha f_\alpha(x,t) \\ \rho(x,t)\varepsilon(x,t) = \dfrac{1}{2}\sum\limits_{\alpha=0}^{b}(e_\alpha - u)^2 f_\alpha(x,t) \\ p = c_s^2\rho \end{cases} \tag{3-33}$$

格子法将碰撞项表示为粒子分布函数的函数。1992 年,一种非常简单的模型[26,27]出现了,它将碰撞矩阵简单化,引进由 Bhatnager、Gross 和 Krook[28]提出的用松弛时间使分布函数逼近局部平衡分布函数的方法,即格子 BGK(LBGK, Lattice BGK)模型,目前得到广泛应用[29~31],对应的格子 BGK 方程是:

$$f_\alpha(x+e_a,t+1) - f_\alpha(x,t) = -\frac{1}{\tau}(f_\alpha(x,t) - f_\alpha^0(x,t)),(\alpha=0,1,\cdots,b) \tag{3-34}$$

用格子方法模拟流场,实际上归结为对方程(3-34)的迭代求解。每一时刻各网格点的粒子分布函数 $f_\alpha(x,t)$ 求出后,就可按式(3-33)计算宏观力学量。

常见的格子方法边界条件有速度边界、压力边界和周期性边界等几种类型,常采用固壁反弹法、虚拟固壁法、插值法等方法处理边界问题[22]。

3.4.3 CFD 软件及应用现状

计算流体力学经过半个世纪的发展已相当成熟,一个重要标志就是近十几年来各种 CFD 通用软件陆续出现[32,33],成为商业软件,为工业界广泛接受,性能日趋完善,应用范围不断扩大。今天,CFD 技术的应用早已经超越传统的流体力学和工

程的范畴，从航空、航天、船舶、动力扩展到化工、核能、冶金、建筑、环境等许多相关领域[34]。

CFD 艰深的理论性和流体力学的复杂性曾一度阻碍了 CFD 软件向工业界推广，使 CFD 研究成果推向实际应用成为大难题[35]。在此情况下，通用商业软件包应运而生。一般认为，Spalding 主持的 CHAM 公司跨出了第一步，Spalding 与 Patankar 提出的 SIMPLE 算法在 20 世纪 70 年代已被广泛用于热流问题求解，CHAM 公司在 20 世纪 80 年代初以该方法为基础推出了计算流体力学与传热学的商业化软件——PHOENICS 的早期版本。与此同时，在 PHOENICS 版本不断更新的情况下，其他商用 CFD 软件也相继问世，如 FLUENT、CFX、STAR-CD 等，这标志着 CFD 技术终于走出学术研究的象牙塔，成为工程设计的重要手段[36]。1998 年，全球市场占有率高达 40% 的 FLUENT 软件在北京设立代理公司，正式进入中国市场，STAR-CD、NUMECA(FINE) 等著名 CFD 软件也紧随其后先后进入中国市场[37]。

3.4.3.1　CFD 软件的主要特点

各种 CFD 商业软件的数学模型组成都是以 Navier-Stokes 方程组与各种湍流模型为主体，再加上多相流模型、燃烧与化学反应流模型、自由面流模型以及非牛顿流体模型等[38]，大多数附加的模型是在主体方程组上补充一些附加源项、附加输运方程与关系式，随着应用范围的不断扩大和新方法的出现，新的模型也在增加。

为了体现通用性，CFD 软件能适应从低速到超声速的宽速度范围。CFD 软件都配有网格生成（前处理）与流动显示（后处理）模块，网格生成质量对计算精度与稳定性影响极大，所以网格生成能力的强弱是衡量 CFD 软件性能的一个重要因素。CFD 软件的流动显示模块都具有三维显示功能来展现各种流动特性，有的还能以动画功能演示非定常过程。

3.4.3.2　常用 CFD 商业软件结构

计算流体力学商业软件一般包括以下几个模块：几何模型建立（CFD-Build）与网格生成模块或前处理模块（Pre-Processor）、核心处理模块（CFD-Solver）、后处理模块（Post-Processor）、软件使用教程及软件说明（Tutorial and Menu）。几何模型建立及网格生成是由使用者本人根据研究的具体问题建立的相应二维或三维模拟模型，然后再按其外形结构和具体过程特点进行数学化网格处理并生成 CFD 计算网格文件（几何文件）的过程，这是 CFD 模拟计算的工作基础。一般 CFD 软件平台都可以实现与 AutoCAD 的对接，以增强其处理复杂几何形状问题的能力。

3.4.3.3　CFD 商业软件的基本选用原则

目前常用的 CFD 软件平台有 FLUENT、CFX、Phoenics 等几种，它们各有其特点和相应的最佳应用领域。合理选用 CFD 软件是模拟成功的前提，CFD 通用商用软件的基本选用原则有以下几个方面：

(1)实用原则。从具体问题出发，选择的模拟软件要包括相应的数学模型，依据问题的复杂程度，不盲目追求模型的复杂程度和精确度，以实用为模型选用准则。

(2)行业原则。要充分借鉴本行业中前人的研究成果，选择恰当的数据处理与导出方式，以形成相似或类似的图表格式，便于比较对照。

(3)匹配原则。建立几何模型要考虑模型的复杂程度，尽可能与实际物体一致，又有升华提高，做到模拟计算与几何模型生成方法合理匹配，几何模型网格划分疏密程度与计算机内存合理匹配，几何模型与边界条件合理匹配，物理模型与模拟软件合理匹配。合理建立几何模型对达到模拟精度要求起决定性作用。

(4)计算精度原则。不要特意追求模拟计算精度，以满足工程实际需要为目的，不过分追求高精度，收敛准则要恰当。否则，将导致计算很难收敛。

(5)阶段性原则。模拟计算不是万能的，不可能解决所有问题，要分阶段工作。比如，以简单平台和模型取得计算初值，然后，进行精确模拟，从而节约时间，保证计算的稳定性和收敛性。

3.4.3.4 常用 CFD 软件简介

目前常用的商业 CFD 软件主要有：Spalding 开发的 Phoenics，Gosman 开发的 TEACH 和 FLOW3D，美国 Creare 公司开发的 FLUENT 和英国 AEA Technology、Harwell，UK 开发的 CFX，日本公司开发的 Star-CD 以及布鲁塞尔和瑞典航空研究所共同开发的 NUMECA(FINE)，我国也有相应的模拟计算程序，主要有 TEAM、FACI 和 DTFS 等。其中，较常用的有 FLUENT、CFX 以及 Phoenics 等。

(1)FLUENT 软件。FLUENT 针对不同应用领域，开发了一些专用模块，如暖通空调模块(AIRPAK)、化工搅拌器模拟计算模块(MIXSIM)等。软件设有 SIMPLE、SIMPLER、PISO 等压力矫正法。FLUENT 软件包主要具有常用的六种湍流数学模型、辐射数学模型、化学物质反应和传递流动模型、污染物质形成模型、相变模型、离散相模型、多相流模型、流团移动模型、多孔介质多孔泵模型等。提供了两种数值计算方法：分离解法(Segregate Solver)和耦合算法(Coupled Solver)。

(2)CFX 软件。CFX 软件在欧洲使用广泛，主要由三部分组成：Build、Solver 以及 Analyse。CFX 包括的主要数学模型有零方程模型(Zero Equation)、K-Epsilon Equation模型、RNG K-Epsilon 模型、Reynolds Stress 模型等。CFX 提供了强大的计算结果处理和输出功能，包括 CFX-Visualise、CFX-View、CFX-Linegraph、CFX-Analyse 等四部分。几乎可以输出计算的各种参数的模拟曲线、图形，可以任意对计算域中的各方位、各剖面进行计算参数的图形展示，非常方便快捷。

(3)Phoenics 软件。Phoenics 软件包是流行较早的商业 CFD 软件，其特点是计算能力强、模型简单、速度快、便于模拟前期的参数初值估算，主要以低速热流输运现象为主要模拟对象,尤其适用于单相模拟和管道流动计算,它包含一定数量的湍流模型、多相流模型、化学反应模型。不足之处在于:计算模型少,尤其是两相流模型,不适用于两相错流流动计算;由于它以压力矫正为基本解法,因而不适合高速可压缩流体的流动模拟。由于缺乏使用群体和版本更新速度慢,以及其他新兴软件的不断涌现,其实际应用受到很大限制。

3.4.4 计算流体力学在充填中的应用举例

3.4.4.1　充填料浆环管试验模拟仿真

李国政、于润沧在 2008 年报道了进行充填料浆环管试验计算机仿真应用研究的成果[39],他们所使用的仿真软件,是在通用的 Windows 平台上采用 Delphi7 语言自行编写的,运用了 Delphi7 语言的功能模块以提高计算效率。所进行的环管试验模拟仿真流程如图 3-27 所示,仿真软件算法流程如图 3-28 所示。

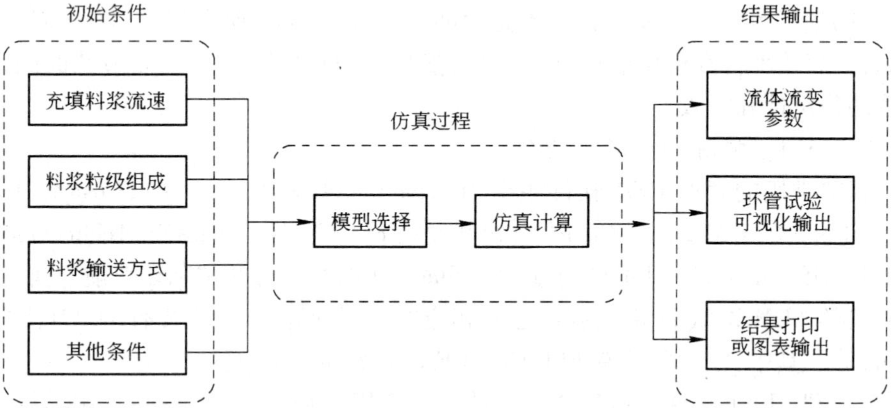

图 3-27　充填料浆环管输送模拟仿真流程简图[39]

在模拟计算中,输入的初始条件有:

(1)管径。满管输送时,已知流量,按不同的流速计算出不同的管径。

(2)料浆输送方式。按全尾砂膏体充填、高浓度全尾砂(分级尾砂)充填以及水力充填等三种方式。

(3)充填材料粒级组成。计算出充填材料的平均粒径。

在模拟中,水力充填管道阻力计算采用的是金川公式,见式(3-12)。

高浓度全尾砂(或分级尾砂)充填管道阻力计算也是采用另一个金川公式,见式(3-35):

$$i_p = i_0\left\{1 + 106.9\varphi^{4.42}\left[\frac{gD(\rho - 1)}{v^2\sqrt{C_x}}\right]^{1.78}\right\} \tag{3-35}$$

膏体充填的剪切阻力计算见式(3-36):

$$\tau_s = \tau_{sq} - \eta_s\left(\frac{dv}{dr}\right) \tag{3-36}$$

式中　τ_s——剪切阻力，Pa；

τ_{sq}——屈服应力，Pa；

η_s——塑性黏度，Pa·s；

dv/dr——切变率。

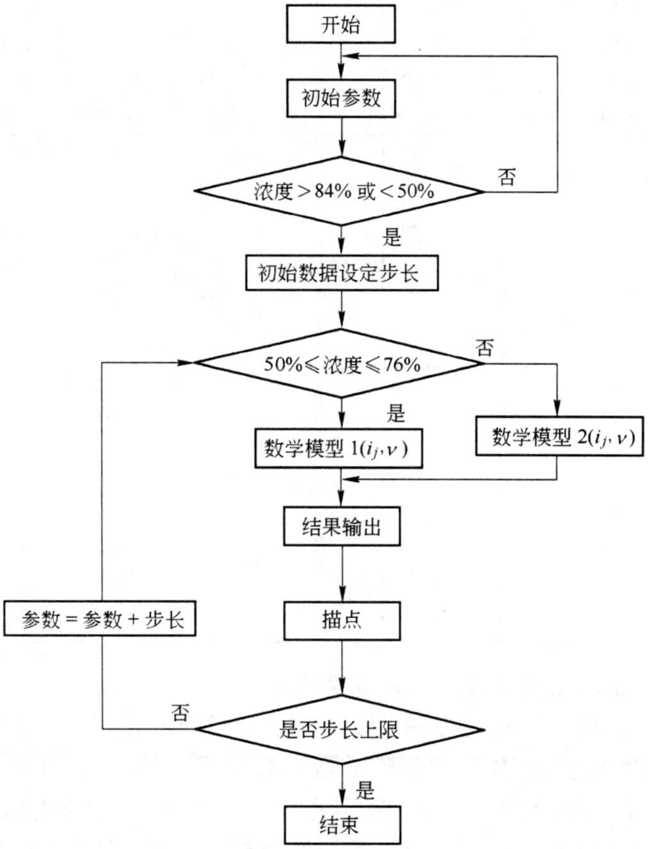

图 3-28　模拟仿真算法流程图[39]

对金川公司二矿 −3mm 棒磨砂、ϕ100mm 水平管道的充填料浆输送试验水力坡度的实测值与环管试验模拟仿真结果的比较见表 3-4。从表中可见，仿真结果的误差为 4.12% ~40.12%，但很明显，应根据料浆浓度选择合适的仿真模型。例如当充填料浆浓度达到 76.29% 时，若仿真模型还采用适用条件为水力充填的公式(3-12)，则误差达 40.12%；因此时料浆的流态呈似均质流状态，若采用公式(3-35)，则计算的水力坡度误差明显减小。

表 3-4　金川公司 -3mm 棒磨砂、ϕ100 水平管道水力坡度的实测值与仿真模拟结果的比较

工况		水力坡度		误差	平均	工况		水力坡度		误差	平均
浓度 /%	流速 /m·s^{-1}	实测值 /kPa·m^{-1}	仿真值 /kPa·m^{-1}	/%	误差 /%	浓度 /%	流速 /m·s^{-1}	实测值 /kPa·m^{-1}	仿真值 /kPa·m^{-1}	/%	误差 /%
	3.72	1.95	2.01	2.56			3.17	2.45	2.7	10.20	
	3.61	1.86	1.9	2.15			3.12	2.4	2.6	8.33	
	3.15	1.77	1.8	1.69			2.97	2.15	2.5	16.28	
61.77	2.72	1.25	1.3	4.0	5.66	71.9	2.9	2.09	2.4	14.83	13.43
	2.58	1.14	1.2	5.26			2.81	1.99	2.3	15.58	
	2.26	1.0	0.9	−10			2.54	1.71	2.0	16.96	
	2.12	0.93	0.82	−13.98			2.43	1.61	1.8	11.80	
	3.72	2.27	2.3	1.32			2.76	2.32	3.4	46.55	
	3.61	1.97	2.0	1.52			2.72	2.21	3.3	49.32	
	3.15	1.63	1.7	4.29			2.62	2.12	3.2	50.94	40.16
65.73	2.72	1.38	1.4	1.45	4.12	76.29	2.55	2.05	3.0	46.34	式
	2.41	1.08	1.22	11.11			2.41	1.95	2.8	43.59	(3-12)
	2.05	0.99	1.0	1.01			2.23	1.87	2.5	33.69	
	1.98	0.98	0.9	−8.16			1.7	1.68	1.5	−10.71	
	3.72	2.58	2.6	0.78			2.76	2.32	2.7	16.38	
	3.5	2.26	2.4	6.19			2.72	2.21	2.6	17.65	
	3.18	1.98	2.1	6.06			2.62	2.12	2.59	22.17	17.93
68.87	2.97	1.78	1.9	6.74	5.89	76.29	2.55	2.05	2.53	23.41	式
	2.81	1.51	1.7	12.58			2.41	1.95	2.4	23.08	(3-35)
	2.51	1.44	1.5	4.17			2.23	1.87	2.23	19.25	
	2.36	1.25	1.3	4.00			1.7	1.68	1.62	3.57	

3.4.4.2　膏体充填管道输送数值模拟与分析

王新民等在 2006 年报道了采用 FLOTRAN 软件（前面介绍的 CFX 为 FLOTRAN 的升级版本）进行膏体充填管道输送的数值模拟情况[40]，其模拟分析过程分为七个主要步骤：确定问题的区域、确定膏体流动的状态、建立有限元模型及生成网格、确定与施加边界条件、设置 FLOTRAN 分析的参数、求解与反馈、检查与分析结果。

A　充填管道几何模型

基于 FLOTRAN 软件的一些局限性，在分析中，管道的几何模拟简化成如图 3-29所示。管道竖直段为 20m，水平段为 30m，两段成 90°，管道内径为 125mm，采用内径为 125mm 的直角弯管连接。

B　基本假设

由于矿山充填管道浆体输送工艺及其力学结构的复杂性，为了便于建模和分析计算，作如下假设：

(1)黏性浆体具有恒黏性,不随温度、时间的变化而变化;

(2)浆体为非牛顿流体,其流变模型近似于 Bingham 体;

(3)不考虑热交换,也不考虑振动、地震波等对管道输送的影响。

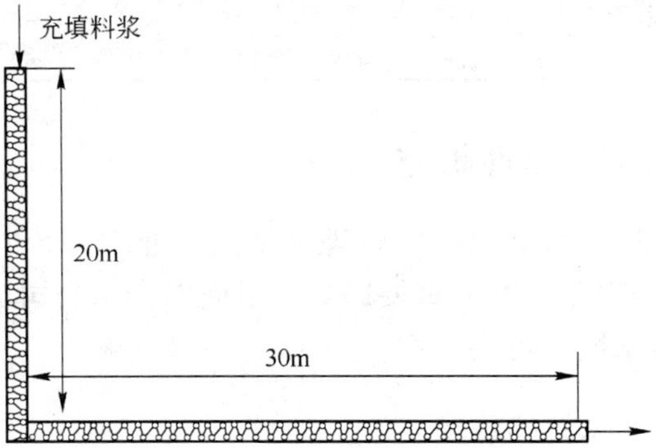

图 3-29 充填管道几何模型示意图[40]

C 模拟结果分析

(1)流速变化。在弯管处沿管道截面,流速有较明显的梯度分布,自弯管外侧向内侧流速逐渐加大。

(2)改变载荷或参数的模拟结果比较。管径对阻力损失影响的模拟结果如表 3-5 所示,流速对阻力损失影响的模拟结果如表 3-6 所示,浆体密度对阻力损失影响的模拟结果如表 3-7 所示,浆体黏度对阻力损失影响的模拟结果如表 3-8 所示。

表 3-5 管径与阻力损失的关系

管径/mm	总长度/m	进口速度/m · s^{-1}	密度/kg · m^{-3}	有效黏度	阻力损失/kPa
125	50	2.6	1640	0.118	56.59
152	50	2.6	1640	0.118	38.66
178	50	2.6	1640	0.118	26.85

表 3-6 流速与阻力损失的关系

流速/m · s^{-1}	管径/mm	总长度/m	密度/kg · m^{-3}	有效黏度	阻力损失/kPa
1.2	125	50	1640	0.118	15.09
2.0	125	50	1640	0.118	35.74
2.6	125	50	1640	0.118	56.59

表 3-7 浆体密度与阻力损失的关系

密度/kg · m^{-3}	流速/m · s^{-1}	管径/mm	总长度/m	有效黏度	阻力损失/kPa
1640	2.6	125	50	0.118	56.59
1740	2.6	125	50	0.118	59.05
1840	2.6	125	50	0.118	61.47

表 3-8　浆体黏度与阻力损失的关系

有效黏度	密度/kg · m^{-3}	进口速度/m · s^{-1}	管径/mm	总长度/m	阻力损失/kPa
0.09	1640	2.6	125	50	52.27
0.118	1640	2.6	125	50	56.59
0.165	1640	2.6	125	50	62.20

3.5　膏体充填系统可靠性研究

膏体充填系统是一个设备众多、管理复杂的工业大系统，其可靠性如何，对矿山的充填作业和经济效益将产生重要影响。下面以金川公司二矿的膏体充填系统为例，研究膏体充填系统的可靠性。

3.5.1　金川膏体充填系统的组成

金川公司二矿膏体泵送充填系统如图 3-30 所示。为进行该充填系统工程可靠性方面的分析、研究与评价，探讨关于膏体泵送充填系统的工程可靠性数学模型，并就系统的可靠运行和维护提出切合实际的优化建议，曾进行了为期 3 个月的生产运行测试工作，取得了一系列数据[41]。

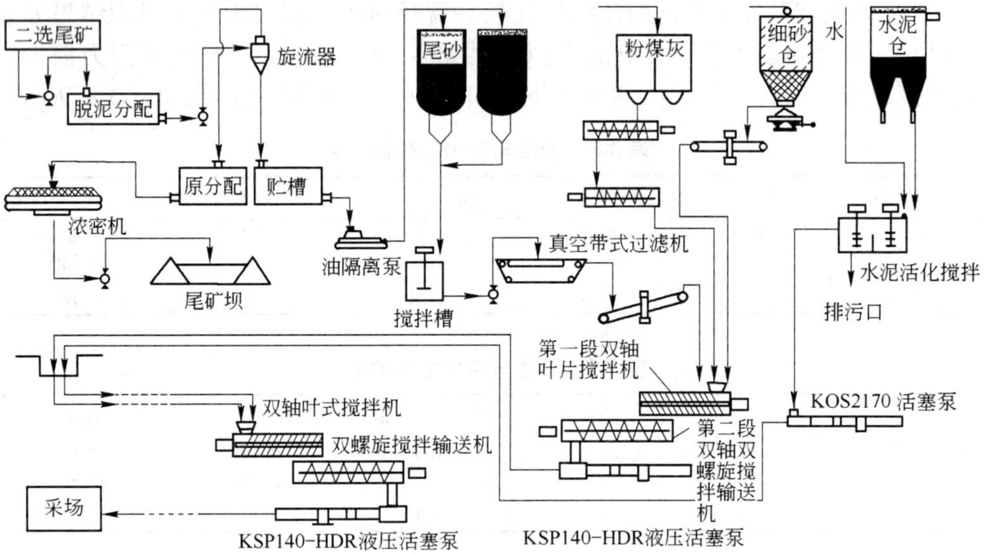

图 3-30　金川公司二矿区膏体泵送充填系统工艺流程图[7]

按照金川公司二矿膏体泵送充填系统的功能，该系统可以划分为以下几个子系统。

(1)尾砂滤饼制备及输送子系统。该系统的主要设备包括尾砂仓、搅拌筒、尾砂泵、DZG30/1800 型水平胶带式真空过滤机(以上设备为两套完全相同部分的并联,且相互独立运行)及皮带运输机等;其中水平真空带式过滤机的给料浓度为30%~37%时,效率为0.62~0.75t/(m^2·h);如果给料浓度提高到50%,其效率还将提高。该子系统的主要功效是利用尾砂浆作为原料,制备出浓度为75%左右的滤饼,并通过皮带输送至搅拌系统。

(2)粉煤灰子系统。粉煤灰子系统的主要设备有粉煤灰仓、双螺旋给料机、螺旋输送机等,其主要功效是把粉煤灰仓内的粉煤灰按照膏体的配比要求保质保量地输送至搅拌系统。

(3)棒磨砂子系统。棒磨砂子系统包括细砂仓、圆盘给料机和核子秤等设备,它的主要任务是按照膏体的规定配比,将棒磨砂通过皮带输送到搅拌系统。

(4)地面搅拌子系统。搅拌子系统分为一段搅拌和二段搅拌,其中一段搅拌采用的是双轴叶片搅拌机,而第二段搅拌则选用了双轴螺旋搅拌机。双轴叶片搅拌机配备37kW电动机,电动机通过调频器、电动机减速器、1:1转向器和双轴叶片相连;该搅拌机的叶片转速为30~60r/min,处理能力为35~80m^3/h。与双轴叶片搅拌机相比,双轴螺旋搅拌机采用了两螺旋单独控制,各由30kW电动机驱动,每个螺旋的转速和转向可以根据需要任意调节;该搅拌机的螺旋转速为20~50r/min,处理能力为30~90m^3/h。为了解决搅拌过程中的“死角”问题,在双轴叶片搅拌机和双轴螺旋搅拌机之后,又在双轴螺旋搅拌机的下料口处添加了一个立式搅拌机。搅拌子系统的主要功能就是将尾砂滤饼、粉煤灰和棒磨砂进行充分、均匀的搅拌,从而形成初步的非胶结尾砂膏体。

(5)除尘子系统。除尘子系统拥有型号为4-72-11 No5A的风机、7.5kW电动机及相关设备。

(6)地面泵送子系统。地面泵送子系统特指位于地面的PM泵,即由德国SCHWING公司生产的KSP双缸液压活塞泵。该泵由动缸驱动,双缸活塞以相反方向工作,其中的一个活塞将介质取入泵内,另一个将介质输入输送管。此外,KSP附有G-Dos系统、VIP系统(用以计量和监视)以及独立的操作程序控制系统;其功能是将搅拌系统输出的尾砂膏体泵送至1250搅拌站。

(7)管道输送子系统。膏体泵送充填系统的管道输送子系统包括由地面泵送子系统到井下搅拌站的输送管道以及由井下泵送子系统到采场之间的管道;管道输送子系统的目的在于确保地表的全尾砂非胶结膏体顺利到达井下搅拌站,同时,保证将由井下搅拌站输出的胶结膏体顺利输送至采场。

(8)水泥浆制备与输送子系统。水泥浆制备与输送子系统包括水泥仓、星型给料机、冲板流量计、水泥活化搅拌机、活塞泵(KOS2170)、流量计、密度计等;其功效是将水泥活化制备成一定浓度的水泥浆(要求浓度68%),然后通过管道输送至井下1250搅拌站。

(9)地下搅拌与泵送子系统。地下搅拌及输送子系统包括地下搅拌机(拥有与地面搅拌系统完全相同的双轴叶片搅拌机和双轴螺旋搅拌机）和 PM 泵，它的主要功能是将地面输送的尾砂膏体与水泥浆进一步搅拌成充填膏体，并经由 PM 泵、管道输送至采场。

（10）集散控制子系统。集散控制系统采用的是美国霍尼韦尔公司（HONEYWELL）的 MICRO TDC 3000 工业自动化控制系统。该系统集中综合了数据采集的常规过程控制、先进过程控制、过程和商业信息一体化等各个层次的技术；该系统主要由以下三种通讯网络连接：局部控制网络（Local Control Network），高速局部控制网络（LCN）将高级控制模件、广泛的数据采集及分析能力、唯一与过程联系的单一窗口等相互连接到通用控制网络和/或数据高速公路上；通用控制网络（Universal Control Network），是一个高性能的过程控制网络，它连接有霍尼韦尔最先进的过程控制装置；数据高速公路（Data Highway），数据高速公路是连接霍尼韦尔旧的过程数据采集和控制的网络。根据“渐进发展”的原则，霍尼韦尔通过一个接口与新的 TDC 3000 系统连接，继续完善数据高速公路上相关系统的功能。

TDC3000 的模块化设计可以最大限度地满足工业生产过程中连续量、离散量及各种批量控制的要求，其主要任务是监控整个膏体泵送充填系统自始至终的整个流程，尤其是各主要子系统的运行状况以及各种原料的浓度、流量等数据指标，以确保整个充填系统的顺利运行。

根据以上关于金川公司二矿膏体泵送充填系统各个子系统的功能及逻辑关系分析，依据系统联结的关系原则，同时兼顾整个充填系统中各子系统间的相互关系，该膏体泵送充填系统的结构框图可简化为如图 3-31 所示。

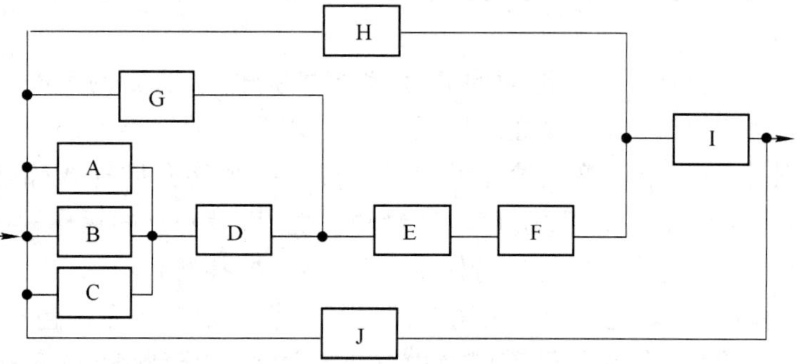

图 3-31　金川二矿膏体泵送充填系统结构框图

A—尾砂滤饼制备与输送子系统；B—粉煤灰子系统；C—棒磨砂子系统；D—地面搅拌子系统；E—地面泵送子系统；F—管道输送子系统；G—除尘子系统；H—水泥浆制备与输送子系统；I—地下搅拌及输送子系统；J—集散控制子系统

3.5.2　金川膏体充填系统的逻辑分析

根据前述的系统简化结果，考虑到整个系统的功能输出和各个子系统之间的逻辑关系,金川公司二矿膏体泵送充填系统的逻辑框图可进一步简化为如图3-32所示。

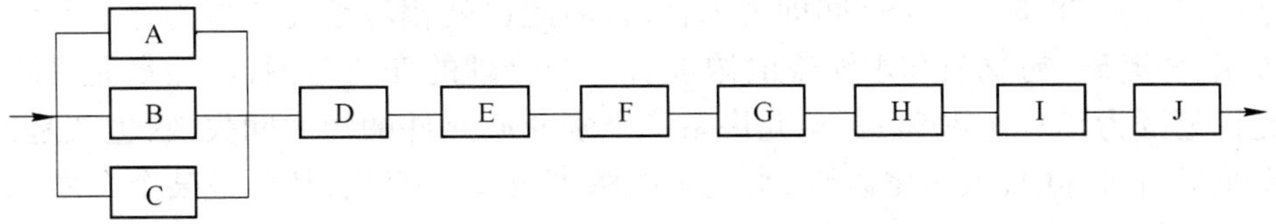

图3-32 金川膏体充填系统的逻辑框图

需要说明的是:在逻辑框图中,将尾砂滤饼制备与输送子系统A、粉煤灰子系统B和棒磨砂子系统C的联结关系进行简单的并联处理是有条件限制的,即这种处理方式只能在一定时间域内成立,至于具体的分析,可以参见后面的"可靠度条件的系统分析"部分。

依据系统的串、并联关系,图3-32所示系统的可靠度函数为:

$$R'_S = [1-(1-R_A)(1-R_B)(1-R_C)] \cdot R_D \cdot R_E \cdot R_F \cdot R_G \cdot R_H \cdot R_I \cdot R_J$$

或写作:

$$R'_S = [1-\prod_{i=1}^{3}(1-R_i)] \cdot \prod_{j=1}^{7}R_j \qquad (3\text{-}37)$$

式中 R'_S——表示整个膏体泵送充填系统硬件部分的可靠度;

R_i——表示A、B、C三个并联分支的可靠度,$i=1,2,3$;

R_j——表示D、E、F、G、H、I、J各子系统的可靠度,$j=1\sim7$。

3.5.3 金川膏体充填系统基于可靠度条件的系统分析

通常地,要计算一个系统的工程可靠度,首先应该界定衡量该系统可靠度的最终指标[42]。由于该充填系统的目的是为了制备并输送符合要求的膏体充填料,所以膏体最终的浓度与质量就成为衡量系统可靠度的唯一标准。考察膏体泵送充填系统的整个流程,不难发现,影响膏体最终浓度的因素有两个方面,一方面是膏体的制备、输送及监控等设备系统的可靠度,另一方面就是膏体的原料配比及其稳定性。具体来说,膏体泵送充填系统的可靠度由各个子系统的元件可靠度直接决定;而膏体的原料配比在系统运行之前就已通过监控子系统予以设置,因此基本不可能发生变化。这样一来,影响膏体最终浓度的另一个因素就是构成膏体的各种原料的稳定性,包括原料的粒级组成和成分含量。

进一步考察膏体的组成原料(主要有尾砂浆、棒磨砂、粉煤灰和水泥浆)可以发现,棒磨砂与粉煤灰的成分含量及粒级构成具有较好的稳定性,基本上可以视为不变。因此,需要特别考虑的膏体组成原料主要是尾砂浆与水泥浆。现场统计表明,尾砂浆与水泥浆的浓度的确是影响膏体最终浓度的重要因素。在系统运行初期,系统的介质元件(这里主要是尾砂浆与水泥浆)对于系统可靠度的影响,甚至超过了膏体泵送充填系统的硬件元素。

事实上，由于对该系统输出的膏体的评价指标是在一个特定范围内，也就是膏体浓度只要在78%～81%之间即视为合格；因此也就相应地允许作为介质元件的尾砂浆、棒磨砂、粉煤灰和水泥浆的浓度有一个合理的变化范围，例如水泥浆浓度的允许范围为67%～80%；甚至允许系统个别介质元件的短时间失效，也就是说，在系统运行过程中，虽然尾砂浆、水泥浆的浓度发生了变化，甚至是某个介质元件发生了失效，但只要没有超出特定的时间界限，仍然可以不计其影响，这就是关联系统的独有特性。

基于这种分析，金川公司二矿膏体泵送充填系统的可靠度定义应为"在硬件系统可靠的基础上，软件系统（介质元件）在特定的条件下和规定的时间内生产出符合要求（主要由膏体浓度来衡量）的充填膏体的概率"。其逻辑框图如图3-33所示。

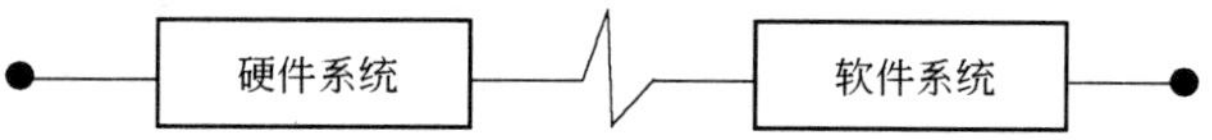

图3-33　关联系统逻辑关系图

图3-33中，硬件系统是指如图3-30所示的充填系统，软件系统指由尾砂浆、棒磨砂、粉煤灰和水泥浆构成的介质元件系统。设硬件系统为事件φ，其可靠度为$P(\varphi)$；软件系统为事件ξ，其可靠度为$P(\xi)$，则整个系统的可靠度函数为：

$$R_S = P(\varphi\xi) = P(\xi|\varphi)P(\varphi) \tag{3-38}$$

式中　R_S——整个充填系统的可靠度；

$P(\varphi)$——硬件系统的可靠度，即式(3-37)中的R'_S；

$P(\xi|\varphi)$——在硬件系统可靠的前提下，软件系统的可靠度。

将式(3-37)代入式(3-38)，有：

$$R_S = P(\xi|\varphi)\cdot R'_S = P(\xi|\varphi)\cdot\left[1-\prod_{i=1}^{3}R_i\right]\cdot\prod_{j=1}^{7}R_j \tag{3-39}$$

3.5.4　金川膏体充填系统可靠度分析

3.5.4.1　基本数据

根据膏体充填系统现场3个月的试运行，记录各设备出现的故障情况，分析相关设备的使用性能，得到的基本数据如表3-9和表3-10所示。

表3-9　膏体充填系统生产试运行故障概况

系统名称	运行时间/min	故障次数/次	占总故障比率/%	故障概率/次·min^{-1}
过滤机系统	685	5	25	0.730×10^{-2}
棒磨砂系统	550	1	5	0.182×10^{-2}
粉煤灰系统	545	4	20	0.734×10^{-2}

续表 3-9

系统名称	运行时间/min	故障次数/次	占总故障比率/%	故障概率/次 · min^{-1}
地表搅拌系统	1040	3	15	0.288×10^{-2}
地表 PM 泵系统	795	2	10	0.252×10^{-2}
水泥制浆系统	827	1	5	0.121×10^{-2}
地下搅拌机系统	650	1	5	0.154×10^{-2}
地下 PM 泵系统	625	1	5	0.160×10^{-2}
管道系统	略	2	10	略
总　计		20		2.621

表 3-10　膏体充填系统试运行故障原因分析

系统名称	故障次数/次	故 障 原 因
过滤系统	1	1 号过滤机的滤带调节阀损坏
	2	过滤机不稳定,滤饼浓度太低
	3	1 号过滤机下料口堵塞
	4	2 号过滤机滤布严重跑偏
	5	1 号过滤机滤带被卡
棒磨砂系统	1	皮带严重跑偏
粉煤灰系统	1	除尘风机的电源保险丝被烧
	2	粉煤灰下料口堵死造成密封泄露
	3	粉煤灰因下料口被堵而大量外流
	4	粉煤灰给料机的皮带损坏
地表搅拌系统	1	第二段搅拌机的一个螺旋被卡
	2	第一段搅拌机因控制系统紊乱无法启动
	3	一段螺旋的一个叶片折断,第一、二段螺旋被卡
地表 PM 泵系统	1	PM 泵控制系统出现故障而无法启动
	2	由于人为将调节器的线头并在一起,而造成短路
水泥制浆系统	1	供电系统出现故障
地下搅拌系统	1	搅拌筒内发现两根铁条而停机
地下 PM 泵系统	1	井下潮湿造成控制系统失效
管道系统	1	井下管道对错而停机
	2	由于紧急停机而造成膏体管道堵塞

3.5.4.2　膏体充填系统的可靠度分析计算

根据表 3-9 和表 3-10 的基本数据,按照式(3-37)和式(3-39),则可分析、计算出金川公司二矿膏体充填系统的可靠度,计算结果见表 3-11。从表中数据可见,金川公司二矿膏体泵送充填系统整个系统的可靠度为 75% 以上[43]。

表 3-11　金川公司膏体充填系统可靠度分析计算

类别		子系统可靠度	联结关系	可靠度
硬件元素	1　尾砂制备与输送子系统	0.9576		
	2　棒磨砂子系统	0.9400	三者关联	0.9999
	3　粉煤灰子系统	0.9560		
	4　水泥浆制备与输送子系统	0.9586		
	5　地表搅拌子系统	0.9748		
	6　除尘子系统	0.9853		
	7　地表泵送子系统	1	子系统 1、2、3 关联后，再与子系统 4～10 串联	0.8360
	8　管道输送子系统	0.9715		
	9　地下搅拌及泵送子系统	0.9347		
	10　集散控制子系统	0.9999		
介质元件	1　尾砂浆介质元件	0.9523	尾砂浆元件可能失效时①	0.9998
	2　棒磨砂介质元件	0.9987	棒磨砂元件可能失效时①	0.9999
	3　粉煤灰介质元件	0.9963	粉煤灰元件可能失效时①	0.9998
	4　水泥浆介质元件	0.9500	4 个元件均未失效时	0.9002
系统可靠度	(1)尾砂浆元件可能失效时，系统可靠度 R_S = 0.8357			
	(2)棒磨砂元件可能失效时，系统可靠度 R_S = 0.8358			
	(3)粉煤灰元件可能失效时，系统可靠度 R_S = 0.8357			
	(4)4 个元件均未失效时，系统可靠度 R_S = 0.7525			

①指尾砂浆等介质元件短时间失效（几分钟内）的情况；此时，系统少了一个介质元件，可靠度反而增加。

参 考 文 献

[1] 郭忠林，李兴尚．废石充填采矿法在新桥矿的实践[J]．铜业工程，2004(1)：16～19.

[2] 罗芬．联邦德国金属矿的充填采矿法[J]．国外金属矿采矿．1987(8).

[3] 万兵．抛掷充填采矿法的特点及其应用[J]．长沙矿山研究院季刊，1990(11).

[4] 曹连喜．会泽麒麟厂急倾斜矿体粗粒级水砂充填管道水力输送试验[J]．有色金属（矿山部分），1990(2).

[5] 刘可任．充填理论基础[M]．北京：冶金工业出版社，1982.

[6] 金川工程考察组．全尾砂膏体充填技术及其在德国格隆德矿的应用与发展[J]．有色矿山，1990(2).

[7] 金川有色金属公司，北京有色冶金设计研究总院．全尾砂膏体充填新工艺及装备研究的总报告（会议鉴定资料），1991.

[8] Thomas E G, et al. Fill Technology in Underground Metalliferous Mines[M]. Ontario, Canada: Interna. Acad. Serv. Ltd., 1979.

[9] 瓦普斯 E J. 固体物料的浆体管道输送[M]．黄河水科所译．北京：水利出版社，1980.

[10] 王可钦. 管道两相流[M]. 北京:清华大学出版社,1986.

[11] 马英芳. 管道复合浆体的水力学计算[J]. 有色金属(矿山部分),1989(1).

[12] Landriault,等. 国际镍公司安大略分公司对高浓度充填法的研究[J]. 有色矿山,1988.

[13] 金川有色金属公司,北京有色冶金设计研究总院. 全尾砂膏体充填物料物理力学性能试验研究(会议鉴定资料),1991.

[14] 马英芳. 现代充填理论基础[讲义]. 西安:西安冶金建筑学院,1988.

[15] 金川有色金属公司,北京有色冶金设计研究总院. 全尾砂膏体充填物料浆管道输送的试验研究(会议鉴定资料),1991.

[16] Vickery,Boldt. 全尾砂充填的性质和泵送特性[J]. 充填采矿技术革新(国家黄金管理局编译),1991.

[17] 周力行. 多相湍流反应流体力学[M]. 北京:国防工业出版社,2002.

[18] 周力行,黄晓晴. 颗粒湍流输运方程的两相湍流模型和平面闭式两相射流的数值模拟[J]. 中国科学,A 辑,1988.

[19] 刘鹤年. 流体力学[M]. 北京:中国建筑工业出版社,2004.

[20] 吴江航,韩庆书. 计算流体力学的理论、方法及应用[M]. 北京:科学出版社,1988.

[21] Bertin J J. Engineering Fluid Mechanics[M]. New Jersey:Prentice-Hall, Incop. Englewood Cliffs, 1980.

[22] 张小军. 格子法理论及其在计算流体力学中的应用研究[D]. 武汉:武汉理工大学,2003.

[23] Hardy J, de Pazzis O, Pomeau Y. Molecular dynamics of a classical latticegas: transport properties and time correlation functions[J]. Phys. RevA., 1976(13): 1949~1961.

[24] Frisch U, Hasslacher B, Pomeau Y. Lattice-gas automata for the Navier-Stokes equations[J]. Phys. RevLett., 1986(56): 1505~1508.

[25] D'Humieres D, Lallemand P, Frisch U. Lattice gas model for 3D hydrodynamics[J]. Europhys. Lett., 1986(2): 291~297.

[26] Qian Y H, Orszag S A. Lattice BGK models for the Navier-Stokes equation: nonlinear deviation in compressible regimes[J]. Euophys. Lett.,1993(21): 255~259.

[27] Rakotomalata N, Salin D, Watzky P. Simulations of viscous flows of complex fluids with a Bhatnagar, Gross and Krook lattice gas[J]. Phys. Fluids, 1996(8): 3200~3202.

[28] Bhatnagar P L, Gross E P, Krook M. A model for collision processes in gases(I): Small amplitude processes in charged and neutral one-component system[J]. Phys. Rev.,1954(94): 511~525.

[29] Chen S, Doolen G D. Lattice Boltzmann method for fluid flows[J]. Ann. Rev. Fluid Mech., 1998: 329~364.

[30] Klar A. Relaxation scheme for a lattice-Boltzmann type discrete velocity model and numerical Navier-Stokes limit[J]. J. Comp. Phys.,1999(148): 416~432.

[31] Mieussens L. Discrete-velocity models and numerical scheme for the Boltzmann-BGK equation in plane and axisymmertric geometries[J]. J. Comp. Phys.,2000(162): 429~466.

[32] 韩占忠,王敬,兰小平. 流体工程仿真计算实例与应用[M]. 北京:北京理工大学出版社,2004.

[33] 姚征,陈康民 . CFD 通用软件综述[J]. 上海:上海理工大学学报,2002(2).
[34] 潘小强 . CFD 软件在工程流体数值模拟中的应用[J]. 南京:南京工程学院学报,2004(1).
[35] Zhang Kai, Stefano Brandani. A CFD Model for Fluid Dynamics in a Gas -fluidised bed [J]. CHEM-RES-CHINESE,2004,20:483 ~488.
[36] 叶旭初,胡道和 . CFD 技术与工程应用[J]. 中国水泥, 2003(2).
[37] 翟建华 . 计算流体力学(CFD)的通用软件[J]. 河北科技大学学报,2005(2).
[38] Xinfeng Li, Shiheng Peng, Xiangli Han, Influence of operation parameters on flash smelting furnace based on CFD[J]. Journal of University of Science and Technology Beijing,2004,11.
[39] 李国政,于润沧 . 充填料浆环管试验计算机仿真应用的研究[J]. 黄金,2008,29(4): 21 ~ 24.
[40] 王新民,等 . 膏体充填管道输送数值模拟与分析[J]. 中国矿业,2006,15(7): 57 ~59.
[41] 陈长杰 . 关联系统的可靠性理论模型及其应用研究[D]. 北京:北京科技大学,2002.
[42] 王寿云,等 . 开放的复杂巨系统[M]. 杭州:浙江科学技术出版社,1996.
[43] 蔡嗣经,陈长杰 . Reliability of paste fill system of the Jinchun No. 2 mine[J]. 北京科技大学学报(英文版),2002(1):166 ~169.

4 充填法采场稳定性的评估方法

在矿体赋存条件和现有的开采技术水平条件下，地下采场（包括充填法采场）的设计必须考虑安全因素，即在开采过程中必须保证采场的稳定；其次，还要考虑经济因素以及所采用的采掘设备等等。因此，正确评估采场的稳定性是进行采场设计和实施采场支护的基础。

4.1 地下采场稳定性的几种评估方法

在有关文献中，许多学者和研究人员先后提出了数种采场稳定性的评估方法，本节主要介绍其中使用较多的几种方法。

4.1.1 马修斯（Mathews）经验方法

马修斯（Mathews）经验方法（1981 年）将岩石质量指标 RQD、采场围岩与主要地质构造的关系、采场方向以及次生应力环境等联系起来，并由这些因素得到一个稳定性数“N”，据此评估采场的稳定性，见图 4-1[1]。可见，这种方法在使用中的困难是如何正确计算稳定性数“N”。

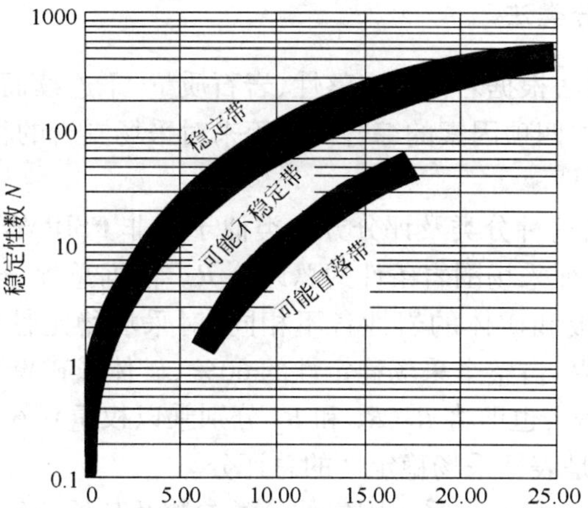

图 4-1 采场稳定性的评价方法（马修斯，1981 年）

4.1.2　采场岩体指标方法

采场岩体指标方法（劳伯谢尔（Laubscher），1977 年）利用调整的岩石质量指标（RQD 值乘以调整系数）和水力半径（采场水平开挖面积除以周长）之间的关系来估计采场的稳定性或冒落的可能性，如图 4-2 所示[2]。

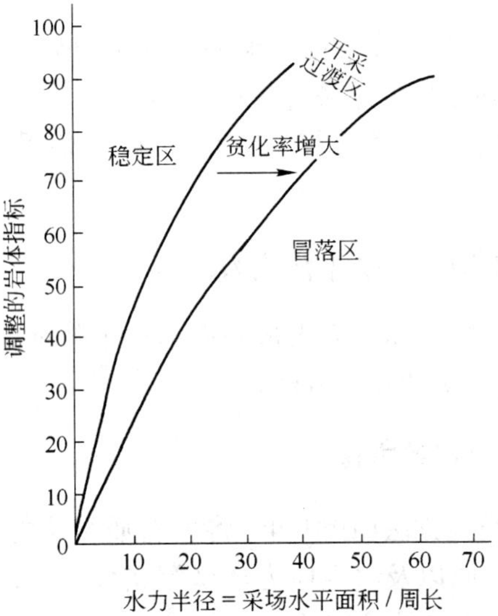

图 4-2　采场的稳定性（劳伯谢尔，1986 年）

注：调整的指标 = 原地指标 × 调整因素

4.1.3　岩体工程分类法

岩体工程分类法根据岩体的完整性、岩石质量、不连续面的特性以及地下水对岩体的影响，还有这四项因素的综合评价等来对采场围岩的稳定性进行分类，如表 4-1 所示。

从表 4-1 可见，这种分类及评分方法类似于南非 CSIR 岩体分类法。上述四个因素的累加值为表征采场围岩条件的总评分 R。依据总评分把围岩分为五级。在一般情况下，顶底板和矿体的岩性各不相同，对采场稳定性的影响也不一样。因此，顶板岩体评分 R_1 占整个采场稳定性的 60%，矿体或矿壁评分 R_2 占 25%，底板岩体评分 R_3 占 15%，也即将 R_1、R_2 和 R_3 分别乘以权重 0.6、0.25 和 0.15，然后相加，所得数值 R 即是表征采场稳定性的总评分。

例如，铜坑矿 91 号矿体采场围岩的分类参数及其评分值列于表 4-2[3]。可见，顶板属于较稳定的岩体，$R_1 = 79$；矿体属于中等稳定的岩体，$R_2 = 67 \sim 54$；底板也属于中等稳定的岩体，$R_3 = 65$。分别乘以权重系数，最后可得 $R = 71.90$，即 91 号矿体采场属于Ⅱ级稳定的采场。

表 4-1 分类影响因素及其参数的评分值

项目			数值范围				
分类因素	岩体完整性	完整性系数(K_v) 岩石质量指标(RQD)	0.90～1.0 90～100	0.75～0.9 75～90	0.5～0.75 50～75	0.2～0.5 25～50	<0.20 <25
分类因素	岩体完整性	计 分	20	15	10	8	4
分类因素	岩体完整性	节理平均间距/m	>1.50	0.8～1.50	0.30～0.8	0.02～0.3	<0.02
分类因素	岩体完整性	计 分	30	25	20	10	5
分类因素	岩石质量	岩石纵波速度/m·s^{-1} 单轴抗压强度/MPa 点载荷强度指数/MPa	>5000 >150 <7.5	1000～5000 100～150 5.0～7.5	3000～4000 60～100 3.0～5.0	2000～3000 30～60 1.5～3.0	<2000 <30 <1.5
分类因素	岩石质量	计 分	15	13	11	9	5
分类因素	不连续面性质		闭合，很粗糙，表面很坚硬，无充填物，结构无不稳定组合	多闭合，粗糙，节理宽度小于1mm，表面坚硬，结构面组合基本稳定	部分微张开，宽1～3mm，较粗糙，结构组合基本稳定，局部有不稳定组合	节理面微张，宽度大于3.0mm，较光滑，含泥质充填物，节理连续性好，结构面组合稳定性较差	节理面张开，宽度大于5.0mm光滑，含泥质充填物，节理连续性好，结构面组合不稳定
分类因素	计 分		25	20	15	10	5
分类因素	地下水条件		干 燥	略 湿	很 湿	滴 水	流 水
分类因素	计 分		10	7	4	3	1
类别	岩体分数计分的数值范围(R) 岩体分类 岩质稳定性描述		81～100 Ⅰ 稳定岩质	61～80 Ⅱ 较稳定岩质	41～60 Ⅲ 中等稳定岩质	21～40 Ⅳ 稳定性较差岩质	0～20 Ⅴ 不稳定岩质

表 4-2 铜坑矿 91 号矿体采场围岩的分类

分类因素		顶 板	矿 体			底 板
			上 部	中 部	下 部	
岩体完整性	K_v RQD	0.83 59.81	0.46 65,70,78,88	0.18 33,77,78,86	0.40 65,62,71,77	0.32 40,71,80,80
岩体完整性	计 分	13	12	7	9	10
岩体完整性	d/m	0.80	0.30	0.20	0.25	0.20
岩体完整性	计 分	25	20	10	10	10

续表 4-2

<table>
<tr><td colspan="2" rowspan="2">分类因素</td><td rowspan="2">顶　板</td><td colspan="3">矿　体</td><td rowspan="2">底　板</td></tr>
<tr><td>上　部</td><td>中　部</td><td>下　部</td></tr>
<tr><td rowspan="2">岩石质量</td><td>V_{pr}
R_c

$I_s(50)$/MPa</td><td>4404
63.7(⊥)
99.0(//)
3.59</td><td>4732
127.9(⊥)
211.8(//)
6.566</td><td>5231
199.5(⊥)
161.7(//)</td><td>5480
178.0(⊥)
131.8(//)</td><td>5840
219.2(⊥)
174.5(//)</td></tr>
<tr><td>计　分</td><td>11</td><td>13</td><td>15</td><td>15</td><td>15</td></tr>
<tr><td colspan="2">不连续面性质</td><td>节理面粗糙并被充填，岩体完整性较好</td><td colspan="3">为矿脉充填的张扭性裂隙和压扭性的层间脉。裂隙和节理发育，矿液交代灰岩呈致密状，矿化现象普遍，层间结合一般。节理和层理面交切，可形成不稳定块体</td><td>薄层，层理较发育，层间结合一般，局部被节理切割，呈不稳定块状</td></tr>
<tr><td colspan="2">计　分</td><td>20</td><td colspan="3">12</td><td>20</td></tr>
<tr><td colspan="2">地下水条件</td><td colspan="5">岩体处于干燥状态</td></tr>
<tr><td colspan="2">计　分</td><td colspan="5">10</td></tr>
<tr><td colspan="2">总　分</td><td>79</td><td>67</td><td>54</td><td>56</td><td>65</td></tr>
</table>

4.1.4　模糊数学综合评判法

在模糊数学综合评判法中，一般根据研究对象的不同，所选择的参与评判的因素也不相同。例如，焦家金矿是使用充填法开采的大型矿山，矿区内各级结构面十分发育，采场的稳定性基本上受采场顶板结构面发育程度的控制，因此，在进行采场顶板的稳定性综合评判时，选择下述四个指标作为判据[4]：

(1)岩体点载荷强度 I_s。

(2)控制性结构面组数 N。

(3)控制性结构面质量指数 I_j。

$$I_j = \Sigma a_j \cdot N_j \tag{4-1}$$

式中　a——各级结构面的权重，对于Ⅰ、Ⅱ、Ⅲ级结构面，a 值分别为 1、0.5 和 0.25；

N——各级结构面的总数目；

j——结构面的级次。

(4)综合内摩擦角 φ_c。

$$\varphi_c = \Sigma \varphi_j / N \tag{4-2}$$

式中　φ_j——单条结构面的内摩擦角。

对焦家金矿 18 个采场逐个收集、试验和统计数据，然后用模糊数学评判方法划分其稳定程度,结果见表 4-3。

表 4-3 焦家金矿部分采场稳定性分级

采场编号	分级判据				二级划分结果	四级划分结果
	I_s/MPa	N	I_j	φ_c/(°)		
7310	5.21	4	4	11.8	C2	C3
7311	4.20	4	6	10.0	C2	C3
128	1.05	4	4.25	10.8	C2	C4
322-6·2	4.17	3	3.50	14.4	C1	C2
610	1.48	4	3.75	9.7	C2	C4
322-5	3.36	3	1.75	13.0	C1	C1
72-17	3.89	4	2.75	12.5	C2	C3
72-14	4.01	3	2.50	11.8	C1	C2
738	4.82	3	2.75	16.5	C2	C2
734.4	5.10	4	4.50	12.7	C2	C3
325-1	0.98	3	1.75	15.9	C1	C1
713	2.05	4	4.50	11.9	C2	C4
323-2	4.89	4	1.50	18.0	C1	C1
120	0.74	3	3.75	11.2	C2	C4
322-6-1	3.82	2	0.5	13.0	C1	C1
233-9	6.17	3	3.25	11.6	C1	C2
104	0.36	4	2.50	9.6	C2	C4
72-7	6.23	2	2.25	12.4	C1	C1

注:1. 二级划分结果中:C1—稳定状态;C2—不稳定状态。

2. 四级划分结果中:C1—稳定;C2—中等稳定;C3—不稳定;C4—极不稳定。

此外,还有其他一些评估采场稳定性的方法,如估计岩体强度,并将其与应力环境进行比较,以确定适当的采场支护方式,如图 4-3 所示。

4.2 地下采场稳定性的能量平衡原理

一个具有整体性支护(如充填料)的采场,考察其围岩的能量平衡关系,如采场围岩与支护均处于弹性变形状态,并且这个采场不受其他采场的影响,则其围岩的能量变化为:

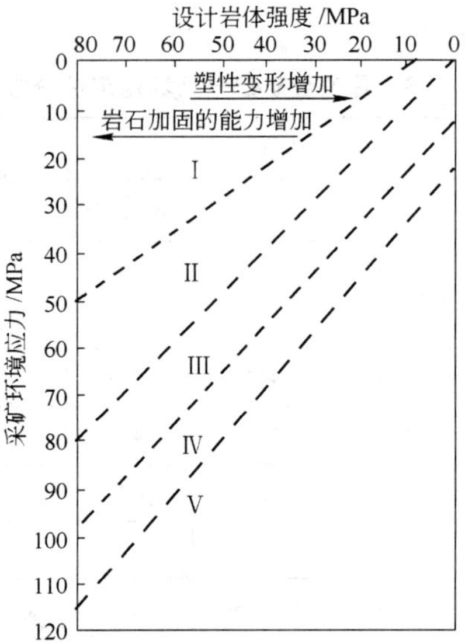

图 4-3　采场的稳定性及支护要求

Ⅰ—稳定；Ⅱ—支护关键块；Ⅲ—有效支架；

Ⅳ—控制破坏；Ⅴ—破坏/冒落

$$\left.\begin{aligned}W_{\mathrm{R}} &= \frac{1}{2}\left\{\int_{a_1}\sigma_1 u'_1\mathrm{d}a_1 + \int_{a_2}\sigma_2 u'_2\mathrm{d}a_2 + \int_{a_3}\sigma_3 u'_3\mathrm{d}a_3\right\}\\ W_{\mathrm{a}} &= \frac{1}{2}\left\{\int_{a_1}\sigma'_1 u'_1\mathrm{d}a_1 + \int_{a_2}\sigma'_2 u'_2\mathrm{d}a_2 + \int_{a_3}\sigma'_3 u'_3\mathrm{d}a_3\right\}\\ W_{\mathrm{S}} &= \frac{1}{2}\left\{\int_{a_1}(\sigma_1-\sigma'_1)u'_1\mathrm{d}a_1 + \int_{a_2}(\sigma_2-\sigma'_2)u'_2\mathrm{d}a_2\right.\\ &\quad\left.+\int_{a_3}(\sigma_3-\sigma'_3)u'_3\mathrm{d}a_3\right\}\end{aligned}\right\}\tag{4-3}$$

式中　W_{R}——采场围岩释放的能量；

W_{a}——采场支护系统所吸收的能量；

W_{S}——围岩中存储的能量；

a_1,a_2,a_3——如图 4-4 所示，分别为垂直于原岩主应力 σ_1、σ_2、σ_3 的采场围岩壁面积；

$\sigma'_1,\sigma'_2,\sigma'_3$——支护系统对围岩的支撑反力；

u'_1,u'_2,u'_3——围岩壁在承受原岩应力和支护反力联合作用之后尚具有的位移。

当多个采场同时开采且相距不远时，由于相互之间的影响，围岩释放的应变能将增大。此时对于弹性状态可用迭加的方法计算围岩释放的应变能 W_{R}。

据式(4-3)可得：

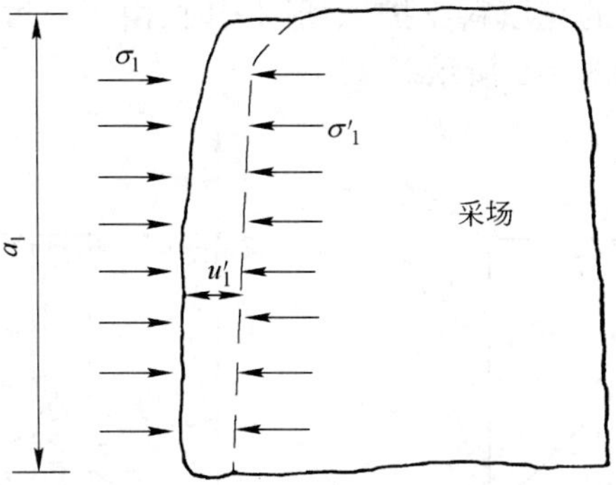

图 4-4　采场围岩荷载与变形分析

$$W_R - W_a = W_S \tag{4-4}$$

令：σ_a 为原岩平均应力，即 $\sigma_a = (\sigma_1 + \sigma_2 + \sigma_3)/3$；$\sigma_s$ 为支护系统对围岩的平均支护反力，即 $\sigma_s = (\sigma'_1 + \sigma'_2 + \sigma'_3)/3$；$V_c$ 为采场的体积闭合量。如果无支护，即 $\sigma_s = 0$ 或 $W_a = 0$ 时，若采场围岩壁不出现破坏，则有 $W_R = W_S$；若采场围岩壁出现一些破坏，则有 $W_R > W_S$；如果有支护，采场处于稳定状态则式(4-4)成立。上述这几种情况可用图 4-5 表示[5]。

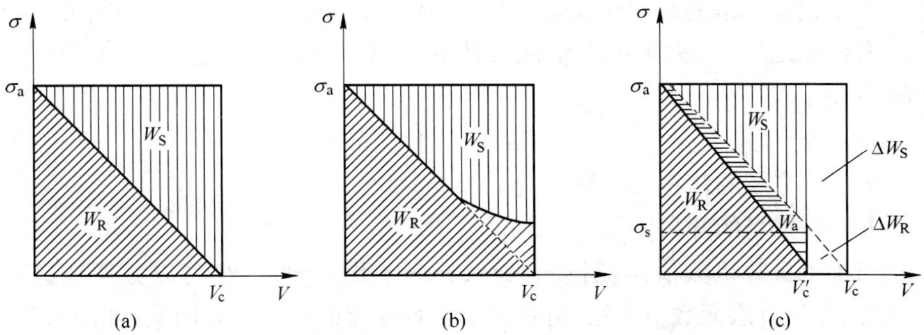

图 4-5　采场围岩的能量平衡关系

(a) $W_R = W_S$；(b) $W_R > W_S$；(c) $W_R - W_a = W_S$

在弹性状态下，围岩中存储的能量 W_S 取决于采场的开采体积，而围岩释放的能量 W_R 取决于采场的体积闭合量 V_c[6]。因此，采场围岩的稳定主要与围岩释放的能量 W_R 有关；采场围岩中的应力分布状态和应力集中程度主要与存储的能量 W_S 有关。由图 4-5(c) 可知，当采场的体积闭合量 V_c 减少至 V'_c 时，W_S 减小了 ΔW_S，W_R 减小了 ΔW_R，且有：

$$\left.\begin{aligned} \Delta W_S &= V_c\sigma_s(1 - \sigma_s/(2\sigma_a)) \\ \Delta W_R &= V_c\sigma_s^2/(2\sigma_a) \end{aligned}\right\} \tag{4-5}$$

当使用孔隙率较大的充填料支护采场围岩时,由于充填料的压缩特性,采场围岩的能量平衡关系将如图 4-6 所示。

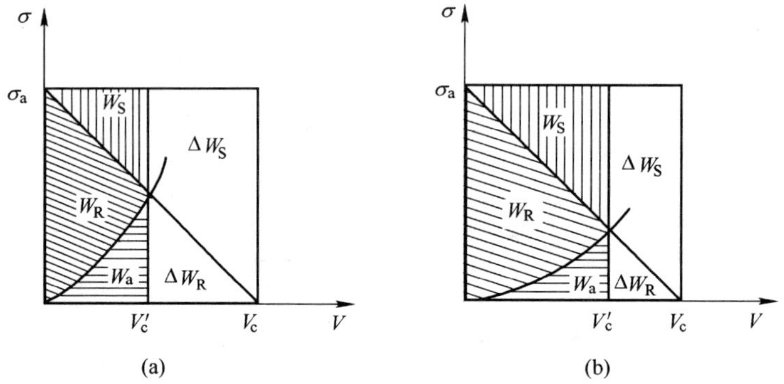

图 4-6　充填法采场围岩的能量平衡关系

(a)胶结充填;(b)非胶结充填

此时,有:

$$\left.\begin{aligned}\Delta W_{\mathrm{S}} &= \sigma_{\mathrm{a}}(V_{\mathrm{c}}^2 - V'^2_{\mathrm{c}})/(2V_{\mathrm{c}})\\ \Delta W_{\mathrm{R}} &= \sigma_{\mathrm{a}}(V_{\mathrm{c}} - V'_{\mathrm{c}})^2/(2V_{\mathrm{c}})\end{aligned}\right\} \tag{4-6}$$

从图 4-5 和图 4-6 可知,采场的体积闭合量 V_c 是综合评估采场稳定性的重要判据。为了消除量纲的影响建议采用“采场体积闭合率”(即采场体积闭合量与采场开采总体积之比)作为采场稳定性设计的控制参数。一般地,采场体积闭合率 R_s 可表示为:

$$R_s = V_c/V_t \tag{4-7}$$

式中　V_c——采场的体积闭合量;

　　　V_t——采场的开采体积。

按目前的计算机数值模拟技术水平,在采矿设计阶段 R_s 可以方便地进行估计。例如,使用有限元数值方法,可将影响采场稳定的一些主要因素,如围岩质量、地质构造、应力场、采场布置方向、开采过程、支护形式和质量、地下水等均加以考虑,对于给定的采场体积,可计算出采场体积闭合量的大小。下面举例说明式(4-7)的用法。

某矿山的缓倾斜矿体,倾角 29°,水平厚度为 20 ~30m,矿体及其下盘均稳固,矿体直接上盘为一巨型断裂带,很不稳固。设计采用上向水平分层充填法开采,分层高度 2.5m 左右,采场垂直矿体走向布置,如图 4-7 所示。对于给定的采场长度(矿体水平厚度)以及充填材料的性质,可分别计算在不同的采场高度和宽度时采场围岩的位移。若采场高度固定不变(一般为中段高度),则只计算不同的采场宽度时采场围岩的位移。对于该矿山来说,采场围岩的位移主要是采场上盘的位移,

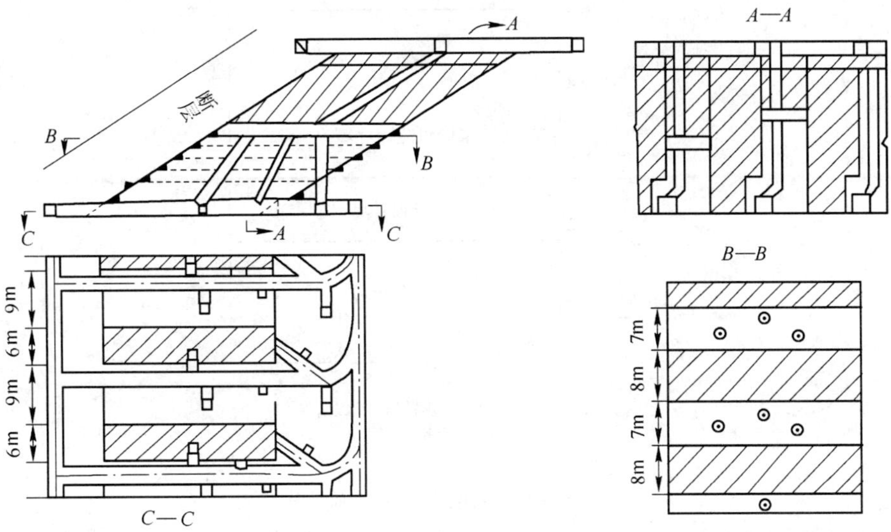

图 4-7　上向水平分层充填采矿法

以及采场顶板的微小变形。当某个计算模型中采场上盘或顶板出现一定范围的破坏时，则认为采场处于临界稳定状态，此时根据采场围岩位移得出的采场体积闭合率称为临界体积闭合率。此外，也可计算在采场几何尺寸一定时，不同开采深度（即原岩应力不同）条件下采场的临界体积闭合率。由于该矿山的具体开采及充填条件，即矿体上盘岩体松软破碎以及充填材料强度低，故还需进行非弹性数值分析。计算得出的临界体积闭合率为：

弹性分析 $R_s = 0.1746\%$；

非弹性分析 $R_s = 0.2636\%$。

采场体积闭合率临界值的实际使用如图 4-8 所示。在给定的采场设计域条件下，可以通过设计采场的形状尺寸、充填材料的性质以及支护方式（如增设局部锚索、锚杆）等方法来保证采场处于稳定状态。

4.3　灰色系统理论在地下采场稳定性研究中的应用

在控制论中，常用"黑箱"、"白箱"的概念来描述一个系统的已知信息量的多少。介于"黑箱"与"白箱"之间还存在一种"灰箱"[7]，因此，产生了相应的灰色系统理论。

在数学上，灰色系统用灰数、灰方程和灰矩阵来描述[8]。对于一个力学系统，内中存在的灰数可以采取下述方法进行白化[9]：

（1）利用对称及转换的概念以增加可识别的变量及分析的自由度。主要技术有：

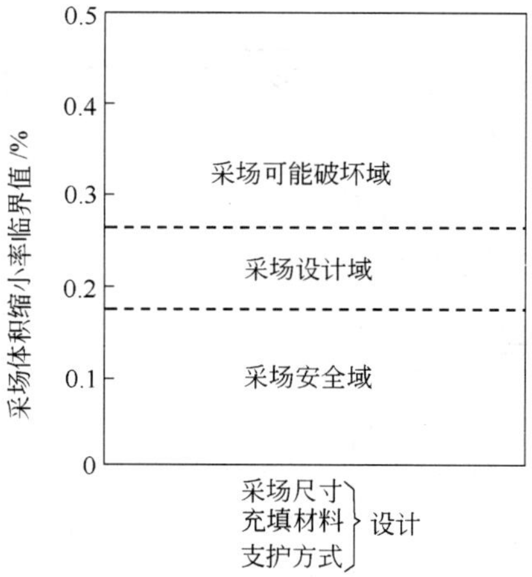

图 4-8　采场设计域的确定

1)赋予。信息的组合是赋予的方式之一,可以增加系统的可识别的变量。

2)生成。用适当的方式将原始数据处理,以得到规律性强、随机性弱的数组,称之为灰色过程的生成。

3)反推。在泛系统理论中,一个系统的子系统对该系统有某种确定性及相对限制性,从模拟该系统的模型的泛适应性去推导原系统的泛适应性,是一种基于广义对称转换的反推。反推特别适应于力学系统状态的预测。

(2)利用逼近及近似的概念以识别灰数。主要技术有:

1)分段识别。

2)逐次逼近。

3)区间识别。

(3)基于某种识别条件,利用优化的概念以识别灰数。

此外,还有其他一些白化方法。

对于所研究的地下采场的稳定性来说,可将其视为一个工程力学灰色系统,其由两个子系统组成:自然因素子系统和人工因素子系统。每一个子系统中都含有许多要素,其中一些为灰数,并且要素相互之间的关系也大都为灰数,如图 4-9 所示。因此,可采用灰色系统的理论和方法来研究。

4.3.1　灰色相关分析

某个系统或子系统内存在许多因素,各因素间的关系不是相当清楚明了,则可采用灰色相关分析的方法,将其关系白晰化或定量化。此即为灰数白化的一种。

灰色相关分析的基本方法为:设给定的主因素数组为 x_0,子因素数组为 x_i,$i=1,2,\cdots,m$,即:

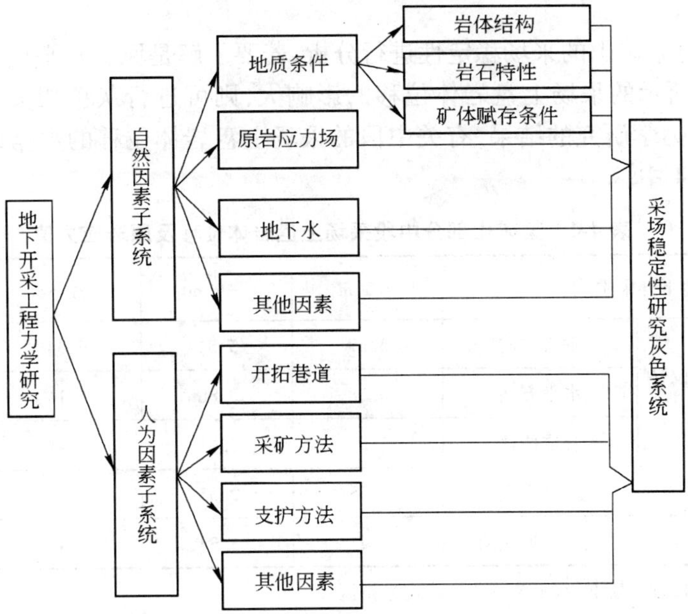

图 4-9　地下采场稳定性分析的灰色系统

$$x_0 = \{x_0(1), x_0(2), \cdots, x_0(n)\}$$
$$x_i = \{x_i(1), x_i(2), \cdots, x_i(n)\}$$

则取：

$$\varepsilon_i(k) = \frac{\Delta_{\min} + \rho\Delta_{\max}}{\Delta_i(k) + \rho\Delta_{\max}} \tag{4-8}$$

式中　$\varepsilon_i(k)$——子数组 x_i 对于母数组 x_0 在 k 点的相关系数；

$\Delta_i(k)$——x_i 对 x_0 在 k 点的绝对差，$\Delta_i(k) = |x_0(k) - x_i(k)|$；

ρ——识别因子，$\rho = 0.1 \sim 1.0$，一般可取 $\rho = 0.5$。

以及：

$$\left.\begin{aligned}\Delta_{\min} &= \min_i\{\min_k|x_0(k) - x_i(k)|\} \\ \Delta_{\max} &= \max_i\{\max_k|x_0(k) - x_i(k)|\}\end{aligned}\right\} \tag{4-9}$$

综合 x_i 对 x_0 在各点的相关系数，即可得到 x_i 对 x_0 的关联度 r_i：

$$r_i = \frac{1}{n}\sum_{k=1}^{n}\varepsilon_i(k) \tag{4-10}$$

显然：

$$0 \leqslant \varepsilon_i(k) \leqslant 1, 0 \leqslant r_i \leqslant 1$$

在求关联度时，若各数组的单位不一样或初值不一样，则需进行均值化变换或初值化变换。

例如，对某矿山的采场稳定性进行分析，若要了解是原岩水平应力还是垂直应力对图 4-7 所示的采场上盘岩体位移的影响大，则可进行灰色相关分析。根据现场工程地质力学研究的结果，有关中段的采场上盘岩体位移的数据以及原岩应力值列于表 4-4 中。

表 4-4　某矿山部分中段采场上盘岩体位移及原岩应力值

地下开采中段		−30m	−95m	−145m	−205m
采场上盘岩体位移/cm	垂直方向	3.57	5.54	6.34	11.77
	水平方向	0.38	0.88	1.14	0.39
	合成位移	3.59	5.61	6.44	11.78
原岩应力/MPa	垂直应力	1.58	2.53	3.90	5.53
	最大水平应力	2.21	3.54	5.46	7.74

注：垂直位移方向朝下；水平位移方向指向采空区。

将灰色相关分析的基本方法编制成简单的计算机程序[10]，对表 4-4 中的数据作灰色关联度计算，其中母数组为原岩应力（两个），子数组为岩体位移（三个），计算点为四点。对所有数据均作初值化转换。计算输出的部分结果见图 4-10。

```
……
* * RELATIONSHIP   ARRAY * *
  .661446        .416405        .666045
  .660355        .416763        .66496
  * * * * END * * * *
```

图 4-10　灰色关联度计算的部分输出结果

由计算结果可知，虽然原岩水平应力大于原岩垂直应力，但垂直应力对采场上盘岩体位移的影响大于水平应力。究其原因，可能是矿体倾角较平缓（29°）的缘故。

4.3.2　灰色模型及灰色预测

灰色模型实际上是一种生成数据模型，一般生成方法为累加方法。若原始数据为 $x^{(0)}$，即：

$$x^{(0)}(k) = \{x^{(0)}(1), x^{(0)}(2), \cdots, x^{(0)}(n)\}$$

则 $x^{(1)}$ 为一次累加生成的数组：

$$x^{(1)}(k) = \{x^{(1)}(1), x^{(1)}(2), \cdots, x^{(1)}(n)\}$$

其中：

$$
\begin{aligned}
x^{(1)}(1) &= x^{(0)}(1) \\
x^{(1)}(2) &= x^{(0)}(1) + x^{(0)}(2) \\
x^{(1)}(3) &= x^{(0)}(1) + x^{(0)}(2) + x^{(0)}(3) \\
&= x^{(1)}(2) + x^{(0)}(3) \\
&\vdots
\end{aligned}
$$

一般地,有:

$$x^{(1)}(i) = x^{(1)}(i-1) + x^{(0)}(i) \tag{4-11}$$

由此,m 次累加生成的数据为:

$$x^{(m)}(i) = x^{(m)}(i-1) + x^{(m-1)}(i) \tag{4-12}$$

与原始数据相比,经累加生成的数据其规律性将显著增强,如形成单调增或单调减数组(当原始数组的数据具有相同符号时)。因此,$x^{(1)}$ 为建立微分方程模型提供了基础。

因为灰色系统理论的根基是现代控制论,用“状态”来描述一个系统的响应,其数学模型的基本形式是状态方程,主要分析方法为状态空间分析。在线性常系数条件下,系统的状态方程有两种形式:

(1)连续形 $$\mathrm{d}X/\mathrm{d}t = AX(t) + BU(t) \tag{4-13}$$

(2)离散形 $$X(k+1) = AX(k) + BU(k) \tag{4-14}$$

式中 U——输入变量(或称控制变量);

X——状态变量;

A,B——常量。

变量及常量中均含有灰数。

对于地下开采的矿山,一般是从浅部中段向深部中段进行开采,若将一个中段或两个中段视作一开采步长,则可建立一个离散模型。例如,可建立一个 GM(1,1)模型(一阶微分方程一个状态变量的灰色模型)以预测采场上盘岩体的位移。

GM(1,1)模型的一般形式为:

微分方程

$$\mathrm{d}X^{(1)}/\mathrm{d}t + aX^{(1)} = U \tag{4-15}$$

连续响应(或称时间响应)

$$\bar{X}^{(1)}(t) = (X^{(0)}(1) - U/a)\mathrm{e}^{-at} + U/a \tag{4-16}$$

离散响应

$$\bar{X}^{(1)}(k) = (X^{(0)}(1) - U/a)\mathrm{e}^{-a(k-1)} + U/a \tag{4-17}$$

式中 $\bar{X}^{(1)}$——模型相对于 $X^{(1)}$ 的预测值;

a,U——待识别的参数。

令:

$$a' = [a, U]^T$$

则有：

$$a' = (B^T B)^{-1} B^T X_n \tag{4-18}$$

其中：

$$B = \begin{Bmatrix} -\frac{1}{2}[X^{(1)}(1) + X^{(1)}(2)] & ,1 \\ -\frac{1}{2}[X^{(1)}(2) + X^{(1)}(3)] & ,1 \\ \vdots & \\ -\frac{1}{2}[X^{(1)}(n-1) + X^{(1)}(n)] & ,1 \end{Bmatrix} \tag{4-19}$$

由于 $X^{(0)}(k)$、B、X_n 均已知或可计算，故 a 和 U 可以计算出。上述计算过程可编成计算机程序。对表 4-4 所列的某矿山部分中段采场上盘岩体位移的垂直分量建立 GM(1,1)模型，其离散形式为：

$$\bar{X}_v^{(1)}(k) = 8.55701\mathrm{e}^{0.430658(k-1)} - 4.98701 \tag{4-20}$$

由式(4-20)计算的数据与原始数据累加值的比较见表 4-5。若用式(4-20)预测该矿山再下一个中段(即 −265 中段)的采场上盘岩体的垂直位移分量，其计算结果为 16.766cm。

表 4-5　预测值 $\bar{X}_v^{(1)}(k)$ 与原始数据累加值 $X_v^{(1)}(k)$ 之比较

序号(k)	1	2	3	4
	−30m	−95m	−145m	−205m
$X_v^{(0)}(k)$	3.57	5.54	6.34	11.77
$X_v^{(1)}(k)$	3.57	9.11	15.45	27.22
$\bar{X}_v^{(1)}(k)$	3.57	8.18	15.27	26.17

由表 4-5 可见，模型预测值 $\bar{X}_v^{(1)}(k)$ 与累加原始数值 $X_v^{(1)}(k)$ 之间有一定的误差。为提高模型的预测精度，可将误差建立残差模型并叠加到预测模型上去[8]。

对于具有多个变量的系统，可以建立一个 GM(1,h)模型对系统进行预测，此处 h 为变量的个数。GM(1,h)的一般形式为：

$$\mathrm{d}X_1^{(1)}/\mathrm{d}t + aX_1^{(1)} = b_1 X_2^{(1)} + b_2 X_3^{(1)} + \cdots + b_{h-1} X_h^{(1)} \tag{4-21}$$

式中　$X_1, X_2, \cdots, X_h$——变量；

$a, b_1, b_2, \cdots, b_{h-1}$——待识别的系数。

令：$$a'' = [a, b_1, b_2, \cdots, b_{h-1}]^T$$

则有：

$$A'' = (B_1^T B_1)^{-1} B_1^T X_n' \tag{4-22}$$

其中：

$$B_1 = \begin{Bmatrix} -\frac{1}{2}(X_1^{(1)}(1) + X_1^{(1)}(2)), X_2^{(1)}(2), X_3^{(1)}(2), \cdots, X_h^{(1)}(2) \\ -\frac{1}{2}(X_1^{(1)}(2) + X_1^{(1)}(3)), X_2^{(1)}(3), X_3^{(1)}(3), \cdots, X_h^{(1)}(3) \\ \vdots \\ -\frac{1}{2}(X_1^{(1)}(n-1) + X_1^{(1)}(n)), X_2^{(1)}(n), X_3^{(1)}(n), \cdots, X_h^{(1)}(n) \end{Bmatrix} \tag{4-23}$$

4.3.3 采场稳定的灰色局势决策

令 U 为决策空间,其由事件集 A、对策集 B 和效果集 C 组成,即:$U = \{A, B, C\}$。所谓灰色局势决策,即把事件和对策量化,按选定的最佳效果原则决定最理想的对策。灰色局势决策过程一般分为控制模型、决策模型、效果分析、决策制订等几个步骤。

采场稳定性问题是一个很复杂的"事件",涉及诸如采场几何形状、围岩特性、原岩应力场、开采过程以及支护方法等许多因素。4.1 节简单介绍了几种评估采场稳定性的方法,4.2 节根据采场围岩的能量平衡关系提出了用采场体积闭合率作为评估采场稳定性的控制参数。因此,这里仍采用采场体积闭合率作为采场稳定灰色局势决策的控制模型。

在既定的控制模型下,必然有一些我们希望达到的目标。对于采场稳定性来说,这些目标可能是安全、经济和施工简单等。例如,对于图 4-7 所示的采矿方法,若采场高度有两种选择,即 50m 或 30m,采场长度即为矿体水平厚度,采场宽度也有两种选择,即 10m 和 8m,则事件集为:

$$A = \{a_1, a_2, a_3, a_4\}$$

其中:

$$a_1 = \{H = 50\text{m}, W = 10\text{m}\}$$
$$a_2 = \{H = 50\text{m}, W = 8\text{m}\}$$
$$a_3 = \{H = 30\text{m}, W = 10\text{m}\}$$
$$a_4 = \{H = 50\text{m}, W = 8\text{m}\}$$

在采场中,除了充填体起支护围岩的作用外,为了维护上盘的稳定,还考虑有三种对策可供选择,即对策集为:

$$B = \{b_1, b_2, b_3\}$$

其中:

b_1 = {长锚索支护}

b_2 = {岩石锚杆支护}

b_3 = {水泥注浆支护}

因此,局势集为:

$$A_s = \{S_{ij}(a_i, b_j) \mid i = 1 \sim 4, j = 1 \sim 3\} \tag{4-24}$$

若对于每一个局势 S_{ij}，都从安全、经济和施工简单等三个目标考虑以求得最佳局势，则决策模型（矩阵）为：

$$D^{(R)} = \{ r_{ij}^{(R)} \mid S_{ij} \}, R = 1,2,3 \tag{4-25}$$

式中　$D^{(R)}$——决策矩阵；

$r_{ij}^{(R)}$——局势 S_{ij} 相对于第 R 个目标的效果测度；

R——第 R 个目标。

有多种计算效果测度的方法，例如上限效果测度方法：

$$r_{ij}^{(R)} = P_{ij}^{(R)} / [\max_i \max_j (P_{ij}^{(R)})] \tag{4-26}$$

还有下限效果测度方法：

$$r_{ij}^{(R)} = [\min_i \min_j (P_{ij}^{(R)})] / P_{ij}^{(R)} \tag{4-27}$$

式中　$P_{ij}^{(R)}$——局势 S_{ij} 在第 R 个目标下的效果。

此外，还有中间效果测度、功能效果测度等方法。

因此，综合效果为：

$$q_{ij}^{(\Sigma)} = \Sigma (W^{(R)} r_{ij}^{(R)}) / N \tag{4-28}$$

式中　$W^{(R)}$——第 R 个目标的权重；

N——目标个数。

在综合效果矩阵 $q_{ij}^{(\Sigma)}$ 中，按列寻找或按行寻找即可发现极值，此即为最佳局势的最佳效果。据此，即完成了采场稳定性的最佳局势决策过程[5]。

上述灰色局势决策过程可编写成程序在计算机上完成。

4.4　使用充填方法维护矿山整体稳定的一般原则

本章前面几节所讨论的是采场稳定性问题，事实上，采场稳定与矿山整体稳定性是密切相关的。按照岩体结构力学的观点[11]，对一个地下开采的矿山来说，矿山发生大范围的岩层移动首先是由关键部位的某个采场岩体结构的失稳而引发的。此即所谓地下工程失稳"突破口"的观点。可见，某个采场的稳定涉及矿山的整体稳定，同样，若矿山发生大范围的失稳就谈不上能很好地维护局部某个采场的稳定。

4.4.1　采场围岩应力环境的改善

使用充填法开采的矿山，一般来说其矿体和围岩条件均不够好，也就是地质结构复杂、岩体破碎、稳定性差等等。因此，为了维护采场的稳定并尽可能降低支护成本，首先应当尽量改善采场围岩的应力环境。从采矿设计角度看，这主要与矿体的开采顺序有关。

4.4.1.1　同一矿体在同一中段上的合理开采顺序

在同一中段上，可能的开采顺序有三种：后退式、前进式和混合式。例如，某矿山的中厚矿体，走向长度较大，开拓井筒布置在矿体走向的中央部位下盘岩体中。有两条大断层穿过矿体，见图 4-11[12]。若采用图示的由矿体两端（或一端）向中央推进的后退式开采顺序，现场观测表明，在矿体走向的中央部位其水平方向上出现较大的拉应力，其垂直方向上岩层压应力也明显增加。由于该部位存在地质结构弱面，因此，该区段内采场围岩的维护遇到了严重的困难。两断层间的岩体本来具有下滑的趋势，再加上水平方向上的拉应力减小了抵抗断层面下滑的摩擦力，从而形成了很不稳定的滑移块体。在这种条件下采用后退式开采顺序是极为不利的。

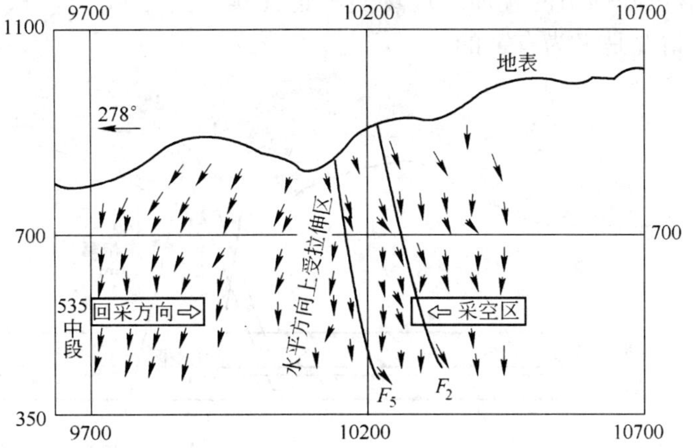

图 4-11 中段上后退式开采顺序示意图

数值分析结果表明，采用由矿体走向的中央向两端（或一端完成后再向另一端）推进的前进式开采顺序，采场围岩的应力环境将有所改善。但最为有利的是采用图 4-12 所示的混合式开采顺序。此时，在矿体的全走向上无明显的拉、压应力集中现象。当然，对于混合式开采顺序来说，生产的组织与管理工作较为复杂。

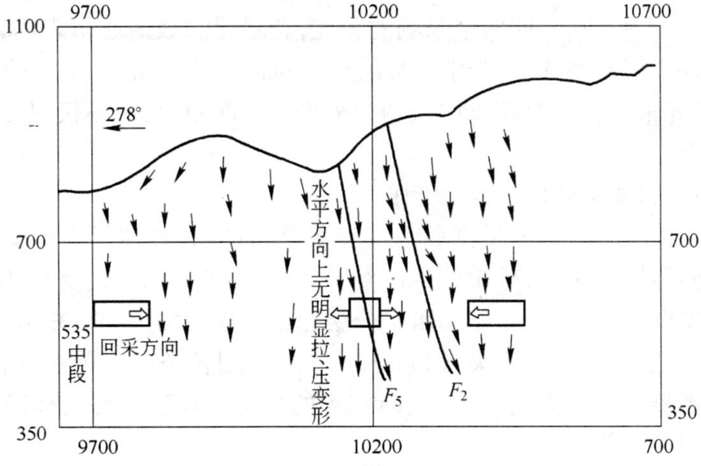

图 4-12 中段上混合开采顺序示意图

4.4.1.2　同一矿体上下中段间的开采顺序

一般情况下,同一矿体上下中段间的开采顺序是先回采上中段再回采下中段。可能的情况有:

(1)上中段回采结束后,再开始下中段的回采。在实际生产中,对大中型矿山甚至小型矿山,这种情况很少出现。

(2)考虑一种极端的情况,上下两个中段采场的回采齐头并进,如图 4-13 所示。使用数值方法分析这种情况,可见地表沉降的最大值几乎是两个中段分别单独回采时地表沉降峰值的叠加。现场实测也证实了这一点[13]。从岩移控制的观点来看,这种情况是极为有害的。

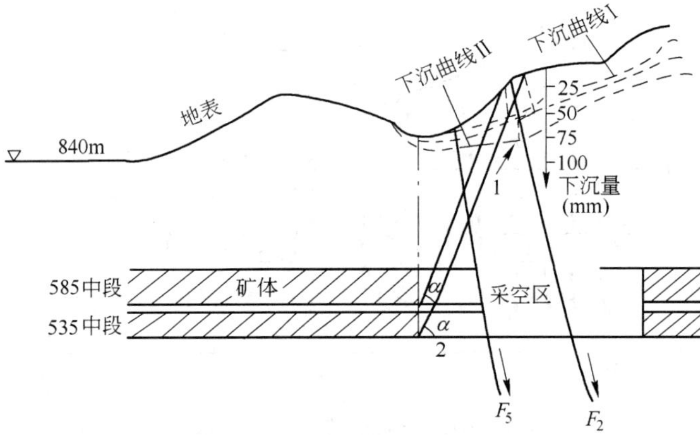

图 4-13　有限元法分析上下中段齐头并进回采时地表沉降示意图

1—下沉曲线叠加;2—端部移动角

(3)上中段的开采超前下中段 L,如图 4-14 所示。这种情况在实际生产中较为常见。但 L 值的确定是一个值得认真研究的问题。设采场沿矿体走向方向布置,长度为 50m;取 $L=100$m,即两个采场的长度,有限元法数值分析表明,其地表沉降曲线叠加的最大值与单个中段开采时的地表沉降峰值相差不大(见图 4-14)。因此,上中段的开采至少需超前下中段两个采场以上的距离,而不仅仅是端部移动角 α 所要求的距离。

4.4.1.3　相邻矿脉间的控制开采

当脉状矿体在垂直走向横剖面上成密集群状产出,如招远金矿类型的岩金脉矿床以及华南脉钨矿床等,矿山的生产经验是:若两条矿脉间的夹壁小于 3m,则两条矿脉连同夹壁一起被采出,使用水平分层充填法或空场法嗣后充填、VCR 法嗣后充填等采矿方法;若矿脉间的夹壁为 3～4m 以上,则各条矿脉单独进行回采,一般使用小规模类型的采矿方法,如沿走向布置的分层充填法、干式充填法、削壁充填法以及浅孔留矿法等。

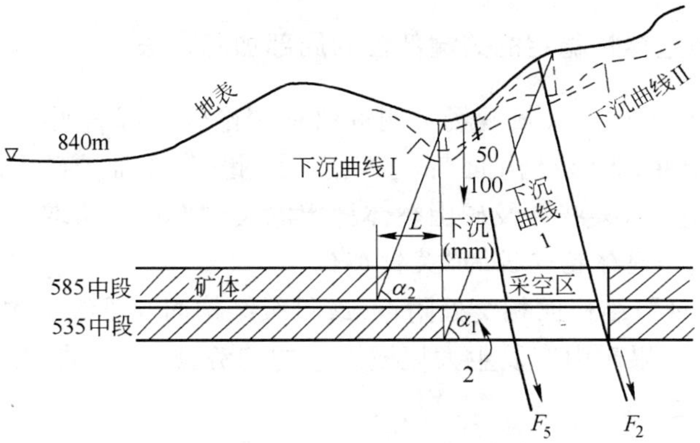

图 4-14 有限元法分析上下中段开采错开距离 L 时地表沉降示意图

1—下沉曲线叠加;2—端部移动角

同一中段的相邻矿脉开采,一般是先采位于上盘的矿脉,再开采位于下盘的矿脉。使用边界元数值方法分析陡倾斜薄矿脉群开采所引起的扰动范围,其结果示于图 4-15 中。可见,开采扰动区域面积相当大。当矿脉倾角 β 为 80°时,矿脉上盘围岩垂直方向上 20 余 m 内,水平方向上 30 余 m 内均产生位移;下盘围岩 5 ~ 10m 范围内将产生少量的位移。当矿脉与地质构造带斜交(如铁山垄钨矿黄沙矿区),主构造带有部分区段落入开采扰动范围内,其上盘有可能出现大的移动。因此,处于该区段内的采场将需要加强支护或留下原生矿柱等。

同一中段上相邻矿脉间的控制开采,主要是控制好前后相邻矿脉的开采顺序,使两条矿脉开采所形成的次生应力场和扰动区域峰值不致叠加。

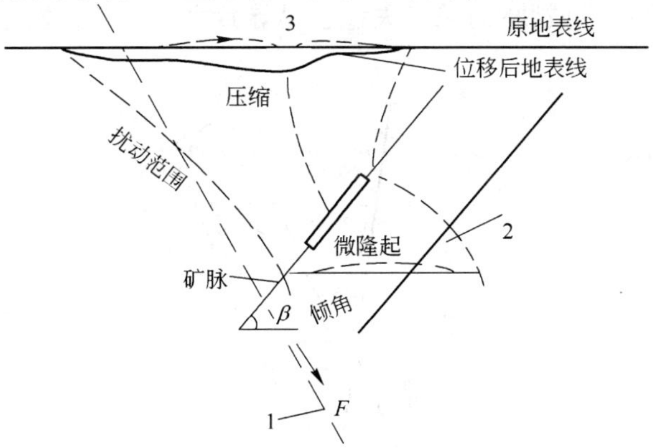

图 4-15 边界元法分析陡倾斜薄矿脉开采的扰动范围

1—扰动范围内有主构造带与矿脉斜交,则构造带上盘可能产生大量位移;

2—矿脉间夹壁较薄(3 ~6m)时,则上盘矿脉的开采将影响下盘矿脉围岩的稳定;

3—扰动范围约为中段高度的 0.6 ~1.3 倍,与倾角 β 的大小有关

4.4.2 涉及矿山整体性稳定的关键部位的局部加固方法

关于矿床岩移规律的大量现场观测资料和理论分析都表明[12]，岩移受结构面的控制，主要是受Ⅱ、Ⅲ级结构面[14]的控制。因此，为要维护矿山的整体稳定，进而维护采场的稳定，对某些涉及矿山整体稳定的关键部位需采取局部加固措施。

4.4.2.1 矿山整体稳定性的"关键部位"

(1)矿山Ⅱ、Ⅲ级结构面相交处附近，或Ⅲ级结构面与Ⅲ级结构面相交处附近，如图4-16所示。如果矿山有发生大规模岩移的趋势，则这种关键部位往往是使岩移发生的突破口之一。

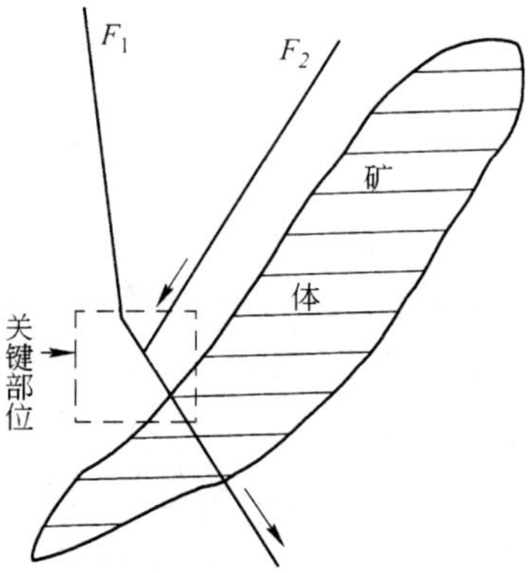

图4-16 结构面相交处

(2)采空区与Ⅱ级或Ⅲ级结构面相交处，如图4-17所示。处于这种部位的采场，其稳定性受到严重威胁；而采场失稳也易导致大量岩移的发生。

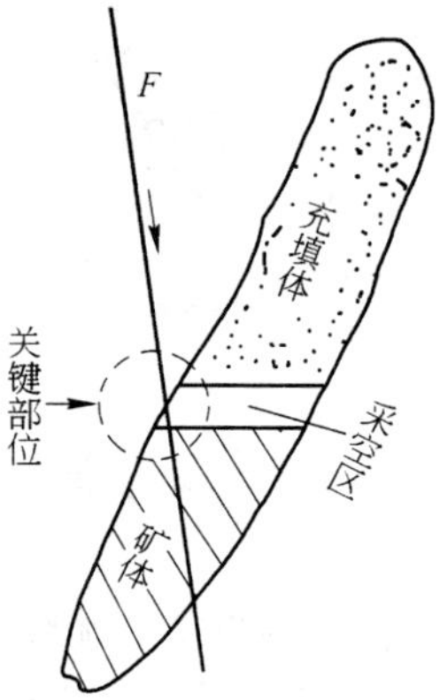

图4-17 采空区与结构面相交处

4.4.2.2 局部加固法

对于使用充填采矿法的矿山，结合采矿方法本身的特点，要局部加固涉及矿山整体稳定性的某些关键部位，可能的加固方法有：

（1）长锚索预支护法。当矿体及上盘不稳固时，采用长锚索预支护矿、岩体后再进行回采，是一种成熟的开采工艺，在国内外矿山得到了广泛的运用，如图 4-18（a）所示。当采场处于关键部位附近时，设计的长锚索支护深度要适当增加，使结构面及结构面相交处也得到加固，如图 4-18（b）所示。

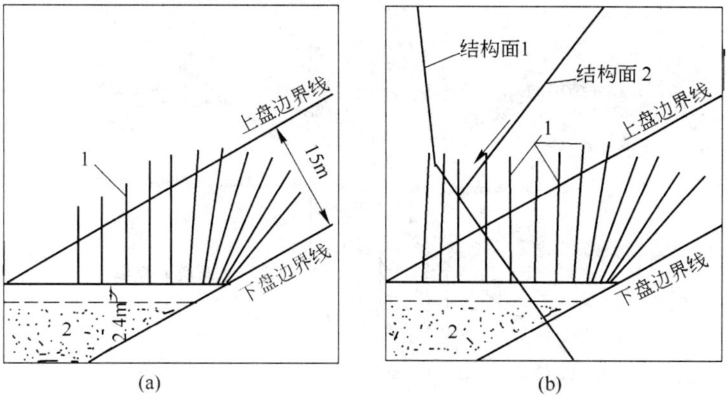

图 4-18 长锚索预支护加固方法

1—长锚索；2—充填体

（2）点柱式开采法。对于处在关键部位的采场，为保证采场稳定，可使用点柱式充填法开采，如图 4-19 所示。这种采矿方法的优点是，点柱与充填体联合支护采场上盘，由于支撑体的刚度大，上盘围岩位移量将显著减少；其缺点是矿石的损失率较大。

（3）注浆预加固法。为了确保关键部位采场的安全，在采矿结构面附近的岩体中高压注入化学浆液[15]或水泥浆液[16]，可预先加固结构弱面，增加其抗剪切滑动的能力。

例如，某矿山设计在一个采场的上盘不稳定岩体中注入水泥浆以加固岩体，打了六个注浆孔，各注浆孔情况见表 4-6。

为检查注浆效果，用钻探取岩芯的方法证明水泥浆液的扩散半径为 3.0m 左右。经注浆加固了的岩体，其工程质量参数得到了明显改善，以 6 号注浆孔附近取出的岩芯试件为例，其数据比较见表 4-7。

在大型隧道和坝基工程中，还有一些其他的加固岩体的方法[17]。然而，地下采场与大型隧道和坝基工程相比，有其特殊性，这就是采场的稳定性与加固工程的经济性必须统一考虑，如果加固方法的费用高到接近或超过所要开采的矿石的价值，则这种加固方法是不能用来加固采场围岩的。

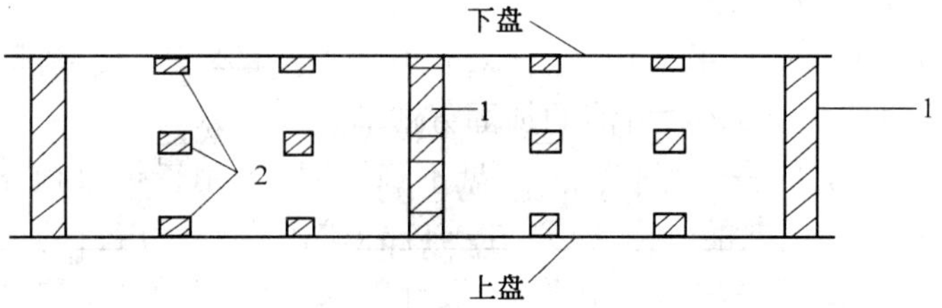

(a)

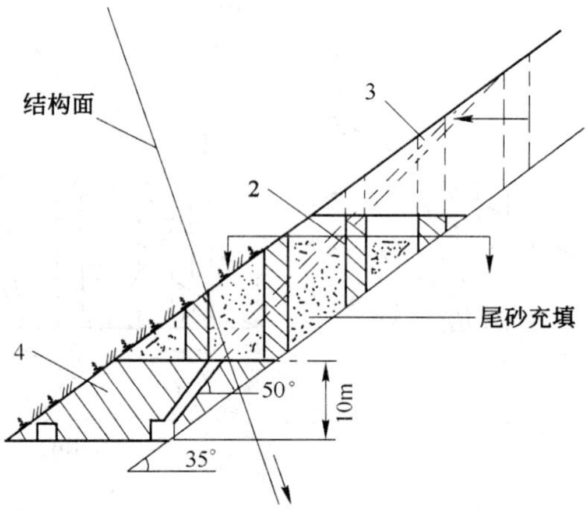

(b)

图 4-19　点柱式充填采矿法

(a)采场平面图;(b)采场剖面图

1—条柱;2—点柱;3—矿石溜井;4—底柱

表 4-6　某矿高压注入水泥浆加固岩体的基本数据[16]

参数 孔号	孔深/m		注浆量 /m^3	纯注浆时间 /min	水泥耗量 /kg	注浆压力/MPa		备注
	实际深度	注浆深度				最小	最大	
1	26.15	23.15	0.73	413	400	1.0	4.5	
2	30.15	26.75	1.30	463	550	0.8	3.0	
3	10.42	8.00	1.00	103	400	0.5	3.0	
4	26.25	22.75	1.25	330	650	1.0	3.2	
5	30.15	26.75	2.20	200	1100	1.5	3.5	复注
6	33.15	30.00	2.24	337	1050	1.0	4.5	

表 4-7 6 号注浆孔附近取出的岩芯试件参数

参 数	取芯率/%	RQD 值	弹性模量/MPa	内聚力/MPa
注浆前	18.1		3.5×10^4	5.23×10^3
注浆后	63.3		6.5×10^4	11.90×10^3
增加值	45.2	21.7%	2.0×10^4	6.67×10^3

4.5 深部矿床充填法开采的矿山安全问题

对于深部矿床开采遇到的各种安全问题和工程技术问题，国内外都很重视，进行了一系列研究工作。在南非，井下黄金矿床开采最深已达到 4000 余 m，其遭遇的岩爆、采矿场和巷道破坏，以及高温等都很严重，矿山采用一些监测仪器和设备进行现场测量和记录，并采用尾砂充填等方法进行控制[18]；在国内，很多学者和研究人员也对深井开采问题进行了研究，如中国矿业大学谢和平、彭苏萍、何满潮等进行了深井开采多方面的理论研究与工程实践[19]，中南大学周科平、古德生等采用 GIS 技术和模糊自组织神经网络来模拟深部采矿岩爆的倾向性[20]，东北大学唐世斌、唐春安等研究了深部采矿热应力作用下岩石的破裂过程[21]，等等。国内外的这些研究工作，对深部矿山的安全生产，对某些可能发生的地质灾害进行评价或预报有很好的作用。从矿山安全和工程技术角度来说，对深部金属矿床开采，充填采矿法是许多矿山的首选。因此，需要进一步开展深部矿床充填法开采控制矿山地质灾害方面的系统的研究工作。

4.5.1 金川公司二矿深部矿体大面积无矿柱充填法开采

金川有色金属公司二矿区是深部矿体大面积无矿柱充填法开采的典型例子，其主要安全问题是矿体上覆岩层的整体稳定性。该矿区岩体断裂发育，主要以挤压性断裂为主，如 F1、F16 断层，此外还存有两组“X”型扭性断裂，一组为南北方向规模小、数量多，另一组近东西向规模较大、数量少。矿区的主要矿体是 1 号矿体，长 1.6km，水平最大宽度为 200m，平均宽 98m，矿体厚大，倾角 65°～75°，延深千余米，如图 4-20 所示。

目前，开采深度距离地表为 500～700m，全部采用下向进路胶结充填采矿法开采，面积已由 5 万 m^2 扩大到近 10 万 m^2，悬顶充填体约 1000 万 m^3，随着地下开挖的深度和规模不断扩大，大范围的岩体移动、变形和破坏问题已经产生[22,23]，如图 4-21 所示。

根据金川二矿区地表裂缝的特征，选择了 5 条具有代表性的长、大裂缝安装了 IGG－1 型三维裂缝计，同时还安装了 5 个简易裂缝计用以监测裂缝宽度的变化。其中，3 号裂缝计在一年内观测得到的地表开裂、变形的发展变化如图 4-22 所示。

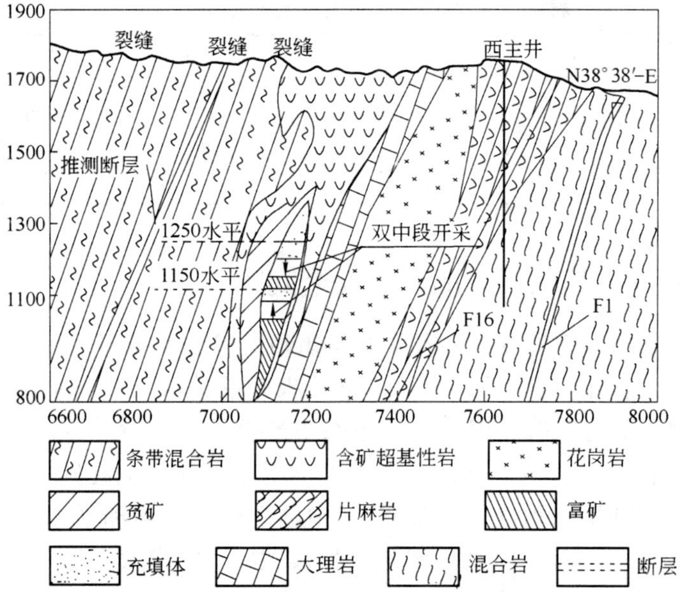

图 4-20　金川公司二矿区 19-20 线工程地质剖面图

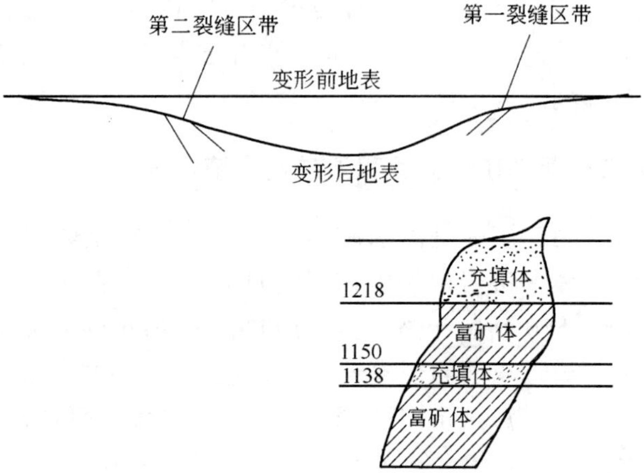

图 4-21　地表沉降、裂缝与矿体的相对位置示意图

金川公司二矿区与国内外的大学、研究单位合作，进行了长期的试验研究和观测[24~26]，在大面积不留矿柱下向进路胶结充填采矿方面已有三十多年的经验，得出的结论有：

（1）大面积下向胶结充填法开采所造成的上部岩体破坏和移动是较小的，充填体是能够阻止上部岩体及围岩大的变形和破坏的。

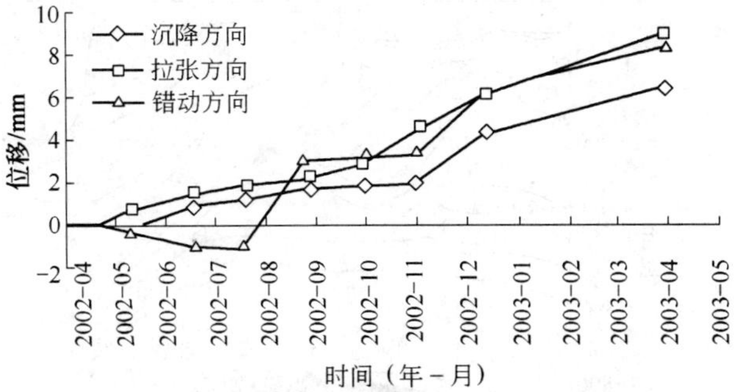

图4-22　实测的3号裂缝计位移-时间曲线[23]

(2)数值模拟分析结果表明，留临时的间隔矿柱，从应力、位移、塑性变形等方面综合考虑，比不留间隔矿柱要好些，但当临时间隔矿柱开挖后，二者最终效果相差不大，且矿柱中存在高应力区、大部分进入塑性破坏阶段，给后期回采带来极大困难。

(3)金川二矿区采用无矿柱连续回采方案是可行的，由矿体中央向两侧开挖的回采顺序最好。

(4)充填体是否接顶，对采场围岩中的最大应力、最大位移和塑性区的大小有较大影响，但对矿山整体稳定性的影响并不大。

(5)上下中段同时回采与从上往下依次回采相比，二者位移相差不大，但上下中段同时回采时的塑性区比从上往下依次回采时明显偏大。另外，上下中段同时回采时两中段交界部位的应力值也相当大，会给最后一步开挖造成一定困难。

4.5.2　冬瓜山铜矿深部矿体“阶段空场嗣后充填法”开采

冬瓜山铜矿深部矿体开采的主要安全问题被认为是岩爆[27]。冬瓜山铜矿床具有“深”(矿床埋藏深)、“高”(地应力高，最大地应力达30～40MPa)、“大”(目前国内已探明储量最大的铜矿床)、“富”(铜、硫矿石品位较高，还伴生有金、银等有用组分)等特点，共有铜硫、铁矿体140多个，其中主矿体1个(编号I)，其储量占总储量的98.8%。主矿体水平投影走向长1810m，最大宽度882m，最小宽度204m，平均宽度500m，最大厚度100.67m，最小厚度1.13m，平均厚度34m，矿体走向NE35°～40°，矿体两翼分别向北西、南东倾斜，倾角最大可达30°～40°；矿体沿走向向北东侧伏，侧伏角10°左右。矿体埋藏较深，赋存于−690～−1007m之间。矿体直接顶板主要为大理岩，矿体底板主要为粉砂岩和石英闪长岩。矿体主要为含铜磁铁矿、含铜蛇纹石和含铜硅卡岩。主矿体平均含铜1.01%，含硫19.7%，含金0.29g/t。矿床的典型地质剖面图如图4-23所示，矿、岩体的主要力学性能见表4-8。

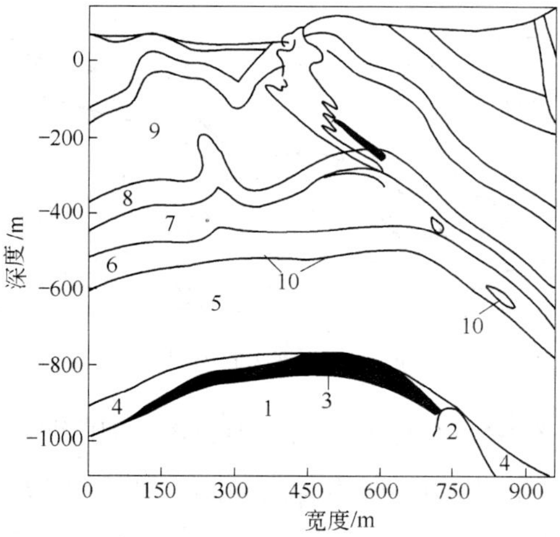

图 4-23　冬瓜山铜矿床典型地质剖面图(58 线)

1—石炭泵石英闪长岩;2—硅卡岩;3—矿体;4—黄龙组大理岩;5—栖霞组大理岩;6—现峰组硅质灰岩和石榴子石硅卡岩;7—龙潭组黏土页岩和粉砂岩;8—大龙组硅质页岩和泥质硅质灰岩;9—股坑组角岩夹大理岩和硅卡岩;10—闪长粉岩

表 4-8　冬瓜山铜矿典型矿、岩体力学特性测试数据

岩　性	栖霞组大理岩	黄龙组大理岩	粉砂岩	石英闪长岩	硅卡岩	石榴子石硅卡岩	含铜磁黄铁矿
弹性模量/GPa	22.31	12.80	40.40	45.21	49.90	50.88	51.48
泊松比	0.257	0.329	0.209	0.264	0.312	0.250	0.253
单轴抗压强度/MPa	74.04	50.388	187.17	306.58	190.30	170.48	304.0
单轴抗拉强度/MPa	8.96	3.40	19.17	13.90	17.13	12.07	9.12
脆性系数	8.26	14.82	9.76	22.06	11.11	14.11	33.33
内摩擦角/(°)	45.28	39.51	51.01	57.01	56.21	58.91	53.02

由图 4-23 和表 4-8 可见,冬瓜山铜矿在 −800m 以下的矿体、石英闪长岩、硅卡岩等均为抗压强度较高或很高的矿、岩体。据研究,岩爆的发生在很大程度上取决于岩体高抗压强度,故冬瓜山矿深部存在发生岩爆的天然条件。在生产实际中,位于 −745 ~ −916m 水平的井、巷工程在开挖时发生了数次较弱 ~ 中等强度的岩爆。为控制岩层压力和防止重大岩爆发生,使用充填采矿法是最有效的措施之一,南非深井黄金矿山开采的现场经验和数值模拟分析已证实了这一点,可参阅 5.2.2 中的有关内容;古德生、李夕兵等认为[28],在深部硬岩开采条件下,采空区充填的质量和采空区被充满的比率,对控制岩爆起着至关重要的作用。

该矿设计年生产能力 300 万 t,选用的采矿方法为"阶段空场嗣后充填采矿法”。如图4-24所示，采场沿矿体走向布置，采用隔一采一的回采顺序：矿房采场长82m，宽18m，采用嗣后全尾砂胶结充填；矿柱采场长78m，宽18m，采用嗣后全尾砂充填。

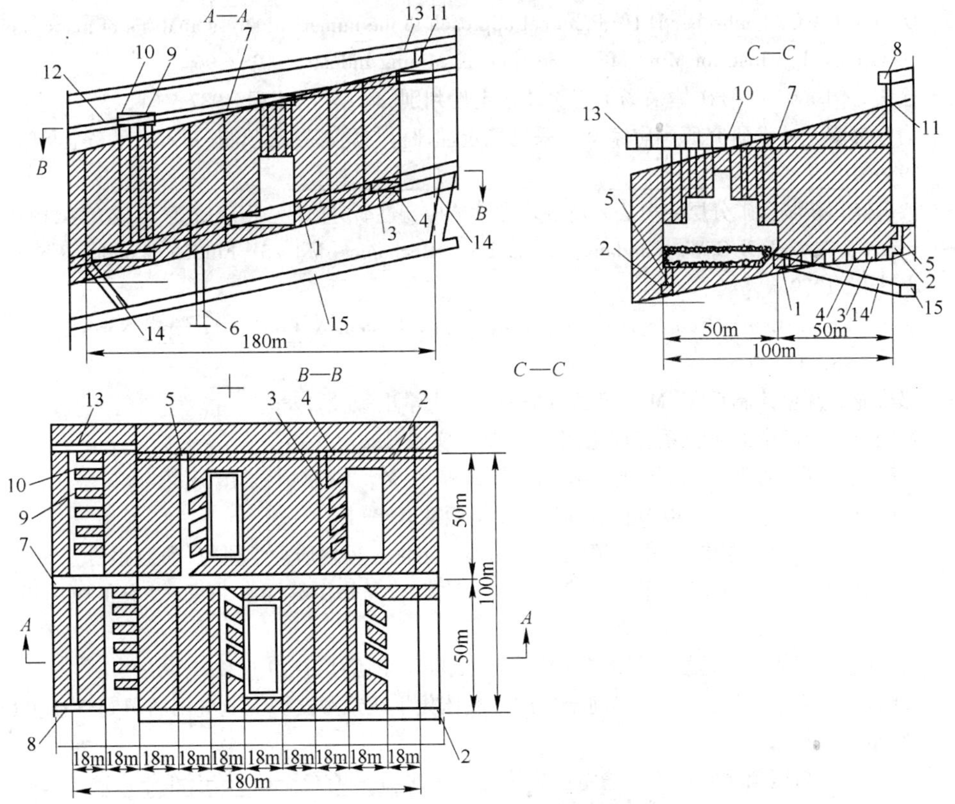

图4-24　冬瓜山铜矿采矿方法[29]

1—出矿水平出矿穿脉；2—出矿水平回风穿脉；3—出矿巷道：4—出矿进路；5—出矿回风天井；6—溜井；7—凿岩水平凿岩穿脉；8—凿岩水平回风穿脉；9—凿岩巷道；10—凿岩硐室；11—凿岩回风天井；12—充填天井；13—凿岩充填水平采准斜坡道；14—出矿水平联络斜坡道；15—出矿水平采准斜坡道

根据全尾砂充填料实验室试验结果，全尾砂 −20μm 极细颗粒含量达到37.84%，−74μm 颗粒为72.42%，尾砂含硫量为5.67%～6.44%。为进行全尾砂胶结充填，地表建有6套运行机理相同但相互独立的充填料浆制备系统，单套充填料浆制备系统生产能力为80～100m^3/h。充填时从立式砂仓中放出浓度为70%的全尾砂，按设计比例加入水泥，通过φ2.0m×2.1m的高浓度搅拌槽充分搅拌后成为浓度为72%～74%的充填料浆。各采场充填倍线为3.0～3.9，充填料浆采用自流输送[30]。

参 考 文 献

[1] Niemi W R, et al. Applied rock mechanics at Thompson mine: A study in particality[C]. Vol. 2, proc. 13th World Mining Conference. India: New Dehli, 1986.
[2] Diering J A C, Laubscher D H. Practical approach to the numerical stress analysis of mass mining operations[J]. Inst. of Min. Met., Section A, Mining Industry, 1987, 96.
[3] 徐庆．铜坑矿 91 号矿体采场工程岩体稳定性判别[J]．矿冶工程,1987,7(1):3.
[4] 冶金部安全技术研究所．焦家金矿采场稳定性评价与局部冒落预测[J]．工业安全与防尘, 1986(10).
[5] 蔡嗣经．新城金矿分层充填法采场围岩力学响应特性研究[D]．北京:北京科技大学,1991.
[6] Jaeger J C, Cook N G W. Fundamentals of Rock Mechanics[M]. 3rd Edition. London: Chapman & Hall, 1979.
[7] Deng Julong. Control problems of grey systems[J]. System & Control Letters, North－Holland Co., 1982, 1(5).
[8] 邓聚龙．灰色控制系统[M]．武汉:华中理工大学出版社,1986.
[9] 林天建．力学中的灰色系统理论[J]．力学与实践,1987,9(2).
[10] 王学萌,等．灰色系统预测与建模的计算机程序[M]．北京:科学出版社,1986.
[11] 孙广忠．岩体结构力学[M]．北京:科学出版社,1988.
[12] 丁恩保,李中林,蔡嗣经,等．赣南钨矿山体稳定性工程地质力学研究(研究报告),1987.
[13] [联邦德国]Kratysch H. 采动损害及其防护[M]．马伟民等译．北京:煤炭工业出版社, 1984.
[14] 谷德振．岩体工程地质力学基础[M]．北京:科学出版社,1979.
[15] 北京科技大学,界河金矿．界河金矿破碎矿体化学注浆预支护工业应用的可行性研究(研究报告),1992.
[16] 黎学勤．高压预注浆加固不稳定围岩浅孔留矿法[J]．有色金属(矿山部分),1990(2).
[17] 王思敬,等．地下工程结构围岩稳定性分析[M]．北京:科学出版社,1984.
[18] 苏林芳,蔡嗣经．南非深部黄金开采对安全和效益的技术要求(译文)[J]．国外金属矿山,2001,26(2):43.
[19] 谢和平,彭苏萍,何满潮．深部开采基础理论与工程实践[M]．北京:科学出版社,2006.
[20] 周科平,古德生．基于 GIS 的岩爆倾向性模糊自组织神经网络分析模型[J]．岩石力学与工程学报,2004,23(18):3093～3097.
[21] 唐世斌,唐春安,等．热应力作用下的岩石破裂过程分析[J]．岩石力学与工程学报, 2006,25(10):2071～2077.
[22] 赵海军,等．充填法开采引起地表移动、变形和破坏的过程分析与机理研究[J]．岩土工程学报,2008,30(5):670～676.
[23] 李晓,等．充填法开采引起的地裂缝分布特征与现场监测分析[J]．岩石力学与工程学报, 2006,25(7):1361～1369.
[24] 金铭良．金川镍矿的大面积开采稳定性分析与对策[J]．岩石力学与工程学报,1995,14(3):211～219.

[25] 蔡美峰,孔广亚. 金川二矿区深部开采稳定性分析和采矿设计优化研究[J]. 中国矿业,1998,7(5):33~36.

[26] 杜国栋,等. 充填采矿法引起的地表变形数值模拟研究[J]. 金属矿山,2008,Series No. 379:39~43.

[27] 蔡嗣经,张禄华,周文略. 深井硬岩矿山岩爆灾害预测研究[J]. 中国安全生产科学技术,2005,1(5):17~20.

[28] 古德生,李夕兵,等. 现代金属矿床开采科学技术[M]. 北京:冶金工业出版社,2006.

[29] 彭怀生,王春来. 大型矿山的无废开采设计[C]. 第八届国际充填采矿会议论文集,北京,2004:27~31.

[30] 王发芝. 冬瓜山铜矿深部采场充填技术[J]. 矿业研究与开发,2008,28(4):4~5.

5 充填体支护采场围岩的力学作用机理

5.1 充填法采场围岩的力学响应特性

世界范围内广为接受的关于地下采矿方法的分类是按采场围岩的支护方法将其分为三类:天然支护、人工支护和不支护(崩落)。各类采矿方法的采场围岩力学响应特性是不同的。所谓采场“围岩力学响应特性”,是指在具体的开采和支护条件下,采场围岩对作用其上的原生和次生荷载所具有的一定的力学反应。

采场围岩的力学响应特性可用两个参数来表示:围岩中存储的应变能以及围岩的位移量。通常,各类采矿方法围岩的力学响应特性可以定性地用图 5-1 表示。从图中可见,充填法采场围岩的位移量不大,但围岩中存储的应变能却相当多。

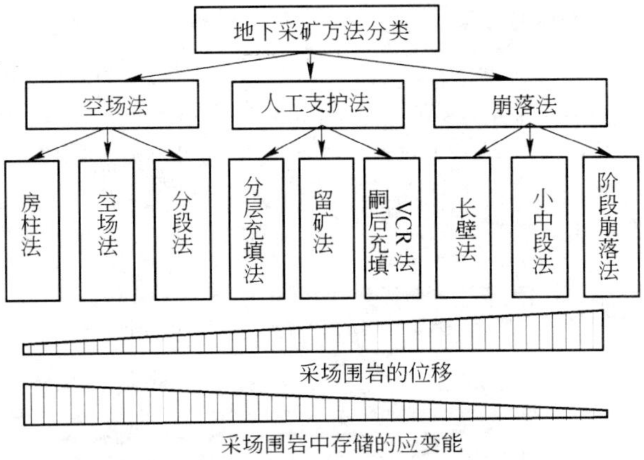

图 5-1 地下采矿方法分类及其围岩力学响应特性

当讨论充填法采场(主要是分层充填法采场)的围岩力学响应特性时,必然涉及充填体对围岩的支撑作用。这个问题在随后的各节中将作较详细的讨论,这里先简单介绍几种影响较大的理论观点。

Brady 和 Brown 认为,充填体对围岩的支撑作用可能同时有几种,如图 5-2 所示[1]。事实上,图 5-2 中(a)和(b)所示的情况与各个矿山的具体开采条件有关,难以作统一的理论分析。因此,可以认为在考虑采场围岩的力学响应特性时,主要是参照图 5-2(c)所示的模式。

Blight 和 Clarke 对刚性充填料和软充填料的支撑围岩的特性作了一些理论上

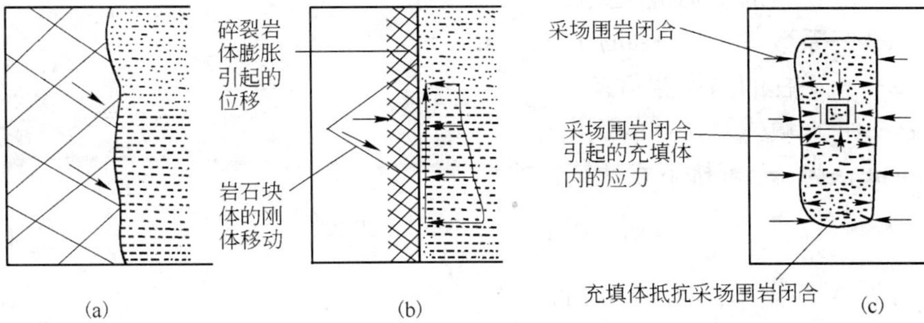

图 5-2 充填体支撑采场围岩的可能模式

(a)对卸载岩块的滑移趋势提供侧限压力;(b)支撑破碎岩体和原生碎裂岩体;(c)抵抗采场围岩的闭合

的研究,其结果示于图 5-3 和图 5-4 中[2]。可见,刚性充填材料在体积被压缩较小的情况下,就可承受较大的压力,即抵抗采场围岩变形的能力较大;而软充填料需在体积被压缩 10% 以上之后才有一定的承压能力。

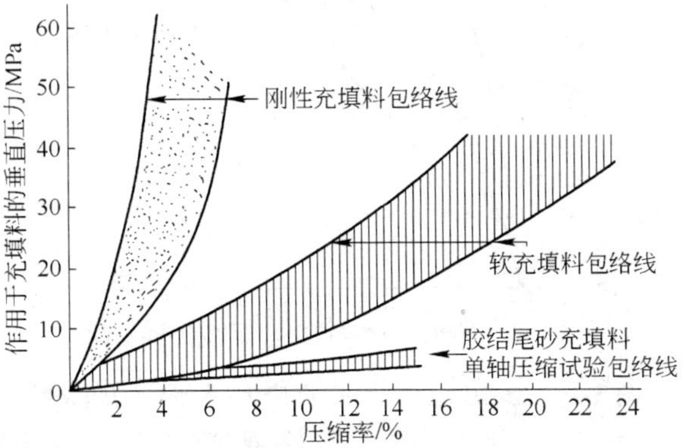

图 5-3 三轴压缩试验:应力-压缩率包络线

Blight 进一步用石英岩芯模拟充填材料包围中的矿柱,通过试验得出这种“矿柱”的应力应变曲线,试验结果见图 5-5。从图中可知,刚性充填料即可限制岩芯横向变形,又可提供较大侧向压力,在岩芯压缩变形达到 1.75%(1.4mm)时,仍未被破坏;而软充填料包围中的岩芯的强度与没有任何充填料包围的岩芯强度相差无几,但可限制岩芯的侧向变形,并使岩芯的残余强度增大,达到其破坏强度的 85% 以上。

作者认为,处在充填料包围中的矿柱或岩体,由于从单向或双向受压状态变为三向受压状态,强度将有所提高,可按下式计算[3]:

$$\sigma = \sigma' + k\sigma_a \tag{5-1}$$

式中 σ——矿柱的三轴抗压强度;

σ'——矿柱的单轴抗压强度；

k——系数，$k=(1+\sin\varphi)/(1-\sin\varphi)$；

φ——矿柱的内摩擦角；

σ_a——充填体对矿柱的侧向压力。

Blight 认为，σ_a 可按下式计算：

$$\sigma_a = \sigma_v \frac{(1-\lambda)(1+\lambda)}{2(1+2\lambda)} \tag{5-2}$$

式中　σ_v——作用于矿柱上的垂直应力；

λ——原岩侧压力系数，$\lambda=\sigma_h/\sigma_v$；

σ_h——原岩水平应力。

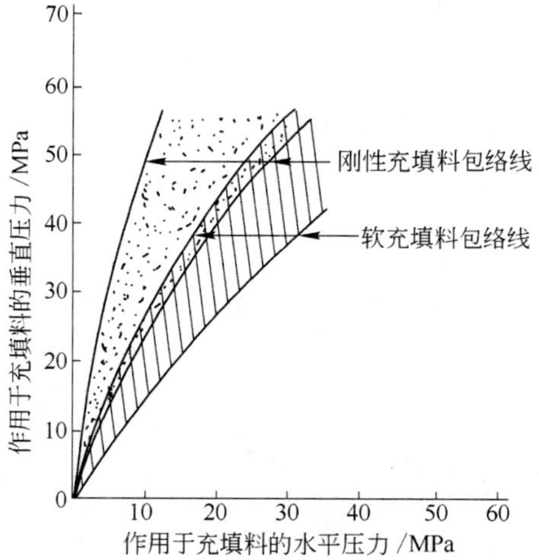

图 5-4　三轴压缩试验：垂直应力-水平应力包络线

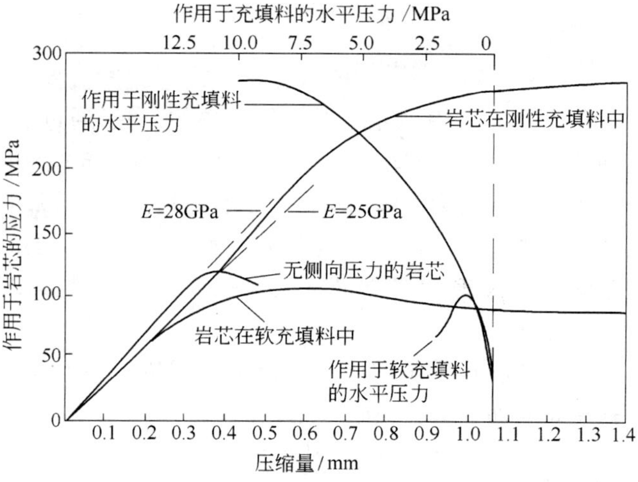

图 5-5　岩芯在有无充填料包围条件下的应力应变曲线

可以认为,在科学研究的意义上,图5-3、图5-4和图5-5具有较大的理论价值,在某种程度上使人们对充填体支撑采场围岩的力学作用机理的认识前进了一步。

此外,还有许多观测资料和统计资料表明,充填体主要起限制采场围岩的变形和位移的作用。例如,Salamon统计的欧洲一些矿山采用不同的顶板管理方法时顶板的下沉系数见表5-1。

表5-1 不同充填方式采场顶板下沉系数[4]

顶板管理方式	下沉系数		
	德国	波兰	匈牙利
水力充填		0.12~0.20	0.25~0.50
风力充填	0.45~0.55	0.25	
人工石垛充填	0.50~0.60	0.40	
条带式石垛充填	0.58~0.85	0.55	

从表中所列数据可见,不同充填方式的顶板下沉系数(也即是充填体下沉系数)相差较大。因此,为提高充填体支护采场围岩或矿柱的能力,须增加充填体的刚性。

5.2 充填体支护采场围岩力学作用机理的研究方法

在研究地下岩土工程的稳定性问题中,一般来说,目前广泛运用的理论有三种[5]。

(1)连续介质理论。用经典的弹性力学和塑性力学求解原岩应力作用下的岩体被开挖后应力和位移的分布,并假定位移在介质中每点上都是连续的。传统的解析方法可用在开挖形状简单、边界条件不复杂的场合;对于开挖形状和边界条件均较复杂的问题,则使用数值方法求解,如有限单元法、边界单元法等。通常,边界单元法适合于求解弹性问题,而有限单元法在非弹性计算、模拟开挖步骤、模拟结构弱面等方面有其方便之处。为了得到较满意的求解结果,还可采用各种耦合计算方法,如有限元和边界元耦合、有限元和无限元耦合、边界元和离散元耦合等等。

(2)非连续介质理论。该理论将岩体视作是一种离散块体的集合体。因此,位移在岩体中的各点上是不连续的。可使用动态或静态松弛技术来求解作用在离散块体间的力以及块体的位移。著名的石根华块体理论即是基于非连续介质理论推导出的。在数值方法方面,离散单元法也是基于这种理论。

(3)极限平衡理论。这种理论不考虑岩体中的位移情况,一般只考虑力的平衡和极限剪切强度条件。极限平衡计算的最简单的形式是潜在不稳定岩体或块体的抗滑安全系数,如在边坡稳定性分析中常用到的安全系数。

在充填体支护采场围岩的力学作用机理研究中,对充填材料来说,其是一种散体介质或类松散介质;对采场围岩或矿柱来说,可将其视作连续介质或非连续介质。例如,图 5-2(a)和(b)模式中的采场围岩可认为是非连续介质,而图 5-2(c)模式中的采场围岩则可认为是连续介质。第 2 章中已提到,在许多情况下,从宏观上看,本属于散体介质的充填材料可看作是连续介质。因此,在研究充填体的支护力学机理时,广泛运用连续介质力学理论和分析方法。

5.2.1　实验室模型试验

常用的室内模型大致有三种:一种是数学力学模型,主要研究方法是提出力学模型,然后用数学方法推导理论解答;另一种是光弹模型,主要用来研究开挖工程围岩的应力分布,由于在二维或三维光弹模型中,都难以模拟充填及其效果,故在充填力学研究中较少使用光弹模型;还有一种是物理模型,主要运用相似模拟方法研究地下开挖过程中的应力和位移,也能模拟充填体的力学效应。因此,本节主要介绍一些在有关文献中报道的较成功的物理模型。

在充填体支护采场围岩的力学机理研究中所采用的物理模型,按其研究目的可分为下述几类。

5.2.1.1　用于研究充填体支承采场围岩或矿柱的力学机理的物理模型

1980 年 Moreno 等[6],1983 年 Blight 和 Clarke[2],1989 年山口梅太郎、山富二郎[7]、Swan 和 Board[8]、Oliver 和 Landriault[9],以及 1990 年张玉清、钱方明[10]所报道的都是该类模型。

(1)Blight 等人的模型(山口梅太郎的模型与此类似)见图 5-6,试验用的钢筒内径 D =203mm,高约 100mm。圆柱形岩石试件放入钢筒中心位置,筒壁和试件间的空隙用作为充填料的砂子填满。用压力机对试件进行单轨压缩试验,并对比试件在没有充填料包围条件下的强度与在有各种不同性质的充填料包围和不同充填料高度条件下的强度,以分析、揭示充填体的作用机理。

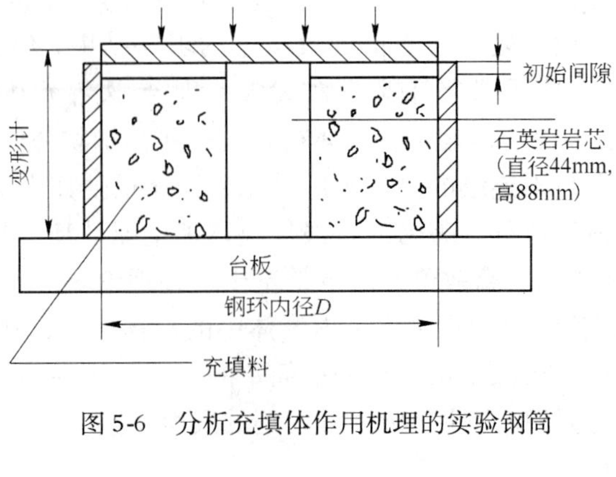

图 5-6　分析充填体作用机理的实验钢筒

(2) Moreno 等人所采用的物理模型实验装置见图 5-7(a)。这种装置被称为分裂式加载模板(Split Platen)实验技术,主要用来测试松散充填材料的荷载-变形特性,进而发现充填材料的支撑能力。排列成 5×5(见图 5-7b)方阵的 25 块分裂式加载模板,每块面积为 5.08cm×5.08cm;每个分裂式模板下的压力盒的初始高度是 12.7cm,但这个高度可根据需要调整。

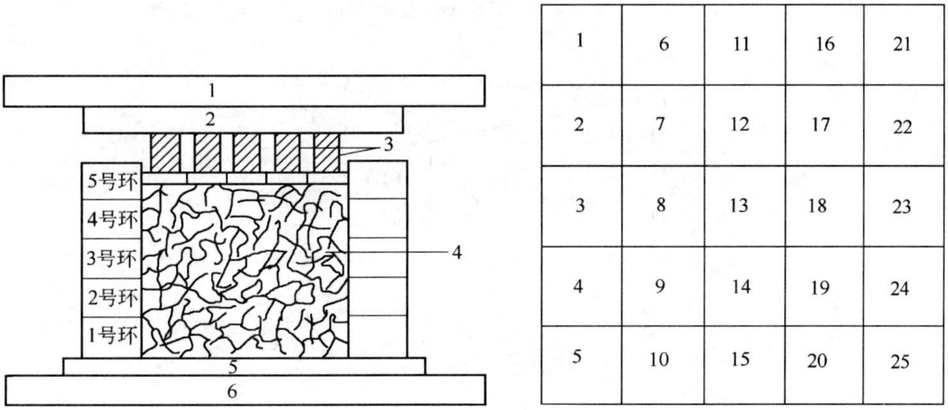

(a) (b)

图 5-7 分裂式加载模板实验装置

(a)实验装置;(b)排列方阵

1—上部平板;2—钢压板;3—压力盒;4—块体材料;

5—钢底板;6—底部平板

(3)张玉清、钱方明所采用的物理模型实验方法,是用相似材料模拟采场围岩,其相似材料的配比见表 5-2。

表 5-2 模拟采场围岩相似材料的配比

成 分	河 砂	石 膏	可赛银	水①	硼砂②
质量比/%	90.0	5.0	5.0	10.0	1.0

①水与固体成分之比为 1:10;

②硼砂与河砂+石膏+可赛银之比为 1:100。

在相似材料做成的模型中,预留下采空区(采场),然后按各种不同方式进行充填模拟;将不同充填的各种模型在压力机上做压缩破坏试验,以检验不同充填方式支护采场围岩的作用。

5.2.1.2 用于研究在充填体之间回收矿柱的力学机理的物理模型

如 Smith 等 1983 年所报道的就属于该类模型[11]。如图 5-8 所示,为要回收充填体间的矿柱,必须考虑充填体的剪切强度条件以及充填体的自立性。因此,除了作理论上的计算和分析外,针对某个具体矿山的实际条件,还须进行模拟试验以检验理论分析的正确性。Smith 等人设计的实验室实验模型与现场实际充填体之比为 1∶14，整个试验模型高 5m，在矿体走向方向上长 2m，上盘至下盘宽 2.1m。模型的外形构造如图 5-9 所示，是一种巨型物理模型。其他相似模拟条件，如充填体的内聚力和抗压强度等，也均按 1∶14 设计。为模拟矿柱回收，逐步把模型走向方向上挡住充填体的挡板一块块卸下，即解除对充填体的约束。实验结果证明，充填体的典型破坏是由于剪切滑移而发生的垮落。

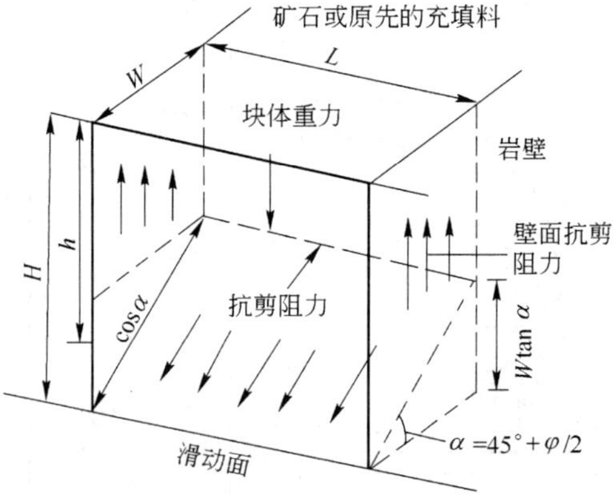

图 5-8　充填体的抗剪强度条件

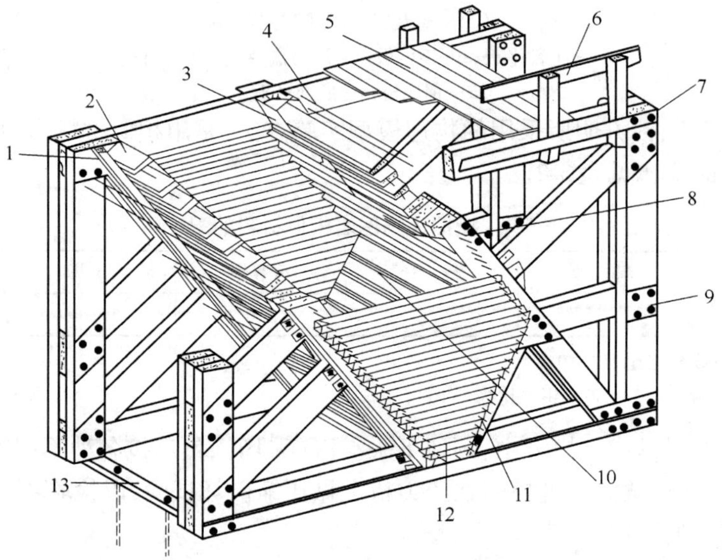

图 5-9　Smith 设计的充填模型结构及构筑

1—承载木料；2—跨梁；3—塑料衬板；4—紧固螺栓；5—平台；6—顶部钢轨；7—钢条；8—承载木料加固螺栓；9—典型筋板；10—粗钢条；11—典型拉钉；12—前部挡板；13—底梁

5.2.1.3 用于研究采场底柱或人工底柱的稳定性力学机理的物理模型

如 Mitchell 等[12],以及 O'Heam 和 Swan[13]在 1989 年所报道的就属于该类模型。采场若用非胶结充填料充填,其底柱的受力条件和可能的破坏情况示于图 5-10中。图中高度为 d 的底柱可以是原生矿石底柱,也可以是人工底柱。底柱可能发生的破坏形式主要有:底柱滑动,压碎或崩落,底柱受剪切、旋转剪切或挠曲而破坏等。Mitchell 等人设计了比例为 1:50 的相似模拟材料模型,并考虑了木材、钢筋或金属网等各种底柱加固方法,在离心模拟试验机上进行实验室试验,以检验底柱结构与底柱稳定性的关系。他们所模拟的是人工底柱的情况。

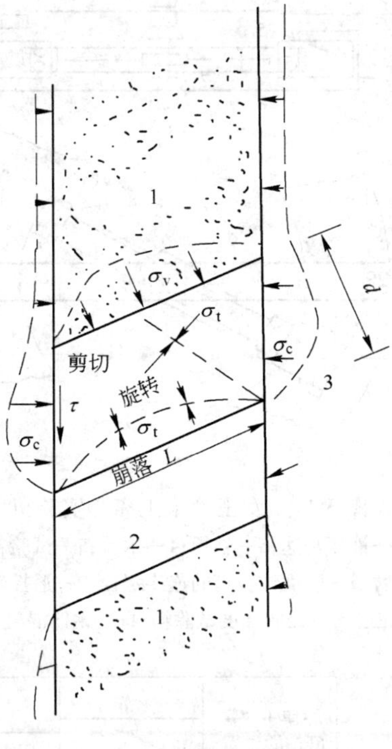

图 5-10 采场底柱的受力条件及可能产生的破坏

1—非胶结充填体;2—放出矿石后的空区;3—矿石底柱或人工底柱

5.2.1.4 用于研究充填体加固作为人工矿柱的力学机理的物理模型

如 Mitchell[14]在 1989 年所报道的就属于该类模型。通常,在设计中将充填体作为结构矿柱时,可增加充填材料中的胶结剂含量,或者构筑混凝土隔离墙。若暴露的充填体高度进一步增大,还可采用一些加固方法,如在充填体中分层放置钢丝网、土工网帘或绞结线等。为了正确估价这些加固措施的作用,Mitchell 等进行了离心模型试验研究,使用的离心机见图 5-11,其回转半径为 3m,用 50kW 液压马达驱动试验装置和调速。高 33.0cm、重 100kg 的模型在试验机上加速能使离心力等于 300 倍重力。因此,模型模拟的现场充填体高度可达 100m。设计的模型高度为

30cm，模型中放置不同的加固材料或按不同的方式加固，例如，当使用土工网帘作为加固材料时，模拟的加固方式分三种，如图 5-12 所示。所得到的实验结果是令人鼓舞的，证明采用加固方法在经济上是合理的。

实验室模型试验还可用于其他方面的研究，如研究充填法采场挡料墙的压力、充填体在采场中的排水等。

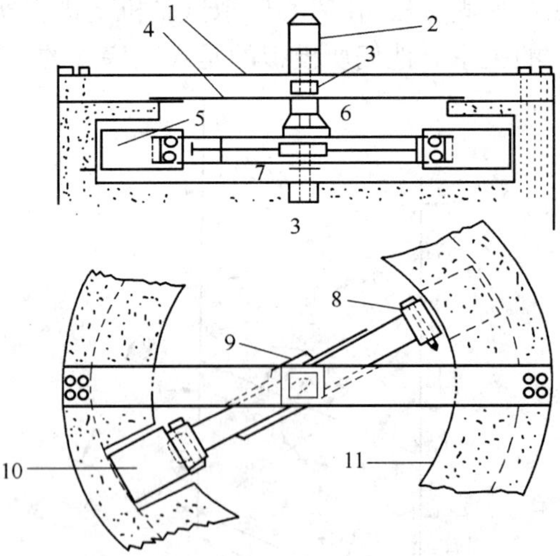

图 5-11　女王牌土工离心实验机

1—支承梁；2—液压马达；3—轴承；4—木盖；5—试验箱；6—汇电环；
7—径向臂；8—强度试验箱的连接螺栓；9—遥控转换开关；
10—在进出口处的强度试验箱；11—钢筋混凝土机座

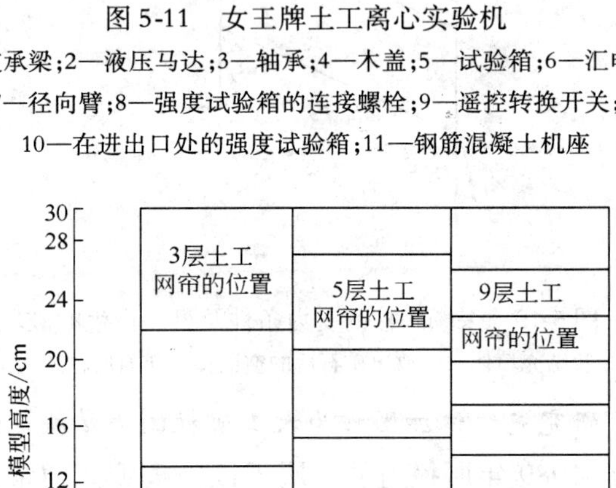

图 5-12　模型中土工网帘加固的位置

5.2.2　数值模拟方法

与地下工程结构和矿山岩体力学等研究领域一样，在矿山充填力学研究中，使用最多最广泛的也是数值模拟方法，这主要是由于数值模拟方法本身所具有的优点和特点，即费用比物理模型低，能迅速地得到定量分析结果，能方便地模拟各种边界条件以及开采和充填作业过程等。

根据矿山充填力学研究对象的特殊性，即涉及的不同性质的介质种类多、开挖和充填作业循环进行等，所采用的数值模拟方法一般为有限元法或有限元法与其他方法的耦合等。

5.2.2.1　三维有限元数值模拟方法

在充填力学的某些研究领域，例如胶结充填人工矿柱的稳定性研究等，为了真实地反映研究对象的几何形状和受力条件，有时必须采用三维有限元模拟方法，如Coulthard[15]和Cowling等[16]所报道的采用三维有限元模型研究澳大利亚芒特·艾萨矿业公司1100号矿体开采胶结充填体的稳定性。如图5-13所示，采场的平面尺寸为40m×40m；采场高即为矿体的全高，约为90～260m。当开采第二步、第三步回采的采场时，第一步、第二步已采完并充填了的采场，其充填体暴露高度在35～60m左右。三维有限元模型的网格划分见图5-14。整个充填体人工矿柱被划分成465个8节点立体单元，共701个节点。分别计算了数种不同条件的模型(见表5-3)，并进行了现场实测。充填体内垂直应力值的大小如图5-15所示，可见，模型6和模型7的计算值与实测值很接近。

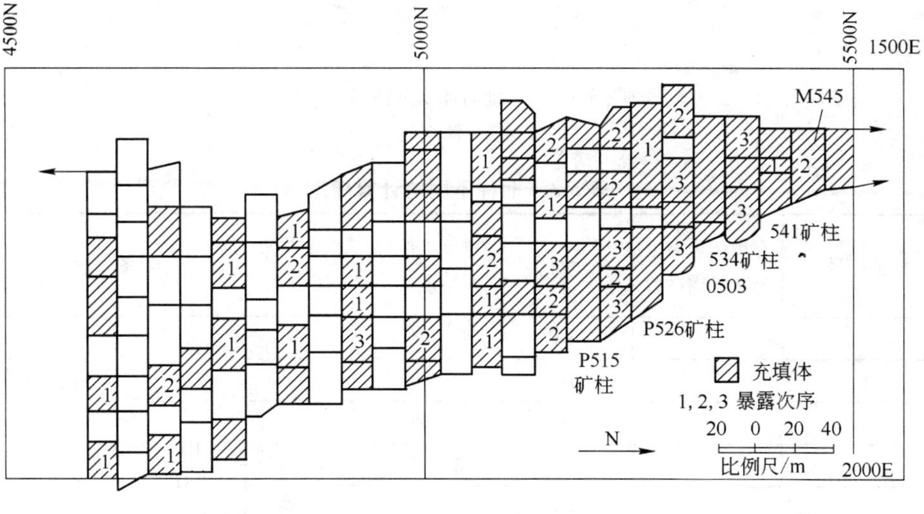

图5-13　澳大利亚芒特·艾萨矿1100号矿体开采平面图[16]

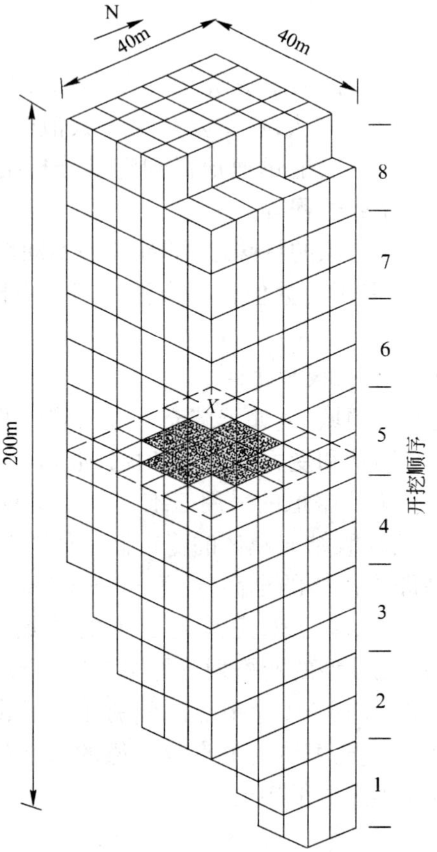

图 5-14　三维有限元网格划分图

X—应力测定地点

表 5-3　七种不同的计算模型

模型序号	充填体全高上分次暴露次数	充填材料	充填材料弹性模量	选取的静水压力	备　注
1	1	CHF	常　量		
2	8	CHF	常　量		
3	8	CHF	变　量		
4	8	CHF	常　量	一　半	CHF—胶结尾砂充填料；CRF—胶结块石充填料
5	8	CHF	常　量	全　部	
6	8	CRF	变　量	全　部	
7	8	CRF	常　量	全　部	

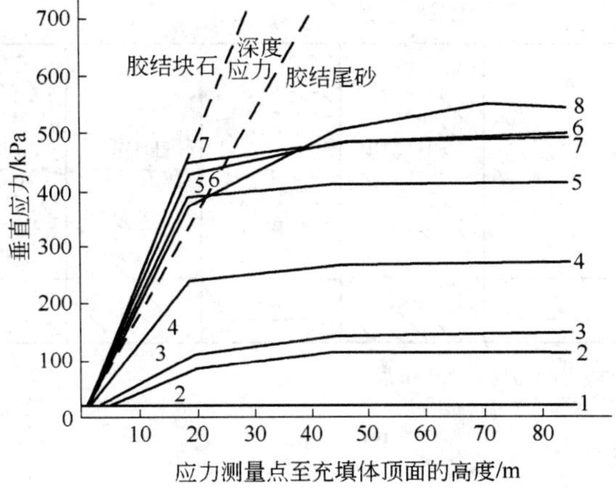

图 5-15 充填体内应力模拟计算值与实测值之比较
（1～7—计算值;8—现场实测值）

5.2.2.2 准三维有限元数值模拟方法

准三维有限元模拟方法的实质是:在二维有限元模拟方法中考虑第三维因素的影响。如图 5-16(a)所示,一矿体在走向上划分为矿柱和采场分两步开采,采场垂直矿体走向布置。为了研究充填法采场的稳定性,沿采场长度方向(也即垂直矿体走向)取剖面如图 5-16(b)所示。该矿的实际情况是采场高 30m,长 20～30m,宽 8～10m。从理论上讲,对这种尺寸的采场应作三维有限元数值模拟才较接近实际情况。但在矿山初步设计时也可进行准三维数值模拟计算。

准三维数值方法常见的是二维有限元与半解析方法的耦合法[17,18],即在二维有限元总刚度矩阵中的有关元素上叠加用半解析方法所表示的准三维因素的影响。因此这种数值模拟方法的解算过程完全类似于二维有限元方法。

为了表示第三维因素的影响,常用的半解析方法可取梁函数、负幂级数[19,20]或傅里叶级数的形式。然而,对每一个具体问题都要考虑用不同的半解析方法,或须改变函数或级数的形式和参数。对于求解图 5-16(b)所示的问题,图 5-16(a)所表示的第三维因素的影响则可用傅里叶级数表示。事实上,通过用三维有限元数值模拟方法解算可知,由于第三维因素的约束作用,沿矿体走向方向上采空区位置所承受的垂直应力并不等于零,而是差不多达到平均垂直应力的 30% 左右(见图 5-16a)。因此,准三维有限元数值模拟也有可能采取其他更简单的方法。

5.2.2.3 二维有限元数值模拟方法

由于二维有限元模拟较容易实现,故在充填力学研究中应用最多的方法是二维有限元数值模拟,它被用来研究各方面的课题。

(1)研究充填体的作用机理。陈俊彦等[21]曾报道了使用二维有限元方法分析研究充填体的作用机理问题,所模拟的各种充填采矿法模型如图 5-17 所示。在模

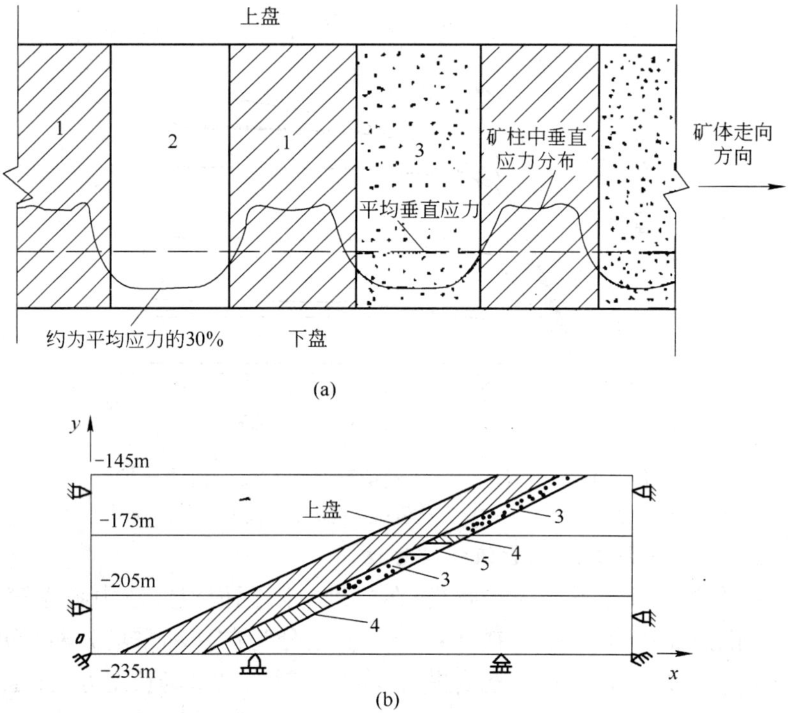

图 5-16　准三维数值模拟方法

1—矿柱;2—采场;3—充填体;4—矿体;5—作业空间

拟中,考虑了矿体埋藏深度分别为 500m 以内、500 ~ 1000m 以及达 1500m 以上等三种情形,假定垂直应力为原岩自重应力,水平应力与垂直应力之比在某个范围内变化,并考虑了几种不同的胶结充填材料如表 5-4 所示。

表 5-4　计算模型输入参数

充填材料		弹性模量/MPa	泊松比	密度/kg · m^{-3}	内聚力/kPa	内摩擦角/(°)
类型一	胶结尾砂(1:30)	41.4	0.15	1513	41.37	30
	胶结尾砂(1:30)	317.2	0.25	2001	117.2	35
	胶结尾砂(1:30)	586.0	0.28	2103	586.0	35
类型二	胶结块石 1	862.0	0.28	2159	620.0	35
	胶结块石 2	979.0	0.30	2214	655.0	35
	胶结块石 3	1517.0	0.33	2214	931.0	35
	胶结块石 4	1958.0	0.33	2214	1310.0	38
	胶结块石 5	2344.0	0.30	2270	1448.0	38

续表 5-4

充填材料		弹性模量/MPa	泊松比	密度/kg · m^{-3}	内聚力/kPa	内摩擦角/(°)
类型三	混凝土充填 1	2813. 2	0. 30	2270	2620. 0	40
	混凝土充填 2	4688. 6	0. 30	2270	2620. 0	42
	混凝土充填 3	5860. 7	0. 26	2270	2620. 0	42
	混凝土充填 4	8205. 0	0. 26	2297	3171. 7	43

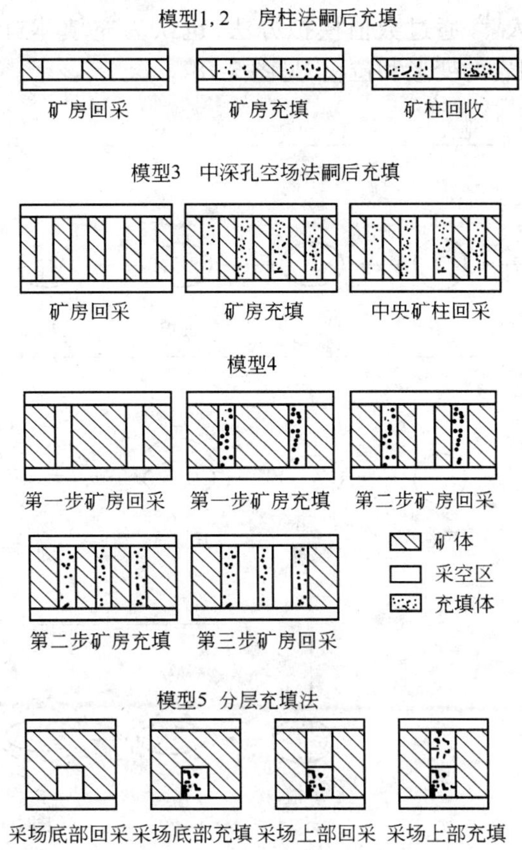

图 5-17　各种充填采矿法模型[21]

从模拟研究中，他们得出了以下几点主要结论：

1）在房柱采矿法中，使用嗣后充填方法处理采空区，即使是使用高弹性模量、高强度的充填材料也不会对采场围岩立即产生支撑效果，因为采场围岩在采场开采过程中已经完成了应力释放、应力转移等应力重新分布过程。

2)在中深孔空场采矿法中,充填体为矿柱回收创造了更好的开采条件,并且由于充填体对围岩提供了侧向压力,增加了围岩的稳定性。

3)充填体对围岩的支撑作用,在静水压力或水平应力大于垂直应力的条件下比在以垂直应力为主时更明显。因此,对于埋深不大的浅部矿体,充填体对采场围岩能有效地起支撑作用,而对于埋深较大的深部矿体,这种支撑作用较小。

4)充填体对围岩的支撑作用,只有在采场围岩不断变形闭合的情况下才会逐步显示出来。因此,在上向水平分层充填法采场,当回采工作面不断向上发展时,其下面的充填体已在起某种支护围岩的作用。

山口梅太郎等人[22]通过数值模拟方法,也认为充填体对采场围岩的支护作用,主要在于阻抗围岩的变形和位移,见图 5-18。

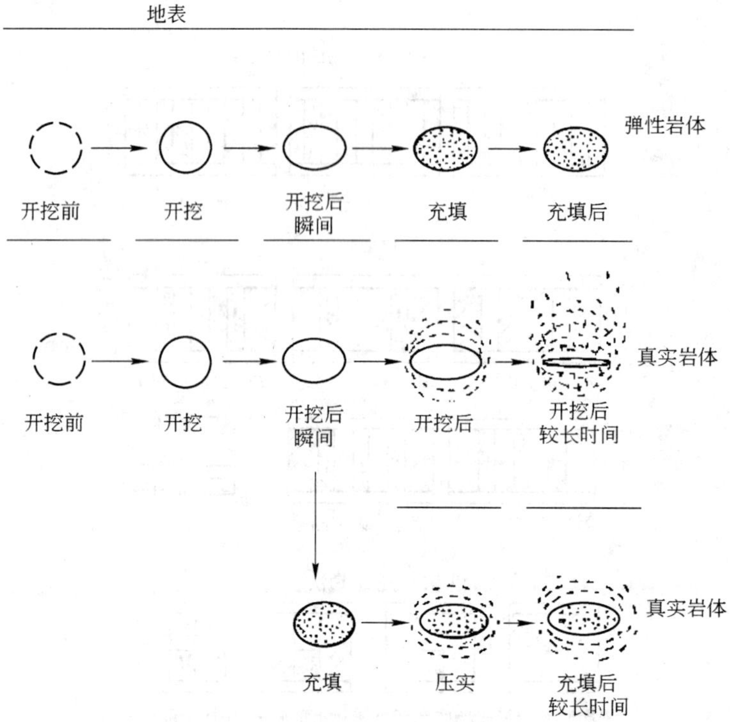

图 5-18　地下开挖弹性岩体和真实岩体的变形模型

Pariseau[23]以及井兰如[24]等通过数值模拟得出结论,认为施工过程即回采与充填循环作业过程,对认识充填体的支护作用非常重要。在分层充填采矿法中,充填体对围岩的支护作用完全不同于空场法嗣后充填中充填体的作用。因为在分层充填法中,充填体作为采场工程结构的一部分参与采场围岩的应力与位移的重新分布,而在空场法嗣后充填中充填体仅起限制围岩进一步移动的作用。

(2)研究充填体的稳定性。与物理模型研究中的情况相同,许多数值模拟研究也集中在二步回采时充填体暴露一侧或多侧后的稳定性方面。Barrett 等[25]所采用的模型如图 5-19 所示,其研究结论主要为:充填体的稳定性取决于充填体的强度以及充填体的几何形状,即充填体所允许的暴露高度与充填体的长、宽方向的尺寸有关,充填体下半部分的暴露比其上半部分的暴露对其稳定性威胁更大。

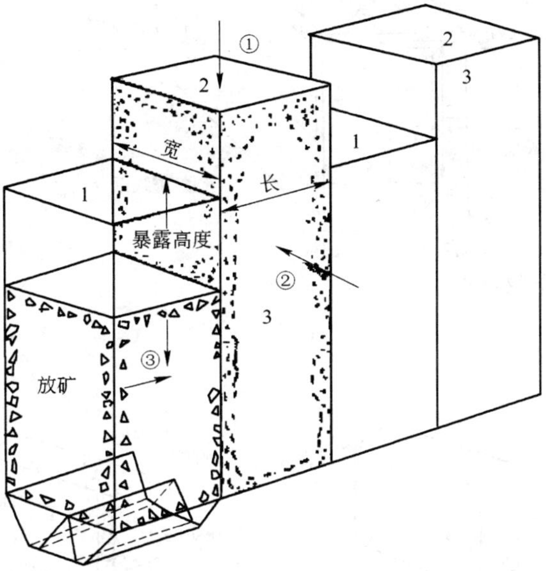

图 5-19 模拟胶结充填体旁的矿柱回收

1—第二步矿房(即矿柱);2—第一步矿房;3—胶结充填料作用于胶结充填料上的次生荷载;
①—松动矿房顶板的压力;②—矿柱回收引起的岩壁闭合;③—邻近采场爆破或充填传递的荷载

Cundell 等[26]模拟了当矿房、矿柱垂直矿体走向布置时,在矿柱回收过程中(即解除充填体一侧的约束),充填体内屈服区域的扩展与可能出现塑性滑动块的情形,如图 5-20 所示。

Rao[27]等模拟了在矿房非胶结充填的条件下回收矿柱的问题,如图 5-21(a)所示。为此,非胶结充填体靠近需要回收矿柱的一侧应进行注浆加固,然后用空场采矿法回收矿柱。数值模拟研究结果认为,如果矿柱高 100m,即使充填体注浆带的强度足够高,则非胶结充填体注浆带宽 5m 仍不能保证充填体的稳定。

Beauchamp[28]等进一步研究了使用粉碎的炉渣作为注浆材料加固非胶结充填体以回收矿柱。这种注浆材料以炉渣为主,按水灰比不同含有一定量的普通硅酸盐水泥,并添加适量的钠膨润土以保持水泥悬浮。实验室测定的注浆炉渣特性如表 5-5 所示。在模拟研究中所采用的数值方法是有限差分法。根据这种模拟研究,得出了注浆壁的厚度和允许最大暴露高度间的关系,如图 5-22 所示。

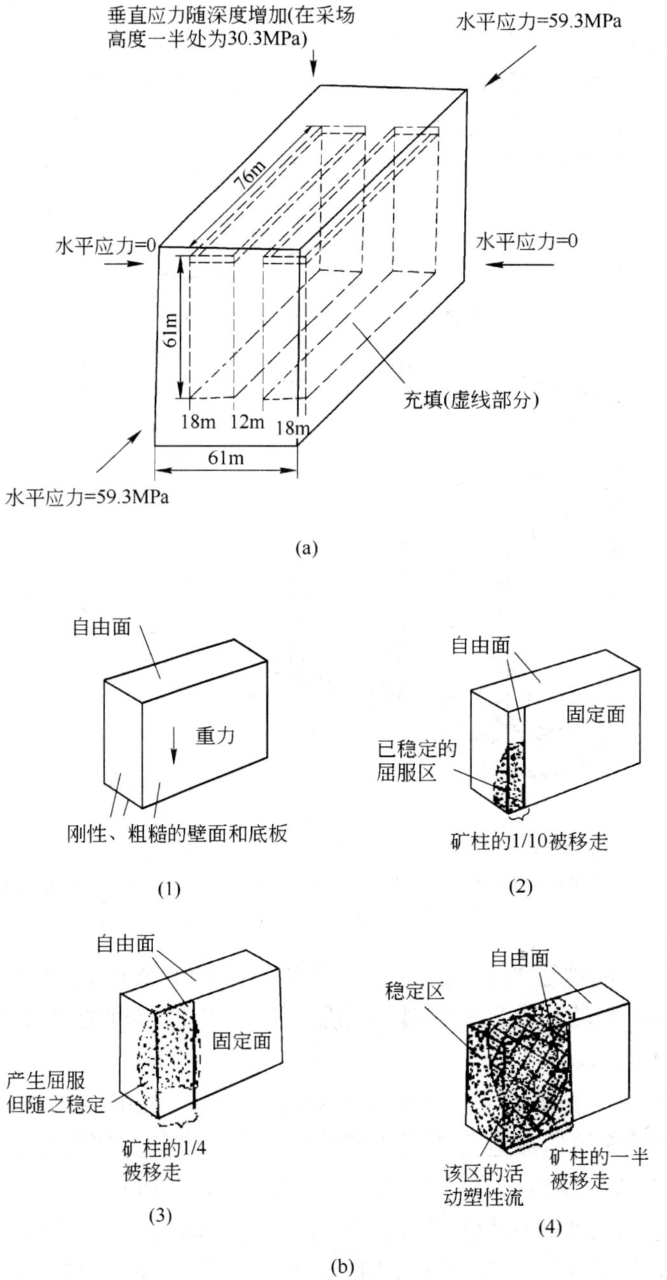

图 5-20　模拟矿柱回采时充填体的稳定性

(模型水平面和端部边界面均位于采场影响范围外;平行图示采场还有类似采场和矿柱存在)

(a)模型几何形状及所承受的荷载;(b)充填体中的屈服区和可能的滑动区

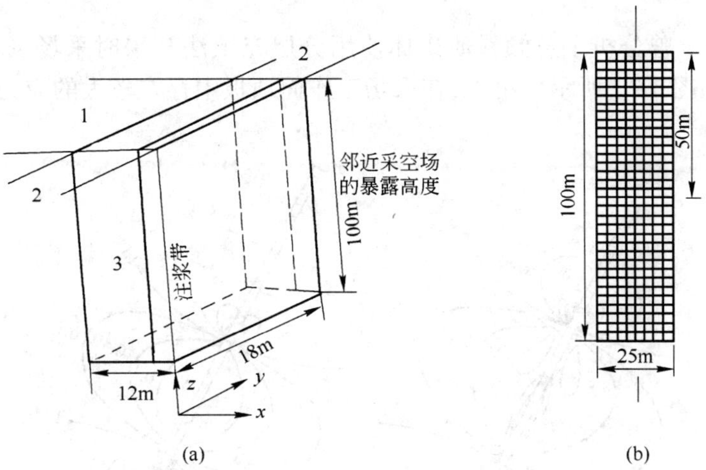

图 5-21 模拟注浆加固非胶结充填体后再回收矿柱

(a)非胶结充填体示意图;(b)计算模型网格图

1—矿体;2—岩壁;3—已充填采场

表 5-5 注浆炉渣力学特性

水灰比	膨润土/%	单轴抗压强度/MPa	弹性模量/GPa
1.0:1	2	3.50~6.30	0.41~2.13
1.5:1	3	0.89~3.60	0.09~0.51
2.0:1	4	0.39~0.59	0.03~0.08

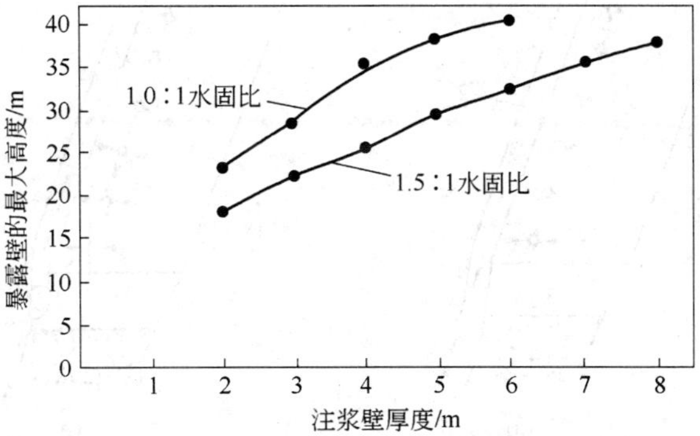

图 5-22 注浆壁厚度与最大允许暴露高度的关系

(3)研究采场围岩中的应力状态。用数值方法分析采场围岩中的应力状态以及确定合理的回来顺序,主要是针对倾斜或急倾斜的中厚以下的矿体。对于水平或缓倾斜的矿体以及厚大的急倾斜矿体,其围岩中的应力状态类似于煤矿开采时的情形。

Jeremic[29]曾分析了急倾斜薄矿体使用分层充填法开采时采场围岩中的应力分布情况，如图 5-23 所示。可见，在采场工作面顶板中存在较大的应力集中。

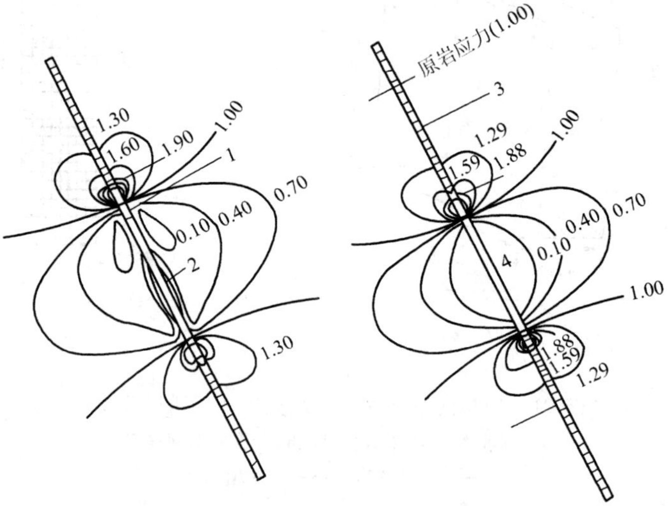

图 5-23　充填法采场围岩中的应力分布

1—回采工作面；2—充填料；3—未采动矿体；4—采空区

这种情况也见于瑞典 Nasliden 矿的研究报告中[30]。该矿还由于矿体直接上盘存在一层蚀变带，当采场工作面逐渐向上推进接近顶柱时，在高应力作用下蚀变带将变形破坏并塌落入采场工作面，直接威胁采场安全，如图 5-24 所示。

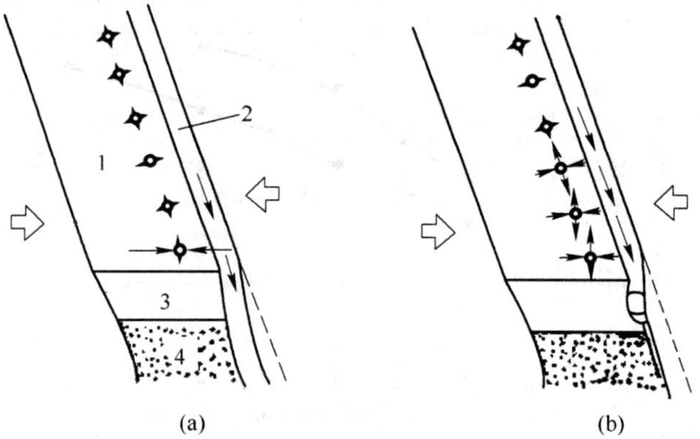

图 5-24　上盘蚀变带对采场顶板稳定的影响

(a)采场上盘开始弯曲变形；(b)采场上盘开始断裂破坏

1—矿体；2—蚀变带；3—采场；4—充填体

(4)研究深部开采及岩爆控制。众所周知,南非金矿的开采深度是目前世界上地下开采矿山中开采深度最大的。南非 Gold Fields 集团所属的黄金矿山现在开采深度都已超过 3000m,计划开采到 4500m 以下。深部开采遇到的主要问题是岩石应力高和井下温度高。因此,现时南非深部金矿基本上都使用水力充填法开采,由于矿体呈近似水平或微倾斜产出,典型的充填采矿法方案如图 5-25 所示。

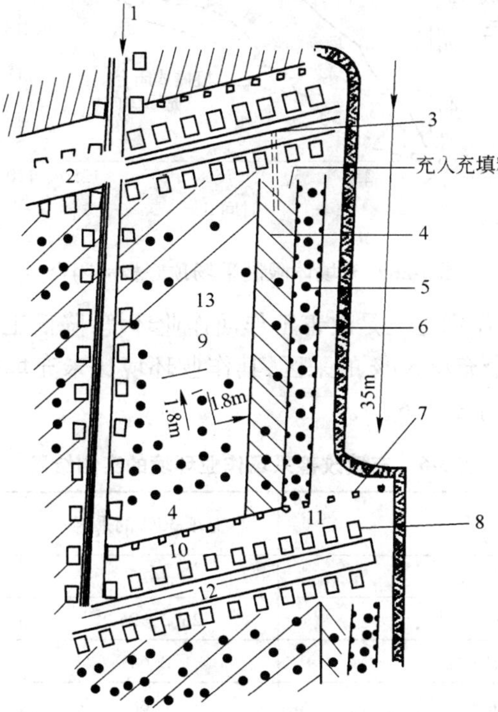

图 5-25 脱泥尾砂充填采场布置图[31]

1—150mm 充填管道;2—高压胶管;3—可移动软管;4—胶板砂门子;
5—液压支柱;6—胶垫防爆挡墙;7—0.55m×1.53mm 废石垛;
8—1.65m×1.1m 废石垛;9—尾砂充填料管柱;10—绞车;11—矿柱;
12—耙矿巷道;13—尾砂充填料

充填体在采场中的作用之一是限制顶底板的闭合。这取决于充填体的力学特性。如使用非胶结充填材料,则现场实测的充填体限制顶底板闭合的能力如图 5-26 所示。

充填体在采场中的作用之二是控制岩爆。一般来说,围岩能量释放量超过 $40MJ/m^2$,就会导致岩爆严重程度的增大,而围岩能量释放量是围岩弹性闭合度与原岩应力的函数。因此,充填体限制了围岩的闭合就减少了岩爆发生的可能性。通过计算得知,如果 80% 采空区充填,在 3000m 深度,当回采宽度为 1m 时,能量释放量将小于 $40MJ/m^2$。

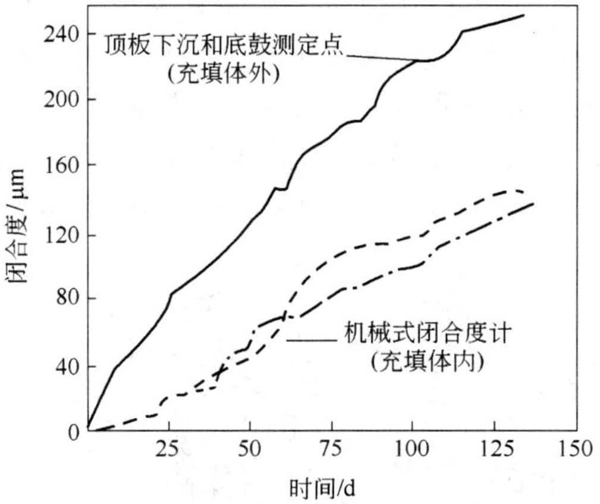

图 5-26　充填体限制采场顶底板的闭合

充填体在采场的作用之三是改善工作面作业环境，降低工作面温度，有利于通风防尘等。例如，一个充填 30% 的采区，其作业环境比未充填的采区显著改善，现场实测结果的比较列于表 5-6 中。

表 5-6　充填改善采场作业环境的实测结果

指　标	充填 30% 的采区	未充填的采区
风量/$m^3 \cdot s^{-1}$	16.5	18.8
进风温度/℃	26.3～26.8	29.5～29.9
带走总热量/$kJ \cdot kg^{-1}$	2.64	6.35
工作面风速/$m \cdot s^{-1}$	0.88	0.31
粉尘量/粒 · mL^{-1}	127	158

Curtunca 等[32]用二维有限差分数值方法研究了类似于图 5-25 所示的充填法采场中充填体的作用问题。取采场横剖面如图 5-27 所示：设采场开采高度 1m，宽度 10m 或 5m；采场中充满充填料，顶板和底板坚硬完整，因此，在模拟计算充填料中的应力和位移时，其模型的上下边界为固定边界，沿水平轴方向划分 50 个单元，垂直轴方向划分 5 个单元，充填体的压缩变形由上下边界的匀速整体移动而引起。计算结果如图5-28所示。从图 5-28(a)中可见，在采场高宽比为 1∶5 时，只有在充填体的中央部位一小部分区域存在较高应力，而当采场高宽比为 1∶10 时，应力离充填体两端边缘不远便迅速增加，在中央部位保持均匀。从图 5-28(b)可见，当采场高宽比为1∶5时，水平位移向充填体内扩展很远，因此，可以得出结论：当采场高宽比较小时，充填体所起的支撑作用大。

除了模拟计算充填体中的应力和位移，还使用图 5-29 所示的模型来模拟分析

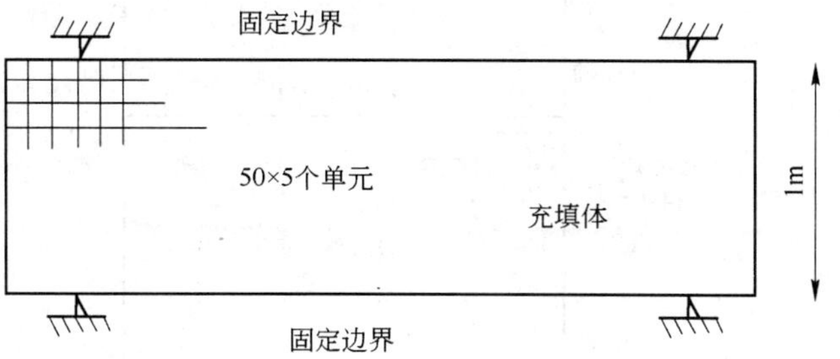

图 5-27　充填体的几何模型

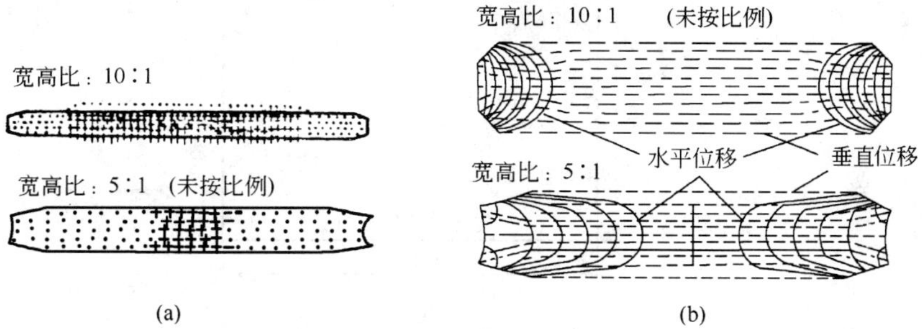

图 5-28　充填体内的应力和位移分布

(a)应力分布;(b)位移分布

采场顶底板中的应力分布。当采场中集矿巷道边沿有木垛支护时,采场区域的主应力及剪应力分布如图 5-30 所示。

(5)研究下向进路胶结充填采矿法。作为充填采矿法的方案之一,下向进路胶结充填采矿法是在人工假顶保护下进行巷道式回采作业,因而操作复杂,生产成本高,主要用于开采矿岩特别破碎、矿石价值高的富矿体。

在我国,黄金矿山和有色金属矿山都有不少使用下向进路胶结充填法的实例。金川镍矿是使用这种方法的典型矿山。与其他矿山相比较,金川镍矿的下向进路胶结充填采矿法回采方案多,科研工作历时长、范围广,在理论方面与实践方面均具有较高水平。

1)下向高进路回采胶结充填法。金川镍矿二矿区所使用的下向高进路回采胶结充填法方案如图 5-31 所示,正常回采时的进路宽 4m,高 5m。采用图 5-32 所示的模型,用有限元数值方法对其回采过程进行模拟分析,可得出如下一些结论[33]:

①随着回采工作面向下不断推进所形成的充填体高度的增加,回采进路的稳定性有较大改善,这主要体现在充填体的安全性提高了。但是,矿石矿柱和进路底板的稳定性随采深的增加有变差的趋势,因待采矿体中的应力有所升高。当充填体的高度达到 90m 左右后,回采进路的稳定性将不再明显改变。

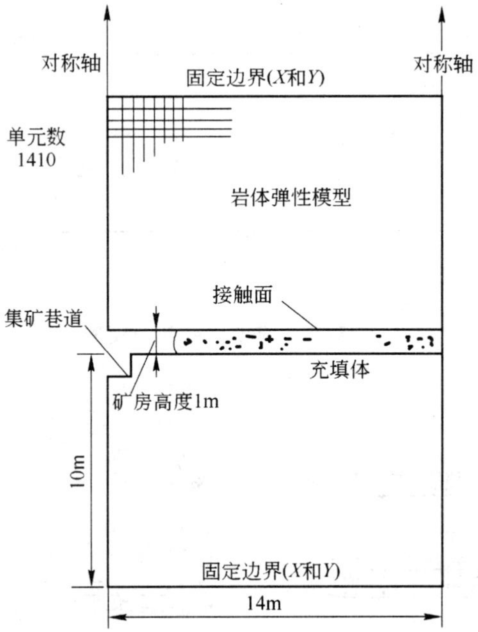

图 5-29　模拟采场区域的几何模型

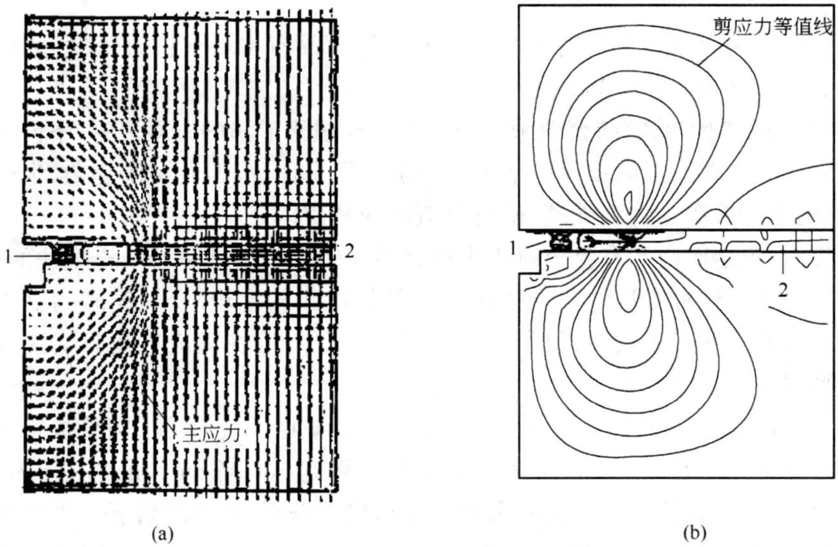

图 5-30　采场区域内主应力及剪应力分布

(a)主应力分布;(b)剪应力分布

1—巷道边沿木垛;2—充填体

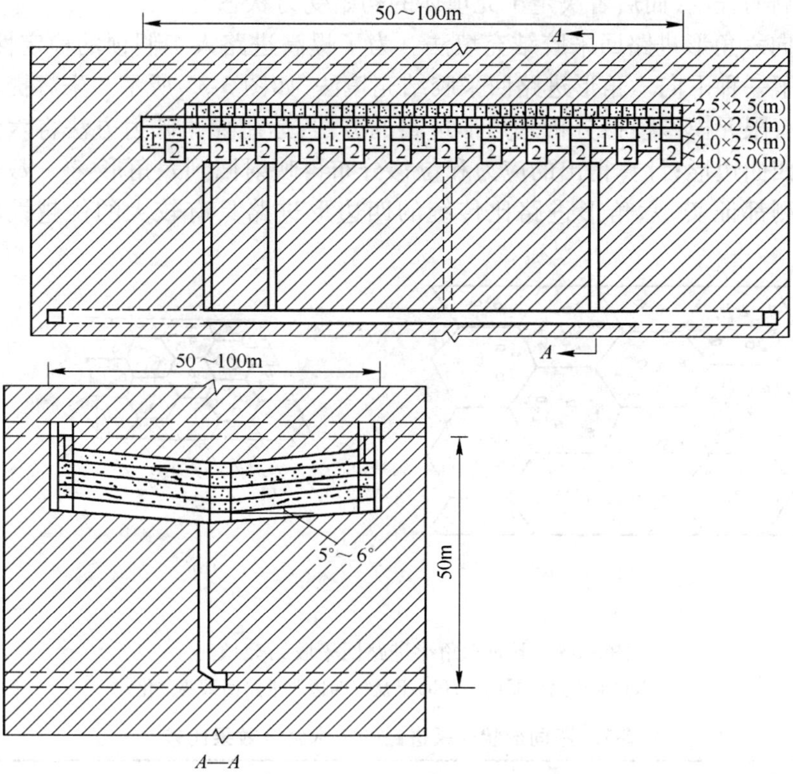

图 5-31　下向高进路回采胶结充填法

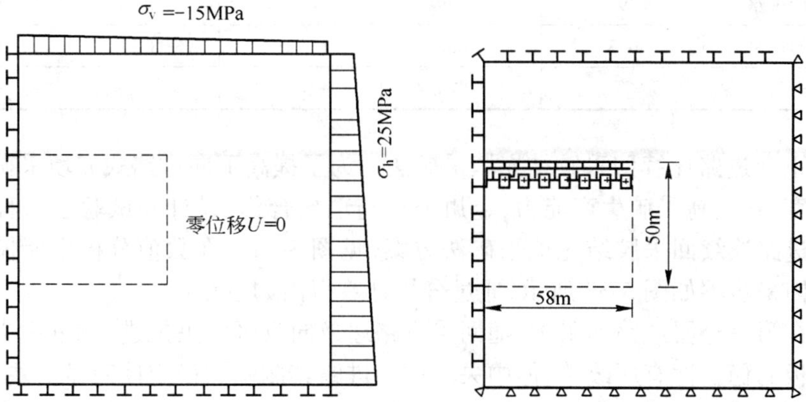

图 5-32　有限元数值分析模型[33]

②作为采场结构体(人工矿柱)的充填体,其受力状态不仅与充填体在采场中所处的位置有关,而且与采场在盘区中所处的位置有关。前者决定了充填体受后

续采动影响的程度,而后者决定了充填体的初始受力状态。

2)下向六角形进路回采胶结充填法。为了提高进路人工假顶的稳定性,金川镍矿发展了一种下向六角形进路回采胶结充填法,如图 5-33 所示。朱辉提出了一种用二维有限元模型模拟分析六角形进路的方法:运用保角映射方法将六角形进路映射成四曲边形;计算得出的应力和位移分布再映射回到六角形[34]。数值分析和现场实测都证实,六角形进路比传统的四边形进路具有较大的优越性。见表 5-7[35]。

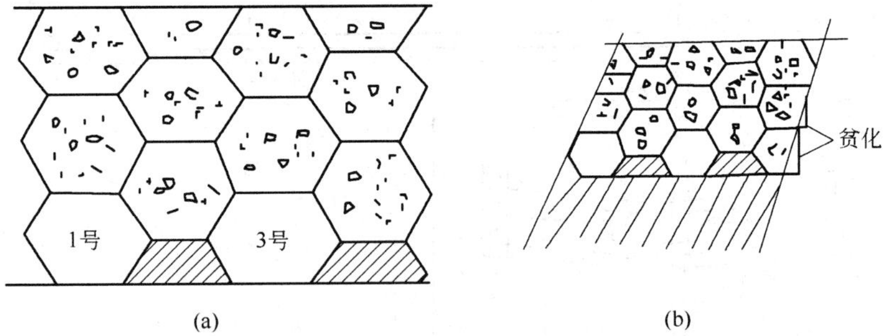

图 5-33　下向六角形进路回采胶结充填法

(a)六角形进路横断面图;(b)下盘按四边形进路回采要贫化

表 5-7　不同形状回采进路的技术经济效果比较

进路形状	采场个数	年平均生产能力 /t · a^{-1}	台效 /t ·(台 · 班)$^{-1}$	工效 /t ·(工 · 班)$^{-1}$	水泥耗量 /kg · t^{-1}
四边形进路	9	23849	60. 35	6. 90	63. 5
六角形进路	6. 5	31636	66. 58	8. 27	61. 0
差异/%		+32. 6	+10. 32	+19. 86	−3. 94

3)下向进路连续回采胶结充填采矿法。为了提高下向进路式充填采矿法的机械化程度,并提高采矿生产能力,金川公司与瑞典合作,设计并试验了一种机械化的下向进路连续回采胶结充填采矿法方案,见图 5-34。在数值分析中所模拟的进路连续回采步骤如图 5-35 所示,通过分析计算得出如下结论:

①在第一分层进路回采中,随回采进路逐条向盘区中央推进,靠近中央的进路其顶底板的稳定性有所改善,但中央部位的进路其侧壁的稳定性明显变差。

②由于第一分层的充填体承受了较大的应力,第二分层的回采进路人工假顶的稳定性是整个盘区回采作业过程中最差的。

③随着采深的增加,由于充填体承受的应力有所减小,进路人工假顶的稳定性有所提高。当充填体厚度达 15m 左右时,可以认为充填体基本上“隔离”了原岩应力,因此,以下各分层的回采进路假顶的稳定性较好。

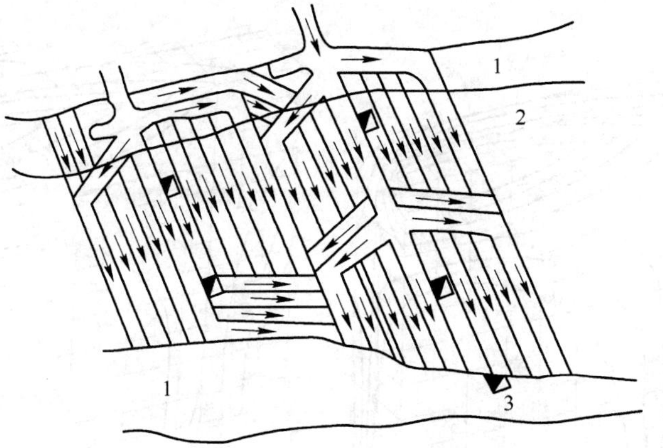

图 5-34 下向进路连续回采胶结充填采矿法

1—贫矿;2—富矿;3—矿石溜井

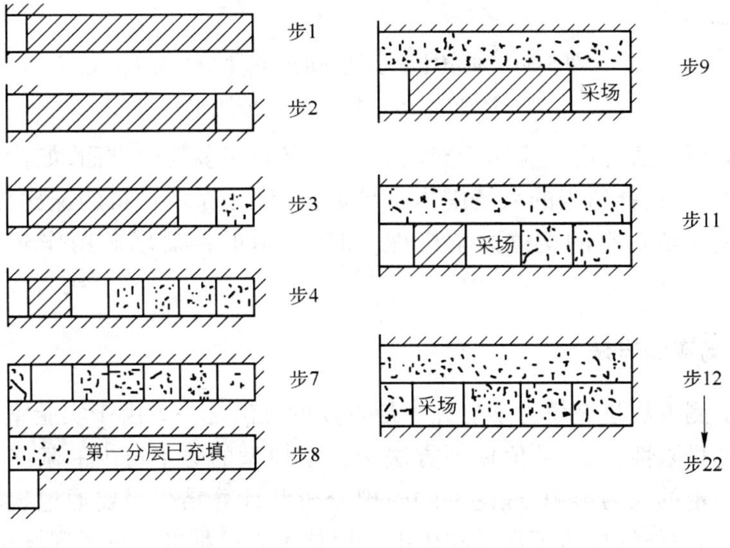

图 5-35 模拟的进路连续回采步骤[36]

(6)研究充填采场挡料墙的安全性。在水力充填采矿法中,充填采场挡料墙是采场的重要结构物之一,对其安全性的研究除了采用实验室物理模拟方法和现场实测方法外,也广泛采用数值模拟方法。

Cowling 等[37]使用通用的应力分析程序对混凝土砖结构的各种形式的挡料墙,如普通的直面墙,带有加强肋柱的直面墙、弧形墙以及边壁设有联结部件的挡料墙等,进行强度分析。在大量试验的基础上,得出混凝土砖结构墙体的力学参数为:弹性模量 4GPa,抗拉强度 0.8MPa,泊松比 0.2,内摩擦角 45°,内聚力 1.0MPa。在上述参数条件下,直面墙和带有加强肋柱的直面墙中的主应力分布如图 5-36 所示。

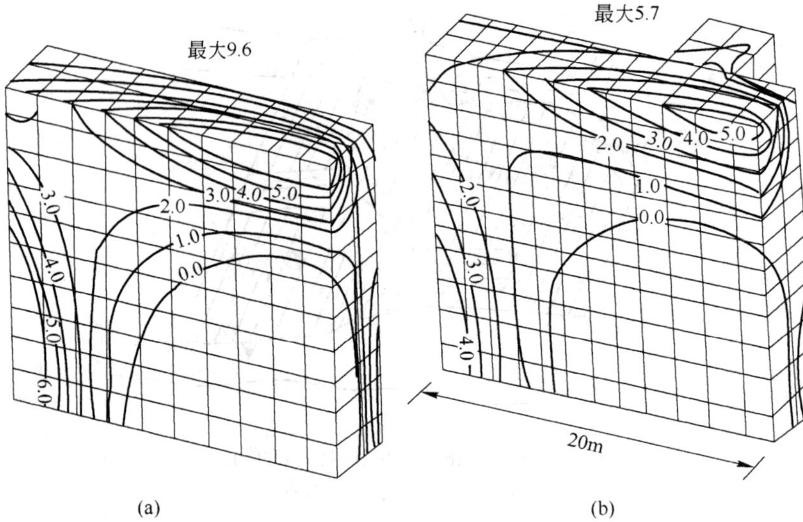

图 5-36　充填法采场挡料墙中的主应力分布

(a)直面墙;(b)带有加强肋柱的直面墙

数值分析方法还广泛应用于充填力学研究的许多其他方面,如优化盘区或采场的开采顺序,选择适当的采场围岩支护方法,优化充填材料的配比,或是分析其他多种类型充填材料的支撑力学机理,如所报道的钾盐尾矿用作充填料时的情形[38]。

5.2.3　现场实测方法

现场实测方法是充填力学研究中最重要的方法之一。由于实验室物理模型的某些必然的局限性,以及数值模拟方法中力学模型的必不可少的某些简化和输入参数具有一定的人为影响,理论上的模拟分析和计算结果需要通过现场实测来验证。因此,国内外的科研工作者和矿山工程技术人员都极为重视现场实测工作。

5.2.3.1　*研究充填体的物理力学性能*

水力充填料在输送进入采场的过程中,必然产生一些离析现象,故现场充填体的物理力学性能与实验室充填料试件的物理力学性能相差甚大。为了正确评估充填体的支撑作用,必须准确地了解现场充填体的物理力学性能。为此,可采用下述实测方法:

(1)充填体开挖试验。焦家金矿在上向分层充填采矿法中,为了解胶结充填材料的离析程度和充填体的分层情况,在采场充填体中进行了开挖试验。对于胶结块石来说,由于是在已充入采场的块石中再注入胶结尾砂,其分层程度更为严重。Gonano 等[39]报道了在澳大利亚芒特·艾萨矿的一个胶结块石充填采场中进行开挖试验的情况，如图 5-37 所示。

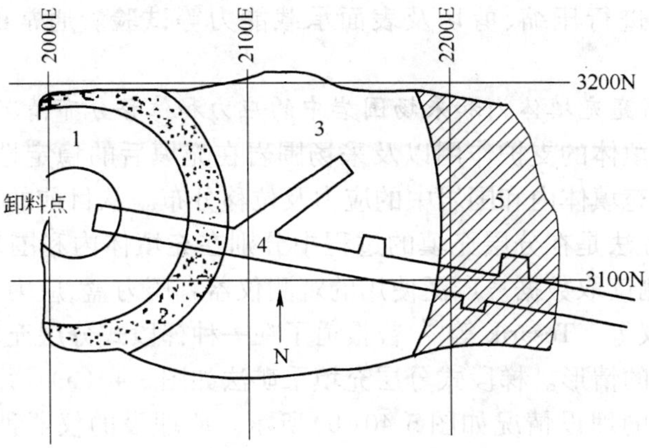

图 5-37 胶结块石充填现场开挖试验

1，3—胶结块石；2—松散圈；4—开挖的试验沟；5—无块石胶结料

（2）现场钻孔取样试验。可用现场钻孔方法套取充填体柱芯，然后在实验室进行物理力学参数测定。Thomas 等[40] 曾描述了一种现场钻孔取样的方法，如图 5-38所示。

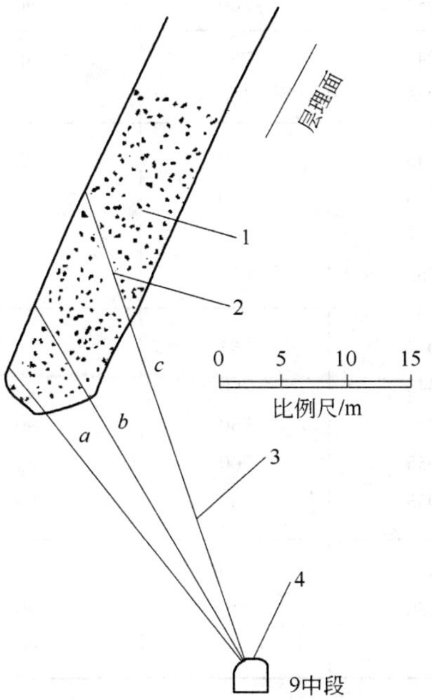

图 5-38 充填体现场钻孔取样方法之一例

1—需要取样的非胶结水砂充填料；2—穿过充填体的直径 64mm 的钻孔；

3—直径 100mm 的冲击岩石钻孔；4—取样平巷

(3)现场测定充填体的力学性能。与岩体力学性能的现场测定方法一样,也可在现场对充填体进行压缩、剪切及表面承载能力等试验。通常的试验方法如图5-39所示。

5.2.3.2　研究充填体内和采场围岩中的应力和位移分布情况

为了研究充填体的支护作用以及采场围岩在充填后的稳定性,一般情况下应同时在现场测定充填体内和围岩中的应力及位移分布。从目前的现场测试技术水平出发,常用的办法是在分层充填的过程中分别在充填体内和围岩中埋设一些观测仪器,然后遥测读取数据。广泛使用的观测仪器有压力盒、应力计、应变计、全位移压力计、伸长仪等。Tesarik 等[41]曾报道了在一种梯段式分层充填采矿法中进行系统的现场观测的情形。梯段式分层充填采矿法如图5-40(a)所示,在矿体某一横剖面上测试仪器的埋设情况如图5-40(b)所示。所埋设的仪器种类、数量及安装情况见表5-8。

表5-8　测试仪器及安装方式

仪器名称	安装地点		安装角度/(°)	锚装深度/m
	采场号	标高/英尺		
应力计	西帮壁	740	90	2.8
	D57	700	90	16.8
埋入式应力计	D45	755	0	
	D55	700	0	
钻孔伸长仪	D45	780	0	6.2,15.1
	D55	780	0	4.4,10.5,19.7
	D57	700	90	3.0,6.1
	D57	650	0	16.5,30.4
充填体伸长仪	D45	755	0	5.3
	D45	700	90	5.1
	D50	750	90	5.1
	D55	700	90	5.1
	D55	700	56	8.5
土压力盒	D45	780	90	
	D50	740	90	
	D55	780	90	

注:1 英尺 =0.3048m。

在考虑测试仪器的安装位置时,可根据研究目的的需要,将大部分仪器安设在某一剖面上如图5-40(b)所示,也可将大部分仪器安设在某一平面上如图5-41所示。在许多时候应同时兼顾某一剖面和某一平面。

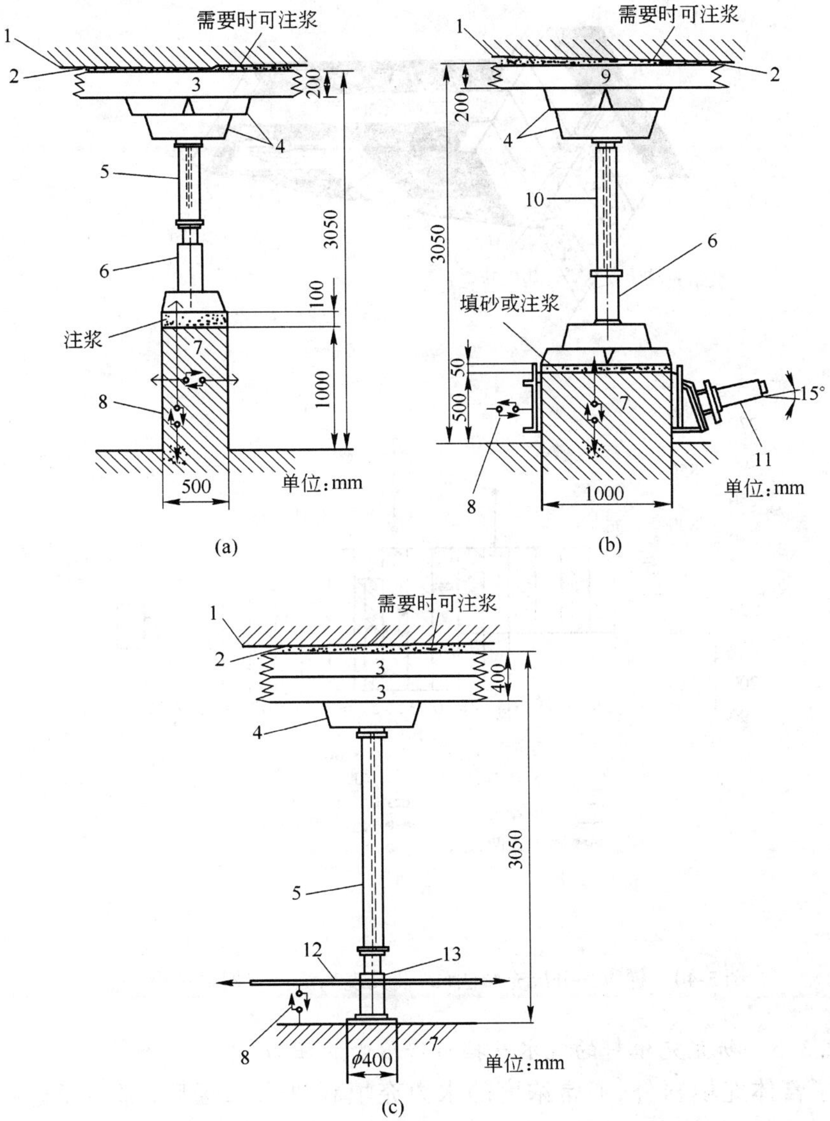

图 5-39 现场测试充填体的力学性能

(a)单轴压缩试验;(b)直剪试验;(c)承载能力试验

1—进路顶板;2—填塞物;3—墩木;4—钢板;5—万能轴;6—100t 千斤顶(安全工作荷载 120t);
7—充填料;8—表面位移计及遥控数字式调整装置;9—墩木或注浆;10—针接式万能轴;
11—100t 千斤顶(1 或 2 个备用);12—锚固在影响范围之外的参考平面;
13—100t 千斤顶(安全工作荷载 110t)

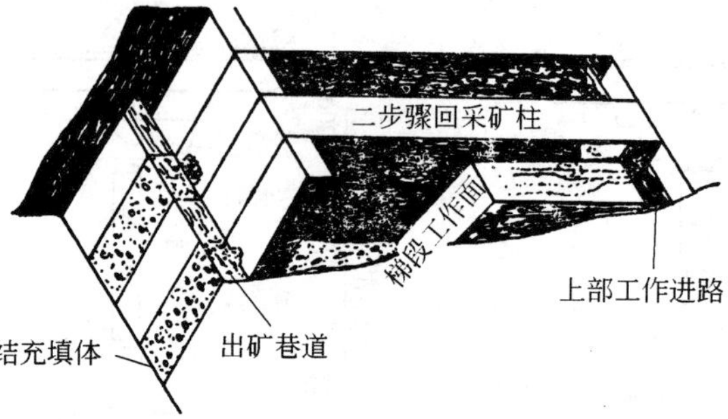

(a)

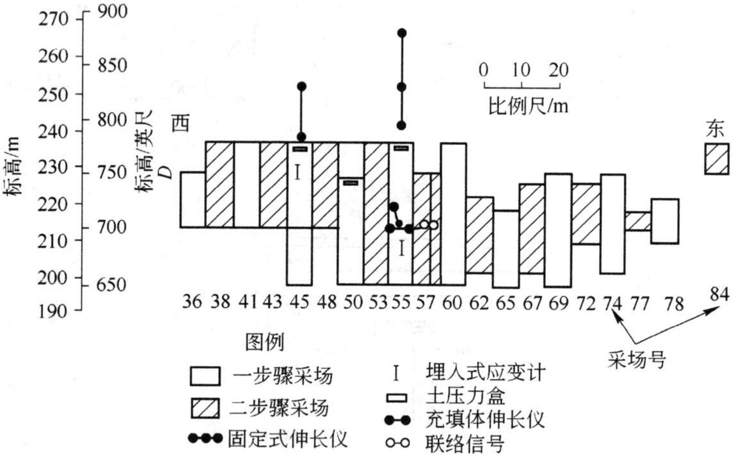

(b)

图 5-40　梯段式分层充填法(a)及其现场测试仪器的埋设(b)

5.2.3.3　研究充填料的脱水及挡料墙承受的压力

除了膏体充填料外，通常浓度的水力充填料进入采场后，都要经过脱水密实过程。充填料的脱水性能直接影响到充填体的质量、回采与充填的循环作业时间、充填体潜在的液化可能性，以及挡料墙所承受的压力等。因此，不少矿山都曾进行过充填料脱水及挡料墙压力的现场实测工作。Grice[43]报道了澳大利亚芒特·艾萨矿业公司的一个高 155m、面积为 17.5m ×25m 的大型采场，其下半部 90m 已充填好，挡料墙设在距采场顶板 65m 处的出矿巷道水平；该采场上半部分用空场法回采后使用胶结块石充填料进行快速充填，由于巨大的料浆压力，挡料墙的中央被冲开了一个大洞。原设计的挡料墙形式如图 5-42 所示。为此，在另一个类似的采场进行了充填料的液态压力测试工作。

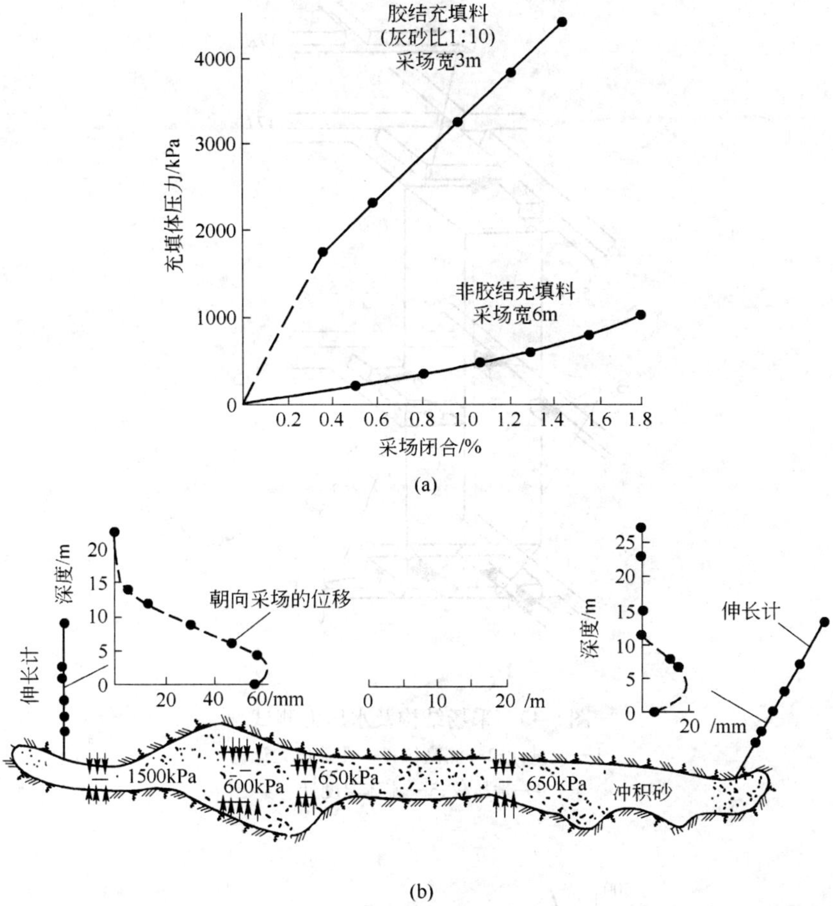

图 5-41 Garson 矿分层充填法采场某一平面上测定的应力和位移[42]

采场结构和所安设的测试仪器见图5-43。所测得的充填体内的水压力与充填体高度的关系见图5-44。从试验的几种结构的挡料墙中得到一条有意义的结论：密封的挡料墙承受孔隙水压力的能力要远远超过到处漏水的挡料墙。一般情况下，挡料墙的设计厚度可按图5-45中的曲线进行选择。

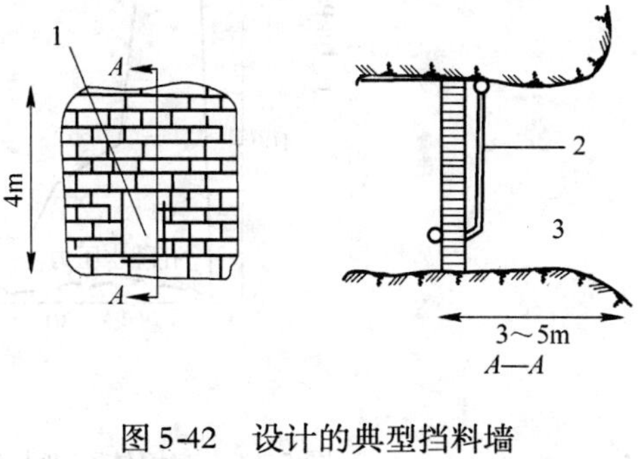

图 5-42 设计的典型挡料墙

1—充填前密封的窗口；2—排气弯管；3—采空区

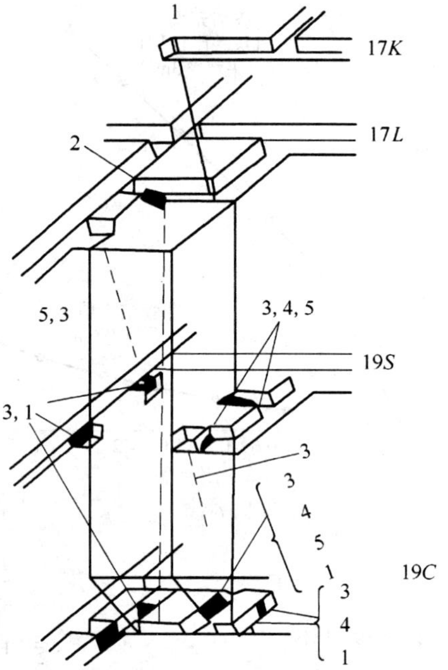

图 5-43　采场结构及水压力测试

1—流量计;2—测高仪;3—孔隙压力计;

4—地压仪;5—流体温度计

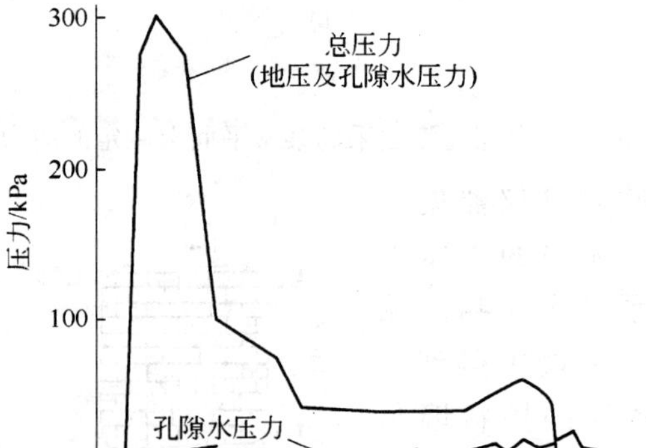

图 5-44　充填体高度与实测水压力的关系曲线

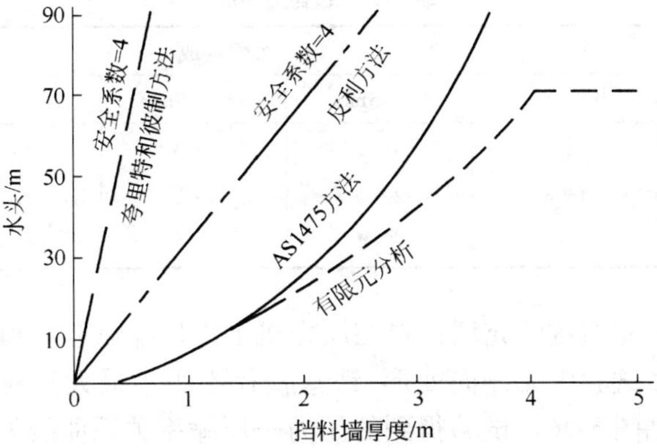

图 5-45　挡料墙设计曲线

5.3　干式充填的支护作用机理

从充填采矿法的技术现状及发展趋势来说，干式充填采矿法的使用比重有所下降，但不会很快消失，对于急倾斜脉状贵金属矿床及小型地方矿山来说尤其是这样。研究干式充填的支护作用机理，应当从两方面加以考虑：干式充填材料的支撑特性或承载特性；干式充填料与采场围岩或矿柱之间的相互力学作用。

5.3.1　干式充填料的承载力学特性

干式充填料是一种较典型的散体介质，其粒级组成视具体情况而定，很不均匀。这种干式充填料在适当压实前其承载能力很小。干式充填料的承载特性与其体积压缩率之间存在一种函数关系，影响这种函数关系的主要因素是颗粒的强度和颗粒的级配。一般来说，颗粒的强度越大，则单位压缩率的承载能力越大；而颗粒的级配特性则直接反映了干式充填料被压实前的初始密实程度。一定的干式充填料肯定存在某种最佳颗粒级配，在这个颗粒级配时充填料的孔隙率最小，即充填料的单位堆密度最大，因而承载能力最强。

为寻求某种松散材料的最佳颗粒级配，可采用级配指数法：

$$A_i = (d_i/D)^n \times 100\% \tag{5-3}$$

式中　A_i——某一粒级的筛余百分率，%；

D——材料中最大颗粒的粒径，mm；

d_i——某一粒级的粒径，mm；

n——级配指数。

例如，某种块石充填料的最大粒径为50mm，取级配指数 n 分别为0.6、0.8、1.0，将充填料粒级分为0～5mm、5～15mm、15～25mm、25～38mm及38～50mm等5级，则按式(5-3)可得到其级配组成如表5-9[44]所示。

表 5-9　级配组成

级配指数 n	级配组成/%				
	0 ~5mm	5 ~15mm	15 ~25mm	25 ~38mm	38 ~50mm
0.6	25.1	23.5	17.4	18.8	15.2
0.8	15.8	22.4	19.2	22.8	19.8
1.0	10.0	20.0	20.6	25.4	24.0

将上述三种级配指数的充填材料在压力机上作压缩试验。盛料铁盒需要有很大的刚性以确保在试验中无侧向变形,铁盒直径不小于最大颗粒直径的 3 ~5 倍。压缩试验示意图见图 5-46。试验得到的压力—压缩率关系曲线如图 5-47 所示。

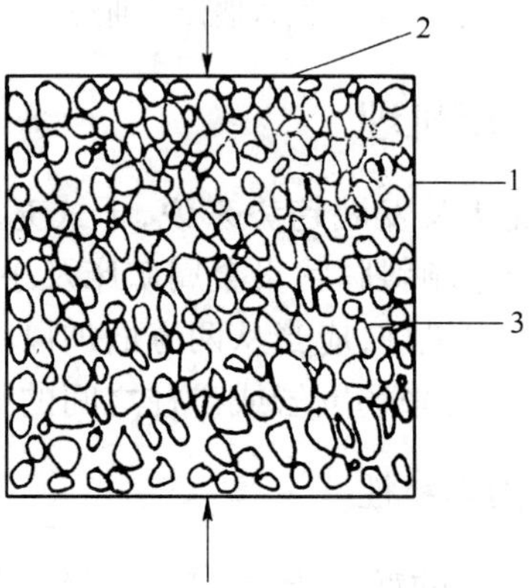

图 5-46　压缩试验示意图

1—盛料铁盒,壁厚 20mm;2—压板;3—块石充填料

图 5-47 所示的压力-压缩率关系曲线可用下述指数曲线方程表示:

$$\varepsilon = \varepsilon_0[1 - \exp(-\sigma/\rho_0)^m] \tag{5-4}$$

式中　ε——充填料的压缩率,%;

σ——作用在充填料上的压应力,MPa;

ε_0——充填料的最大可能压缩率,%;

ρ_0——充填料的特性常数;

m——充填料的特性指数。

将式(5-4)变换成对数方程形式,则为一线性方程,其中 ε 和 σ 通过试验给出,ε_0、ρ_0 和 m 可用线性回归方法求得。例如,相对于图 5-47 的实验曲线,其回归方程分别为:

当级配指数 $n=0.6$ 时,$\varepsilon=0.210[1-\exp(-\sigma/10.017)^{0.8574}]$;相关系数 $R=0.9963$。

当级配指数 $n=0.8$ 时，$\varepsilon=0.253[1-\exp(-\sigma/9.360)^{0.8722}]$；相关系数 $R=0.9930$。

当级配指数 $n=1.0$ 时，$\varepsilon=0.280[1-\exp(-\sigma/10.650)^{0.8951}]$；相关系数 $R=0.9986$。

因此，式(5-4)用来描述不同级配的干式充填料的压缩率与承载特性的关系是适当的。

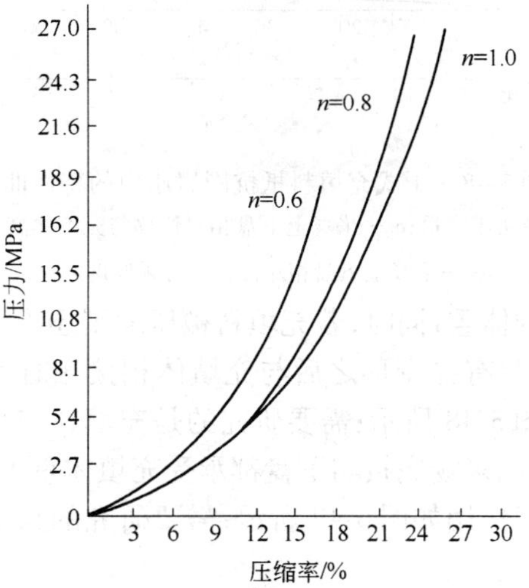

图 5-47　干式充填料压力-压缩率关系实验曲线

分析图 5-47 中的实验曲线，可以得到以下几点结论：

(1)不同级配指数的充填料其 ε-σ 曲线不同。级配指数越大，充填料越易压缩；但当压力及压缩率都较小时，级配指数的影响不甚明显。

(2)当压力较小时(在本例中当 σ 小于 2.0MPa 时)，ε 和 σ 基本上呈线性关系。因此，在这种条件下可将充填料当作弹性介质处理。

(3)随着充填料不断地被压实，某些颗粒的棱角将逐渐压碎，此时压力和压缩率呈明显的非线性关系，增加较大的压力才能将充填料的压缩率增加一点点，直到充填料进入不能再进一步被压缩的“刚性”状态。当 ε-σ 关系曲线进入非线性阶段，充填料对采场围岩或矿柱的支护力学作用才会明显地显现出来。

现场实测结果也证实了上述结论。如 Kratysch 曾报道一水平煤层用干式充填法开采，当采区顶板岩体产生的位移使充填料的体积被压缩一定值后，充填体抵抗顶板岩体继续变形的承载作用才逐渐呈现出来，其实测曲线如图 5-48 所示[45]。

5.3.2　干式充填料与采场围岩或矿柱之间的相互力学作用

具体分析一下干式充填料与采场围岩壁(或矿柱)间的关系：若是水平矿体，则

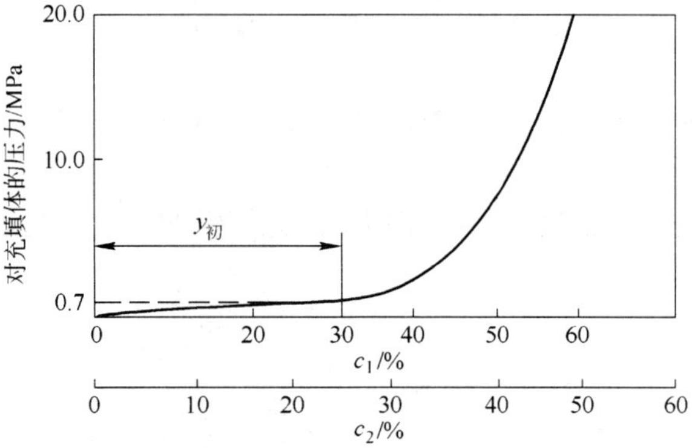

图 5-48　干式充填料抵抗围岩压力的特性曲线

$y_{初}$—最初压实量；c_1—采场上下盘相对位移与充填体高度之比；

c_2—采场上下盘相对位移与开采厚度之比

采场底板承受充填料的体重，同时，若充填料被压缩则还承受充填料在压缩过程中传递的压力；采场顶板只有在变形之后与充填体相接触时，才有相互力学作用，且其相互作用的特点如图 5-48 所示；需要研究的是充填料与采场四周围岩壁的相互作用。如是倾斜矿体，则采场底板与下盘都承受充填体重力的某一分量，采场顶板和上盘与充填体的相互作用如图 5-49 所示；需要研究的只是充填料与两侧壁围岩的相互作用。

如果将采场围岩或矿柱分为可变形的和不可变形的（“刚性”的）两类加以考虑，则对于前一类围岩或矿柱，由于干式充填料是无内聚力的散体材料，其与采场四周围岩壁间的相互作用可能是主动压力，也可能是被动压力。如是主动压力，则按熟知的主动压力计算公式，有：

$$p_A = \rho_{堆} z\tan^2(45° - \varphi/2) \tag{5-5}$$

式中　p_A——充填体对围岩或矿柱的主动压力；

$\rho_{堆}$——充填材料的堆密度；

z——从充填体表面至计算点的距离，如图 5-49(b)所示；

φ——充填材料的内摩擦角。

在高度为 H 的矿柱或围岩壁上所承受的总的主动压力为：

$$\begin{aligned} p_A &= \int_0^H p_A \mathrm{d}z \\ &= \frac{1}{2}\rho_{堆} H^2\tan^2(45° - \varphi/2) \end{aligned} \tag{5-6}$$

若是被动压力，则充填体对围岩或矿柱的支撑作用适合于用图 5-47 或图 5-48 去加以描述。此时，在理论上围岩或矿柱对充填体所施加的被动压力 p_P 为：

$$p_P = \rho_{堆} z\tan^2(45° + \varphi/2) \tag{5-7}$$

式中各符号的意义同式(5-5)。在高度为 H 的采场内，充填体所承受的总的被

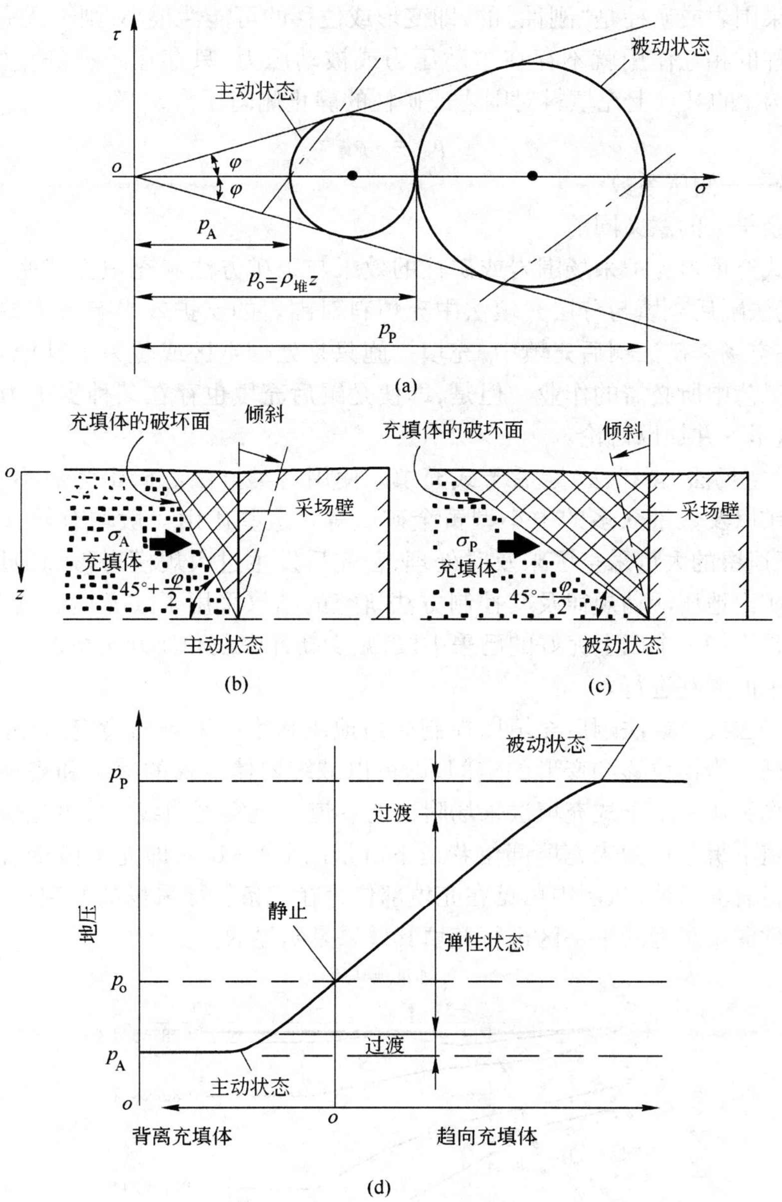

图 5-49 干式充填料与矿壁的相互作用

（图中下标 A 表示主动，P 表示被动）

动压力为：

$$
\begin{aligned}
p_P &= \int_0^H p_P \mathrm{d}z \\
&= \frac{1}{2}\rho_{堆} H^2 \tan^2(45° + \varphi/2)
\end{aligned}
\tag{5-8}
$$

如果围岩或矿柱是"刚性"的，即变形或位移的可能性很小，则干式充填料与围岩或矿柱的相互作用就不存在主动压力或被动压力，只存在一种静止侧向压力。在深度为 z 的某点上充填料对围岩或矿柱的静止侧向压力 p_o 为：

$$p_o = k\rho_{堆} z \tag{5-9}$$

式中　k——侧压系数；

其余符号的意义同前。

干式充填料支护采场围岩或矿柱的效果与采矿方法和充填方式密切相关，例如，空场法嗣后充填与分层充填法中充填料对围岩的支护效果有很大差异。严格地讲，在空场采矿法嗣后充填中，充填措施只是处理空区或是为了其他目的，而不是回采工艺中所必需的作业。但是，即使是嗣后充填也存在某种支护力学机理问题，故这里一并加以讨论。

（1）空场法（留矿法）嗣后干式充填。使用这类方法的矿山为数不少，如华南许多钨矿以及数量众多的中小型黄金矿山等。这些矿山一般均有较长的开采历史，由于遗留的大量采空区未及时处理，曾先后发生过大规模岩移和地压活动，因此根据矿山地压活动规律及其控制方法研究的结果采用干式充填法处理采空区，其目的是维护 1 个以上完好的已采中段，减少新开中段和新开采场的应力集中，以保证开采的顺利进行。

空场法或留矿法嗣后充填以控制矿山地压和维护采场的稳定，首先在于充填体能够减少岩体位移和变形的空间，即可以减缓岩体位移的速度和规模。图 5-50 是画眉坳钨矿一个干式充填法采场附近的巷道下沉实测曲线[46]，可见位于充填部位的巷道下沉量仅为未充填部位巷道下沉量的 1/2 ~1/3，即充填体抵抗岩体移动的效果显著。另外，从图中可见在充填部位存在一条斜穿采场的断层。一般来说，在构造软弱带附近的采空区进行充填其效果是明显的。

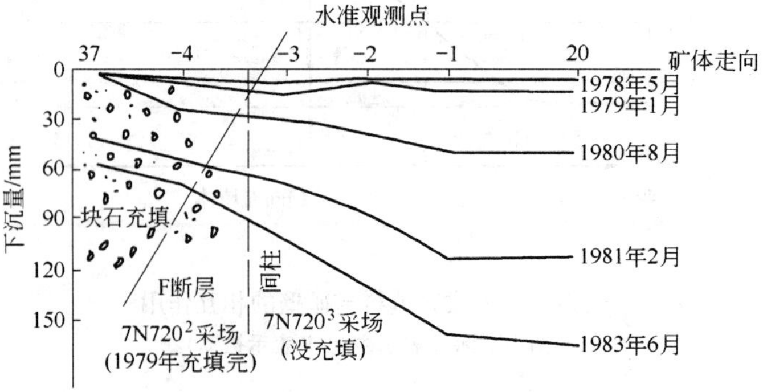

图 5-50　画眉坳钨矿 518 中段 110 大巷下沉实测曲线

图 5-51 是盘古山钨矿第八中段采场夹墙位移的时间曲线[47]。由图可见，在充填作业时，夹墙的位移趋于平稳或变小。该中段距离地表垂深为 400 ~500m。

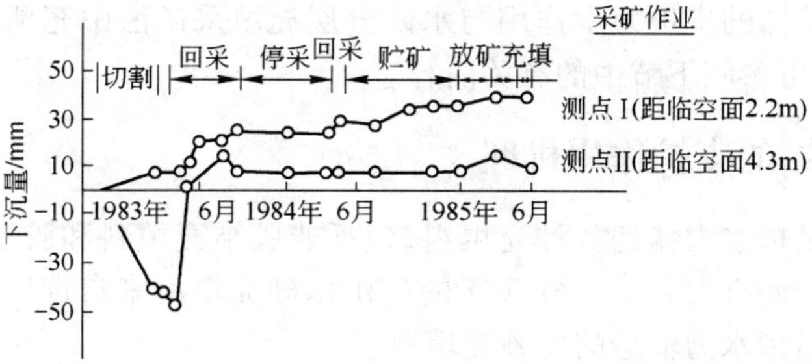

图 5-51 盘古山钨矿第八中段采场夹墙位移测点曲线图

许多热液充填型脉状矿床在走向和倾向上都延伸较远或较深,国内外的生产实践证明,在倾向上遗留下 200m 以上的采空区或在走向上遗留下 300m 以上的采空区不处理,则可能出现严重的地压活动,如图 5-52 所示。因此,干式充填处理脉状矿床的采空区以控制地压活动是有效的和成功的生产经验。

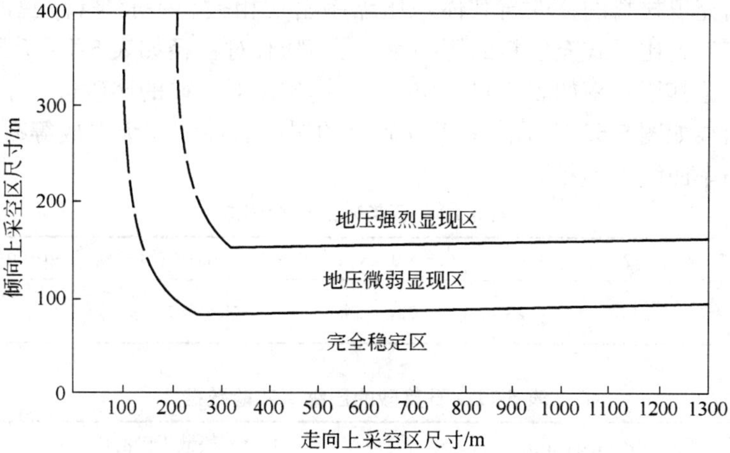

图 5-52 脉状矿体围岩暴露面的稳定性[48]

根据目前对干式充填作用机理的认识,可以认为:干式充填并不能显著地改变围岩中应力分布的形式,也不能刚性地阻止围岩位移或变形的发生。但是,干式充填料的存在可以改善采空区围岩和矿柱的受力状况,增加地质软弱结构面附近岩体的稳定性,并且,在体积被压缩一定值后,充填料可以承受较大的岩层压力从而限制大面积岩移的发生。

(2)分层干式充填法,包括废石充填和削壁充填。这类采矿方法目前使用在我国大多数不适合用留矿法开采的脉状黄金矿山以及铀矿山。分层干式充填的典型回采方案和工艺与分层水砂充填采矿法差不多,采场充填料不需排水但需进行采场平场作业,为减少损失贫化在充填料上需覆盖一层水泥层或其他垫层。这种采矿方法采场充填体的支护力学作用与水砂分层充填采矿法中充填体的作用类似，故不单独讨论，可参阅下节中的有关内容。

5.4　水砂充填的支护作用机理

水砂充填是指水力输送各种充填料，包括非胶结充填料和胶结充填料。据加拿大矿山的一个调查资料[40]，约76%的矿山水砂充填料来自选厂尾砂。因此，水砂充填料主要是指水力输送的尾砂充填料。

5.4.1　水砂充填材料的承载力学特性

5.4.1.1　非胶结充填材料

非胶结水砂充填材料主要是指脱泥尾砂和天然砂。全尾砂充填料还只限于胶结充填。脱泥尾砂和天然砂的一般物理力学性能已在第2章中讨论过。这里仅研究其承载时的典型力学特性。

非胶结充填材料的特性与其体积压缩率密切相关。一般来说，脱泥尾砂和天然砂的压缩率远比干式充填料的压缩率小。例如，对粒径如表5-10所列的石英砂进行压缩试验其压缩率如表5-11所示[49]。锡矿山对该矿的尾砂进行了压缩试验，所得实验曲线如图5-53所示。由于各矿山的尾砂岩性和粒级组成等有较大差异，故尾砂压缩率曲线也不相同。

表5-10　石英砂的粒级组成

粒径/mm	5～2	2～1	1～0.5	0.5～0.25	0.25～0.1	0.1～0.05	0.05～0.025	0.025以下
重量浓度/%	5	17	28	22	13	7	2	6

表5-11　石英砂的压缩率实验数据

压力/MPa(kg/cm²)	松散干砂的压缩率/%
1.02(10)	2.5
2.04(20)	4.2
5.10(50)	6.8
10.20(100)	8.5
20.41(200)	10.5

5.4.1.2　胶结充填材料

胶结充填材料的抗压强度特性主要与水泥含量、养护时间、充填材料级配、充填料输送浓度等因素有关。对于一般的脱泥尾砂充填料，当其试件灌制固体重量浓度为70%左右时，实验室试验得出的准三轴压缩应力-应变曲线如图5-54所示。

为了研究胶结充填材料在屈服之后的残余强度，作者在刚性压力机上对水泥含量为4%～12%的胶结脱泥铜尾砂充填料作了一组单轴应力-应变全过程试验。

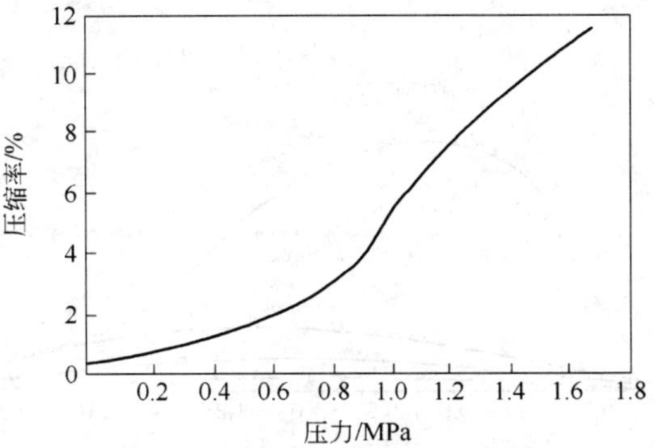

图 5-53 锡矿山尾砂压缩率实验曲线

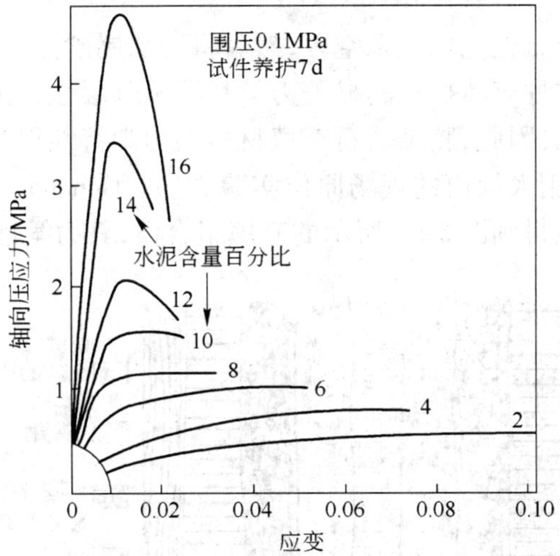

图 5-54 胶结充填料三轴压缩应力-应变曲线[40]

使用的尾砂平均粒径为 87.96μm，密度为 3.074t/m^3，试件直径 54mm，高度 108mm，试件灌制浓度 70.0%，养护时间 56d。所得到的试验曲线如图 5-55 所示，可见，胶结充填材料的残余强度相当高，充填体在屈服后仍可承受较大荷载。

5.4.1.3 *胶结碎石充填料*

胶结碎石充填料按充填工艺的不同可分为两类：一类是将破碎成一定粒度的碎石在地面充填站与水泥、砂子等材料搅拌制备，然后用混凝土泵输送到井下。一般这类胶结充填料也称为胶结粗骨料充填材料。这种充填材料近似于混凝土，设计强度较高，使用在特殊需要的充填法采场中。锡矿山矿为回收河床下的保安矿柱，曾使用了胶结粗骨料充填材料，设计强度为 7.0MPa。由于这种充填材料的成本较高，人们逐渐发展了胶结块石充填，故目前这种充填材料已较少使用。胶结粗骨料充填材料的承载力学性能，与建筑用混凝土类同。

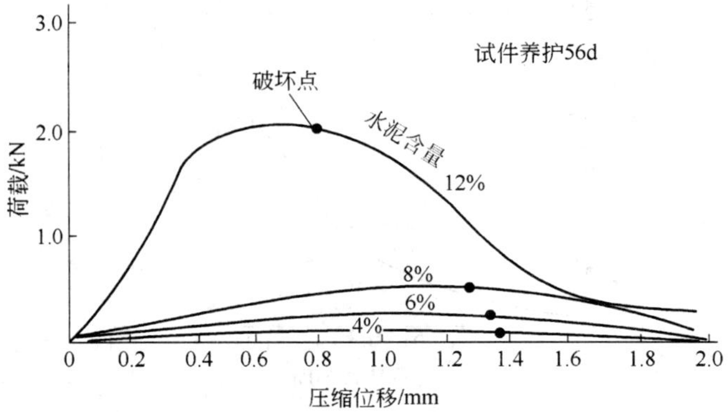

图 5-55　胶结充填材料应力-应变全过程单轴实验曲线

另一类是将干碎石先充填入采空区，然后将胶结尾砂注入干碎石中，通常也称为胶结块石充填。这种充填材料的显著力学特性是分层性。由于各层充填体的物理力学性能相差悬殊，因此，胶结块石充填材料的力学特性很难在实验室用试件试验来确定，而需要采用大规模的现场原位实验方法。Gonano[39] 在芒特・艾萨矿业公司进行的现场试验得到图 5-56 所示的充填组合体，其力学性能见表 5-12。

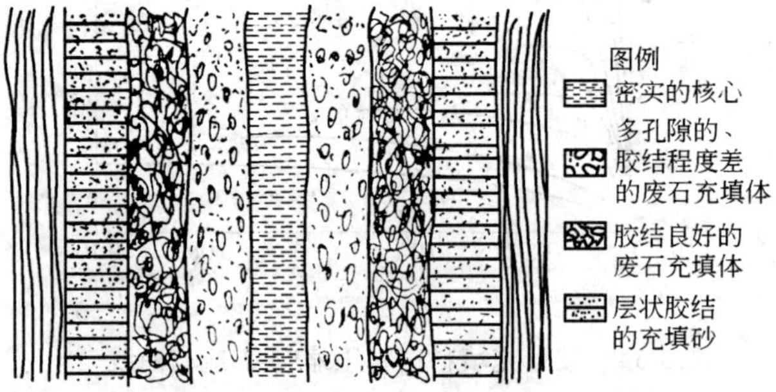

图 5-56　废石-胶结尾砂充填组合体结构简图[39]

表 5-12　组合充填料的原位力学性能

充填体类型	c/MPa	φ/(°)	E/MPa
水泥含量 8% 的尾砂充填料(CSF)	0.22	35	285
8% 的 CSF 与块石的组合充填料	0.60	35.4	280

5.4.2　充填体与采场围岩相互作用的理论分析

由于矿体赋存条件的不同，以及采场围岩性质、充填材料种类和开采方法等方面的差异，要在理论上对水砂充填体与围岩的相互作用作一个统一的包罗万象的解析分析是极其困难的事情。在这方面，数值分析方法有其优越的地方。然而，为了探索和研究采场围岩与充填体的相互作用，仍发展了一些理论模型并得到了相应的解答。

5.4.2.1 “刚模”力学模型

如图 5-57 所示，在柱形刚模中盛有易于变形的物料，在物料的表面上施加压应力 σ_x。假定刚模相当光滑，与物料间不发生剪应力，则在忽略重力时物料中各点的 σ_x 相等，并有 $\sigma_y=\sigma_z$。在应变方面，由于刚模的限制，$\varepsilon_y=\varepsilon_z=0$，只有 ε_x。现在要求的就是 σ_y 和 ε_x。显然，研究这一问题，对研究水砂充填体与采场围岩的相互作用有一定参考价值，因为从岩体与充填体的强度特性来看，采场围岩相当于刚模，而充填体相当于刚模中的易变形物料。然而，若要将刚模力学模型应用于充填法采场，尚要作以下几点重要的修正：

(1)采场围岩会变形并产生位移，而不是真正的刚模，因此，可假定围岩壁在变形时是整体位移并压缩充填料，而充填料对围岩壁的微小反压缩则忽略不计；

(2)需要考虑充填体的自重；

(3)充填体在被压缩过程中与围岩壁之间的摩擦力也需要加以考虑；

(4)需考虑矿体的倾角或采场的倾角。

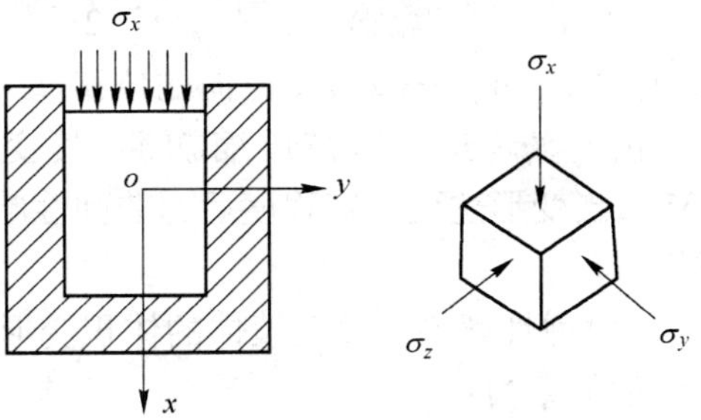

图 5-57 柱形刚模中的物料及受力条件

据此，取一个已开采完毕并充填满水砂充填料的采场为研究对象。考虑最一般的情况。设采场垂直矿体走向布置，采场长 L 宽 W 高 H(m)，矿体倾角 θ，如图 5-58 所示，充填料的重力密度为 γ。

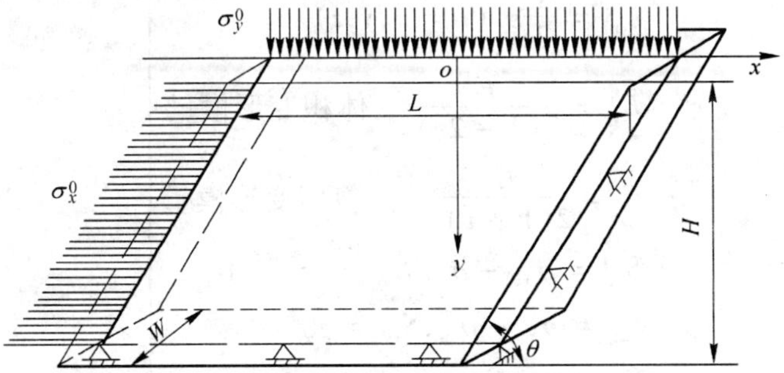

图 5-58 充填法采场力学模型及边界条件

若采场的底板和下盘稳定，充填体两侧的矿壁为刚性约束，只有采场上盘和顶板产生整体移动并压缩充填体，则在充填体与围岩的接触带上，充填体所受的压应力及自重应力为：

$$\left.\begin{array}{l} x\text{ 方向}:\sigma_x^0 \\ y\text{ 方向}:\sigma_y^0+\gamma y \\ z\text{ 方向}:0 \end{array}\right\} \tag{a}$$

式中　σ_x^0,σ_y^0——均布的原岩压应力；

γy——充填体的自重应力。

充填体的位移边界条件为：

$$\left.\begin{array}{l} \text{当 } x=\dfrac{L}{2}-y\cot\theta \text{ 时}, U=0; \\ \text{当 } y=H \text{ 时}, V=0; \\ \text{当 } z=\pm\dfrac{W}{2} \text{ 时}, W_1=0 \end{array}\right\} \tag{b}$$

式中　U,V,W_1——x、y、z 方向的位移。

由于水砂充填体被压缩初期，其变形可视为弹性响应（参见图 5-54 和图 5-55），当变形达到一定程度后为非弹性响应，因此，可分别讨论弹性解答和非弹性解答。

（1）弹性解答。设充填体的体积变形是线弹性的，则应力球张量与应变球张量之间的关系为：

$$\sigma_{\mathrm{m}}=3E_{\mathrm{v}}\varepsilon_{\mathrm{m}} \tag{5-10}$$

应力偏张量与应变偏张量之间的关系为：

$$s_{ij}=2Ge_{ij}(i,j=x,y,z) \tag{5-11}$$

上两式中：

$$\left.\begin{array}{l} \sigma_{\mathrm{m}}=\dfrac{1}{3}\sigma_{ii}(i=x,y,z) \\ \varepsilon_{\mathrm{m}}=\dfrac{1}{3}\varepsilon_{ii}(i=x,y,z) \\ E_{\mathrm{v}}=\dfrac{E}{3(1-2v)}\quad \text{体积变形模量} \\ G=\dfrac{E}{2(1+v)}\quad \text{剪切变形模量} \\ S_{xx}=\sigma_{xx}-\sigma_{\mathrm{m}},S_{yy}=\sigma_{yy}-\sigma_{\mathrm{m}} \\ S_{zz}=\sigma_{zz}-\sigma_{\mathrm{m}},S_{xy}=\tau_{xy} \\ S_{yz}=\tau_{yz},S_{xz}=\tau_{xz} \\ e_{xx}=\varepsilon_{xx}-\varepsilon_{\mathrm{m}},e_{yy}=\varepsilon_{yy}-\varepsilon_{\mathrm{m}} \\ e_{zz}=\varepsilon_{zz}-\varepsilon_{\mathrm{m}},e_{xy}=\varepsilon_{xy} \\ e_{yz}=\varepsilon_{yz},e_{xz}=\varepsilon_{xz} \end{array}\right\} \tag{c}$$

式中　E,v——充填材料的弹性常数。

为了使解析解答成为可能并具有较简洁的形式，根据研究的目的，需作如下简化：

1）只分析充填体与围岩接触带上的应力与位移，不考虑充填体内或围岩中的情况；

2）$s_{ij}=0$，即不考虑接触带上的剪应力；

3）考虑充填体与围岩壁之间的摩擦力，充填体与围岩各壁面的摩擦系数为 f。

在均布压应力 σ_x^0、σ_y^0 及充填体自重应力和摩擦力的作用下，据式（5-10），可得弹性解答为：

$$\left.\begin{aligned}
\sigma_{xx} &= a\sigma_y - a^2(b\sigma_x^0 + c\sigma_y) - d(b\sigma_x^0 + b\sigma_y) \\
\sigma_{yy} &= a\sigma_x^0 - a^2(2b\sigma_x^0 + b\sigma_y) - d(b\sigma_x^0 + b\sigma_y) \\
\sigma_{zz} &= a(\sigma_x^0 + \sigma_y) - a^2[3b\sigma_x^0 + (b + c)\sigma_y] \\
\varepsilon_{xx} &= m\sigma_x^0 - n(7.5b\sigma_x^0 + 4.5b\sigma_y) \\
\varepsilon_{yy} &= m\sigma_y - n(4.5b\sigma_x^0 + c_1\sigma_y) \\
\varepsilon_{zz} &= 0
\end{aligned}\right\} \tag{5-12}$$

式中

$$\left.\begin{aligned}
\sigma_y &= \sigma_y^0 + \gamma y; \\
a &= \frac{3E_v - 2G}{3E_v + 4G}; \\
b &= 2f; \\
c &= 2f(1 + \sin^2\theta); \\
d &= \frac{(3E_v + G)(3E_v - 2G)}{(3E_v + 4G)^2}; \\
c_1 &= 3f(3 + 2\sin^2\theta); \\
m &= \frac{3}{3E_v + 4G}; \\
n &= -\frac{3E_v - 2G}{(3E_v + 4G)^2}。
\end{aligned}\right\} \tag{5-13}$$

从式（5-12）可见，由于忽略了充填体与围岩接触带上的剪应力，所导出的正应力和正应变表达式与采场几何尺寸无关。这限制了式（5-12）的适用范围：式（5-12）适用于 $H\leqslant 50\text{m}$、$L\leqslant 50\text{m}$、$W\leqslant 10\text{m}$，即采场宽度较小的情形。

（2）非弹性解答。由图 5-55 所表示的胶结充填材料的力学特性，可用 Bingham 模型来描述，如图 5-59 所示。

材料的变形由两部分组成：

$$\varepsilon = \varepsilon^{e} + \varepsilon^{p} \tag{5-14}$$

式中　ε^{e}——弹性应变；

　　　ε^{p}——黏塑性应变。

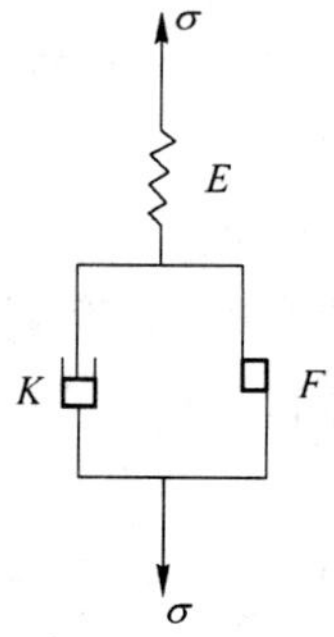

图 5-59　Bingham 力学模型

Bingham 力学模型的本构关系方程为：

$$\dot{\sigma} + \frac{E}{K}\sigma = E(\dot{\varepsilon} + \frac{F}{K}) \tag{5-15}$$

其中：

$$\dot{\sigma} = \frac{\mathrm{d}\sigma}{\mathrm{d}t}$$

$$\dot{\varepsilon} = \frac{\mathrm{d}\varepsilon}{\mathrm{d}t}$$

式中，E、K、F 为材料常数，见图 5-59。

式(5-15)所表示的是一种线性流变材料。使用对应原理[50]，可得到采场围岩与充填体接触带上的正应力和正应变为：

$$\left.\begin{aligned}
\sigma_{xx} &= B_1\sigma_y - B_2(b\sigma_x^0 + c\sigma_y) - D(b\sigma_x^0 + b\sigma_y)\\
\sigma_{yy} &= B_1\sigma_x^0 - B_2(2b\sigma_x^0 + b\sigma_y) - D(b\sigma_x^0 + b\sigma_y)\\
\sigma_{zz} &= B_1(\sigma_x^0 + \sigma_y) - B_2[3b\sigma_x^0 + (b + c)\sigma_y]\\
\varepsilon_{xx} &= M\sigma_x^0 - N(7.5b\sigma_x^0 + 4.5b\sigma_y)\\
\varepsilon_{yy} &= M\sigma_y - N(4.5b\sigma_x^0 + c_1\sigma_y)\\
\varepsilon_{zz} &= 0
\end{aligned}\right\} \tag{5-16}$$

式中，B_1、B_2、D、M、N 为与时间有关的参数。其他符号的意义同式(5-12)。

当时间 $t\to\infty$ 时，有：

$$\left.\begin{aligned}
B_1 &= g_0/(\alpha^2 + \beta^2)\\
B_2 &= [g_0/(\alpha^2 + \beta^2)]^2\\
D &= d_0/(\alpha^2 + \beta^2)^2\\
M &= m_0/(\alpha^2 + \beta^2)\\
N &= n_0/(\alpha^2 + \beta^2)^2
\end{aligned}\right\} \tag{5-17}$$

式中

$$\left.\begin{aligned} \alpha &= \frac{b_2}{2b_1} \\ \beta &= \frac{\sqrt{8b_3b_1 - b_2^2}}{2b_1} \\ g_0 &= \frac{-b_3}{b_1}, d_0 = (\frac{b_3}{2b_1})^2 \\ m_0 &= \frac{3}{b_1}, n_0 = \frac{b_3}{b_1^2} \end{aligned}\right\} \tag{5-18}$$

其中：

$$\left.\begin{aligned} b_1 &= 3E_v\eta + 4\eta G \\ b_2 &= 3E_vG \\ b_3 &= FG \\ \eta &\text{——材料的黏性系数} \end{aligned}\right\} \tag{d}$$

式(5-16)的适用范围同式(5-12)。

5.4.2.2 圆形开挖-支护力学模型

这里讨论 Hoek 和 Brown 提出的圆形开挖-支护结构体系力学模型[51]，他们在分析围岩与支护间的相互力学作用时，把采场充填作为支护的一种手段进行了分析。为了适合最一般的情况，假定(参见图 5-60)：

(1)开挖区域为圆形，当量半径 r_i，该问题可以作为平面应变模型来处理；

(2)原岩侧压力系数等于1，取垂直应力和水平应力的大小均等于 p_0；

(3)充填料对围岩提供一种径向的均匀压应力 p_i。

(4)整体原岩是一种线弹性体，其强度特性遵从 Hoek－Brown 准测，即：

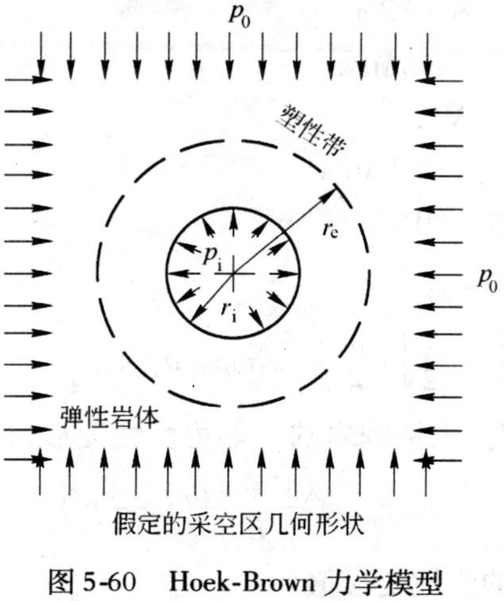

图 5-60 Hoek-Brown 力学模型

$$\sigma_1 = \sigma_3 + \sqrt{m\sigma_c\sigma_3 + S\sigma_c^2} \tag{5-19}$$

式中　σ_1,σ_3——施加在岩体上的最大与最小主应力；

σ_c——实验室岩石试体单轴抗压强度；

m,S——常数，取决于原岩特性及地质构造破坏程度。

(5)采空区周围的塑性区域半径为 r_e，它取决于原岩应力 p_0、充填料压应力 p_i 以及原岩的强度特性。

基于上述假定，采用如下初始数据：

原岩应力 p_0 =20.7MPa

采场当量半径 r_i =6.1m

原岩特性：

单轴抗压强度 σ_c =69MPa

弹性模量 $E=2.76\times10^4$MPa

泊松比 ν =0.20

堆密度 $\rho_{堆}$ =2.1t/m^3

完整岩体常数 m =1.5，S =0.004

破碎岩体常数：

中等破碎 m =0.3，S =0.0

很破碎 m =0.08，S =0.0

极为破碎 m =0.015，S =0.0

充填材料特性：

单轴抗压强度为一输入变量，对于胶结充填料其数值上等于 p_i

泊松比 ν =0.25

弹性模量：

全尾砂充填料 E_c =6.9MPa

部分脱泥尾砂 E_c =34.5MPa

脱泥尾砂 E_c =69.0MPa

胶结脱泥尾砂 E_c =138.0MPa

胶结块石 E_c =345.0MPa

根据下述理论计算公式：

$$M = \frac{1}{2}\left[\left(\frac{m}{4}\right)^2 + mp_0/\sigma_c + S\right]^{\frac{1}{2}} - \frac{m}{8} \tag{a}$$

当 $p_i > (p_0 - M\sigma_c)$ 时，采场围岩的变形为弹性变形，有：

$$u_i/r_i = \frac{(1+\nu)}{E}(p_0 - p_i) \tag{5-20}$$

式中　u_i——采场围岩的弹性变形值。

当 $p_i < (p_0 - M\sigma_c)$ 时,采场围岩中将产生塑性带,其塑性变形区半径 r_e 为:

$$r_e/r_i = \exp\left\{N - 2\left[\frac{p_i}{m_r\sigma_c} + \frac{S_r}{m_r^2}\right]^{\frac{1}{2}}\right\} \tag{b}$$

式中

$$N = 2\left[\frac{p_0 - M\sigma_c}{m_r\sigma_c} - \frac{S_r}{m_r^2}\right]^{\frac{1}{2}} \tag{c}$$

围岩的塑性变形值为:

$$u_e/r_e = \frac{(1+\nu)}{E}M\sigma_c \tag{d}$$

围岩的总变形值 u_i 应等于塑性变形值 u_e 再加上塑性区外的岩体弹性变形值:

$$u_i/r_i = 1 - \left(\frac{1 - e_a}{1 + A}\right)^{\frac{1}{2}} \tag{5-21}$$

式中

$$e_a = \frac{2(u_e/r_e)(r_e/r_i)^2}{[(r_e/r_i)^2 - 1](1 + 1/R)} \tag{e}$$

$$\left.\begin{aligned} &当\ r_e/r_i < \sqrt{3}\ 时, \quad R = 2D\ln(r_e/r_i) \\ &当\ r_e/r_i > \sqrt{3}\ 时, \quad R = 1.1D \end{aligned}\right\} \tag{f}$$

$$D = \frac{-m}{m + 4\left[\frac{m}{\sigma_c}(p_0 - M\sigma_c) + S\right]^{\frac{1}{2}}} \tag{g}$$

$$A = (2u_e/r_e - e_a)(r_e/r_i)^2 \tag{h}$$

则可以绘制出一组曲线如图 5-61 所示。

5.4.2.3 急倾斜狭窄采场力学模型

Brady 和 Brown 认为[1],分层充填法主要用于开采比较狭窄的急倾斜矿体,无论上向开采还是下向开采,都涉及槽形空间的逐步开挖。如果假定在采场表面上任何可能的实际支护压力对岩体的弹性应力分布的影响可以忽略不计,则在这种探索性的采场围岩壁的应力分析中,可以忽略充填体在采空区的存在。

因此,利用平面应变分析,设采场倾角为 90°,可以很容易地确定采场周围的应力分布。若采场几何形状如图 5-62(c)所示,采场的顶拱在横剖面上取为半圆形。采场围岩的应力状态直接与采场的相对尺寸(宽高比)有关。表征采场边界应力状态特征的点是侧壁中央的 A 点和顶拱中央的 B 点,因为它们代表边界应力的极值。边界应力集中系数可由下列方程给出:

$$\frac{\sigma_A}{p} = 1 - k + 2q \tag{5-22}$$

$$\frac{\sigma_B}{p} = k - 1 + 2k\left(\frac{1}{q}\right)^{\frac{1}{2}} \tag{5-23}$$

式中　σ_A, σ_B——A、B 点的边界应力；

p——原岩应力铅垂分量；

k——原岩应力水平分量与铅垂分量之比；

q——采场宽高比，$q = W/H$。

式(5-22)是用内接椭圆的形状来计算采场帮壁的应力的；而式(5-23)则认为顶拱为半圆形。这是采场顶板应力估计值的下限。在不同的采场宽高比的情况下，式(5-22)及式(5-23)给出的应力集中系数如图 5-62(a)、(b)所示。

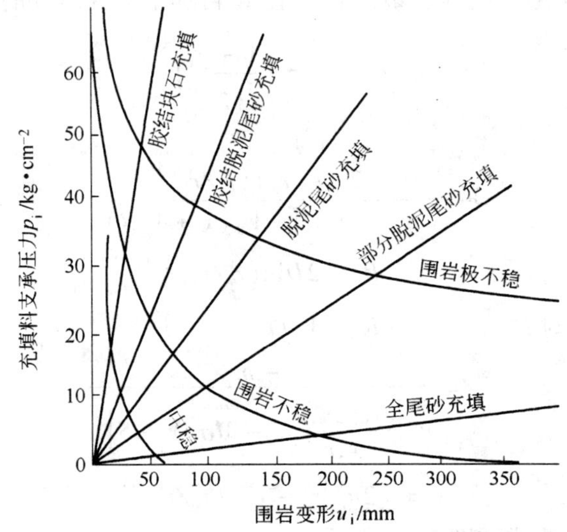

图 5-61　Hoek-Brown 模型分析的充填材料支撑特性曲线

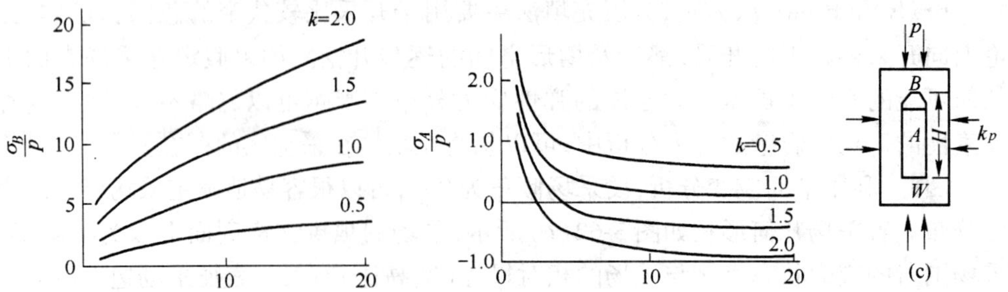

图 5-62　不同几何尺寸和原岩应力条件下采场顶拱和帮壁的应力

5.4.3 回采工艺对水砂充填支护作用的影响

分析水砂充填支护作用机理的上述几个理论模型有一个共同的特点:将充填体视作采场工程结构的组成部分并承受围岩压力。事实上,充填体的形成方式即回采工艺对其支护作用有很大影响,关于这一点,理论解析模型无法加以考虑,只能借助于数值分析方法。

对于图5-16(b)所示的数值分析模型,考虑两种情况:充填体一次形成(即空场法嗣后充填),以及充填体分四次形成,即高分层充填采矿法如图5-63。然后用有限元方法分别计算这两种条件下采场上盘不稳定岩体的位移和应力,所得结果见图5-64和图5-65。

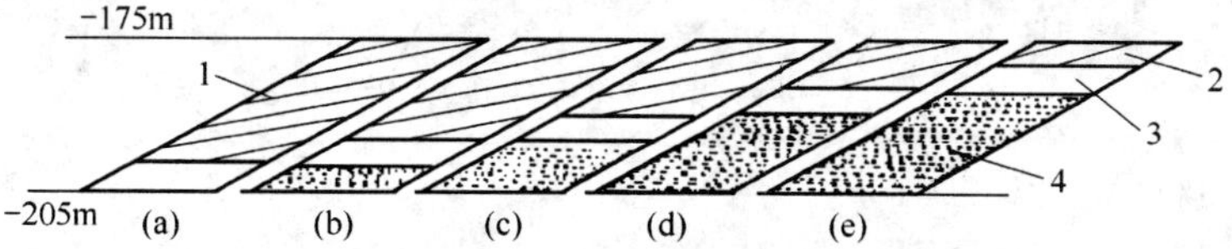

图5-63 分层充填法采场作业循环的弹塑性有限元数值模拟分析

(a),(b),(c),(d),(e)开采作业循环步骤

1—矿体;2—顶柱;3—作业空间;4—充填体

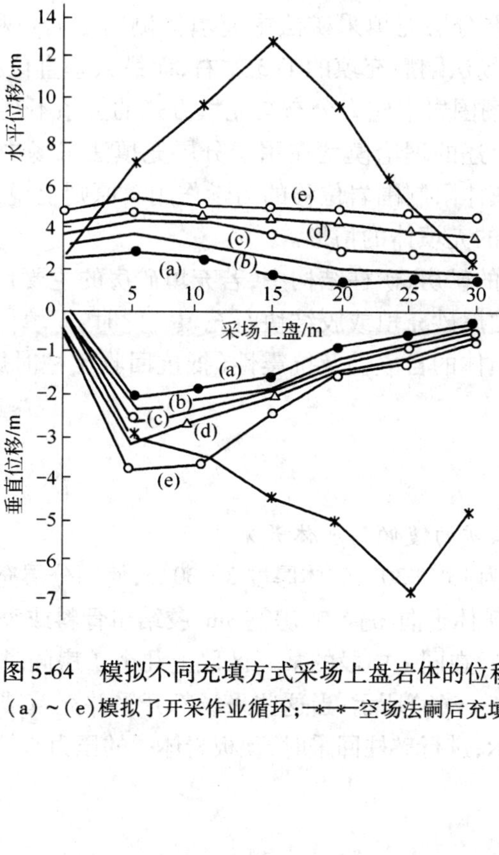

图5-64 模拟不同充填方式采场上盘岩体的位移

(a)~(e)模拟了开采作业循环;—*—*—空场法嗣后充填

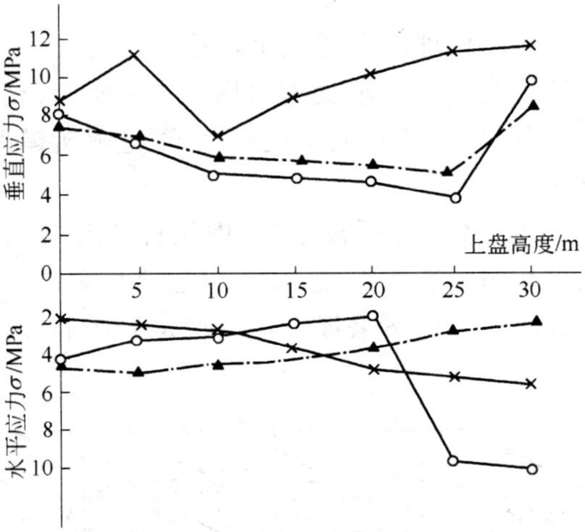

图 5-65 模拟不同充填方式采场上盘岩体中的应力分布

- - -弹性分析；——非弹性分析；

○ 没模拟回采循环；×模拟了回采循环的第(e)步开采

由图 5-64 可见，在分层充填采矿法中充填体侧向围岩位移的效果显著，围岩最大水平位移只有空场法嗣后充填的 1/3 左右，而最大垂直位移也只为 1/2 左右。而从图 5-65 可见，采场围岩中应力分布与充填方式的关系不甚明显。

由此，可以认为上述的理论模型在用于分层充填法采场中充填体的支护机理时，过低地估计了充填体限制围岩位移的力学作用。原则上说，一般的理论解析模型适合于一次性形成的充填体的情形。

在分两步骤回采的矿房、矿柱结构中，若充填矿房的主要目的是为了方便回收矿柱，则一般使用胶结尾砂充填或胶结块石充填。此时，充填体支护采场围岩的作用居次要地位，而充填体的自立性及抗震性（抵抗回收矿柱时爆破的震动）是首要考虑的因素。

5.4.4 矿山实例

5.4.4.1 锡矿山矿的缓倾斜矿体开采

该矿的矿体倾角为 15°～30°，矿体厚度 2～30 m，使用分层充填法分矿房、矿柱二步骤回采。采场垂直矿体走向布置，矿房宽 8m，胶结粗骨料或胶结块石充填，矿柱宽 10m，非胶结尾砂充填。在同一中段的某一区段上几个矿房同时作业时，矿体顶板上的压力变化情况如图 5-66(a)所示；当这些采场都开采并充填结束后，顶板上的压力情况如图 5-66(b)所示；进行矿柱回采时，顶板岩体中的压力有较大的转移，从而形成大跨度的免压拱(图5-66c);矿柱开采及充填结束后,顶板岩体将产生一定位移而下沉,此时胶结充填体承受岩体施加的荷载,如图5-66(d)所示。

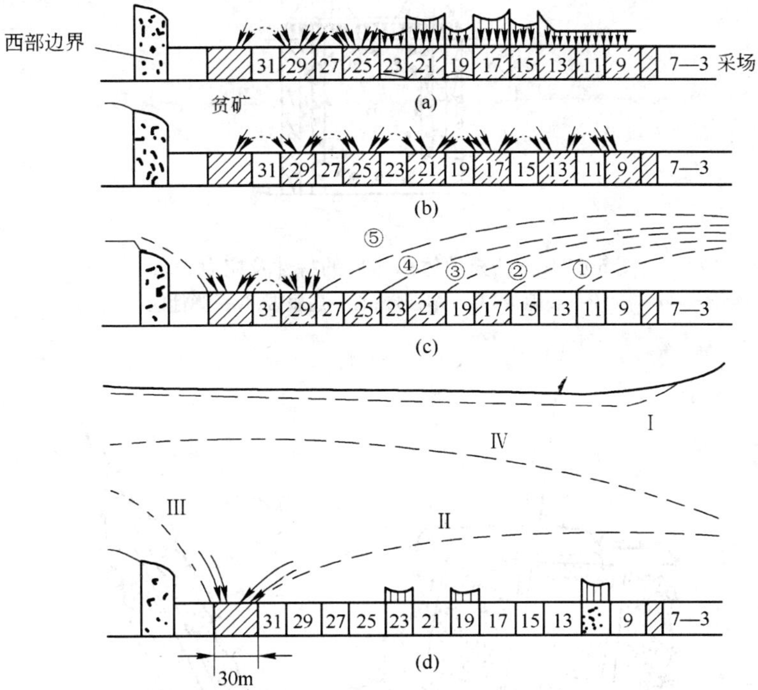

图5-66 矿体开采过程中顶盘岩体的应力变化[52]

(a)矿房回采;(b)矿房胶结充填;(c)回收矿柱;

(d)矿柱采空区非胶结充填

Ⅰ—地表沉降曲线;Ⅱ—岩层移动范围;Ⅲ—西部岩层移动范围;

Ⅳ—叠加后的岩层移动带

现场观测及理论分析都证实,胶结充填体在承受岩体压力后与原生矿柱在承压后的情形类似,沿压力方向可以划分出几个特征带:外层裂隙带、塑性变形带、屈服带及中央弹性区,如图5-67所示。

5.4.4.2 加拿大Con金矿的急倾斜中厚矿体开采

该矿的矿体产状及分层充填采矿法如图5-68所示,开采深度已达地表以下1000m,按其开采条件,充填体与围岩的相互作用可大致划分为三个阶段:当充填料刚充入采场,充填体对围岩施加主动荷载;随着采场工作面逐渐上升,围岩逐渐变形,地压增大,在某一瞬间,围岩与充填体处于相对无相互作用的“静止”状态;围岩中的地压继续增大,并压缩充填体,充填体承受被动荷载。这个过程可以定性地表示如图5-49(d)所示。

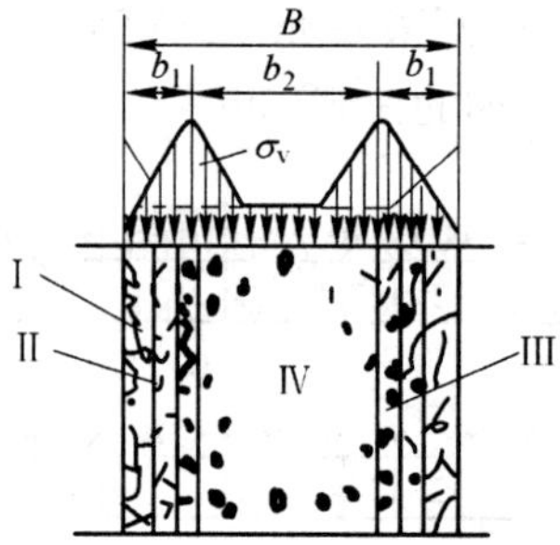

图 5-67　胶结充填体承压后的特性及应力分布[52]

Ⅰ—裂隙带；Ⅱ—塑性带；Ⅲ—屈服带；Ⅳ—弹性区

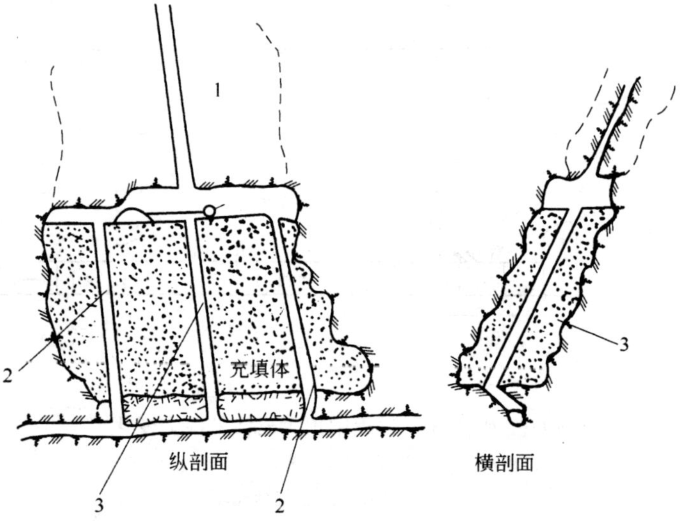

图 5-68　Con 金矿的矿体产状及分层充填法[53]

1—辅助天井（1.5m ×2.5m）；2—人行井；3—溜井

据认为，充填体与采场围岩相互作用的结果，在采场周围产生了特殊的应力分布。此时，围岩中各点的应力大小与围岩闭合量 h 有关：

$$\sigma = \frac{E}{2(1-\nu^2)h} \tag{5-24}$$

式中　E,ν——岩体的弹性模量和泊松比。

因为围岩闭合量 h 的变化是由充填体与采场围岩间的相互作用决定的，由式（5-24）可绘出采场下盘围岩中最大主应力的分布，如图 5-69 所示。

5.4.4.3　*瑞典 Nasliden 矿的机械化分层充填法采场*

该矿位于瑞典北部，矿体倾向西，倾角 70°，走向长 110～220m，最大厚度 25m，平均厚度 18m，使用现代充填采矿法开采。矿体形态及开采系统如图 5-70 所示。

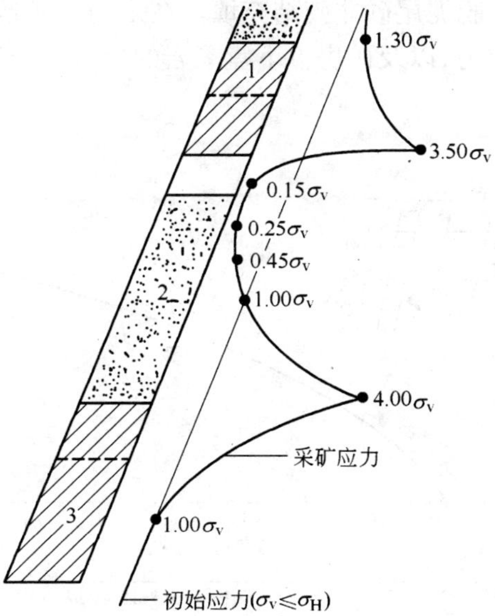

图 5-69　采场下盘围岩中的主应力分布[53]

1—顶柱；2—充填体；3—矿石

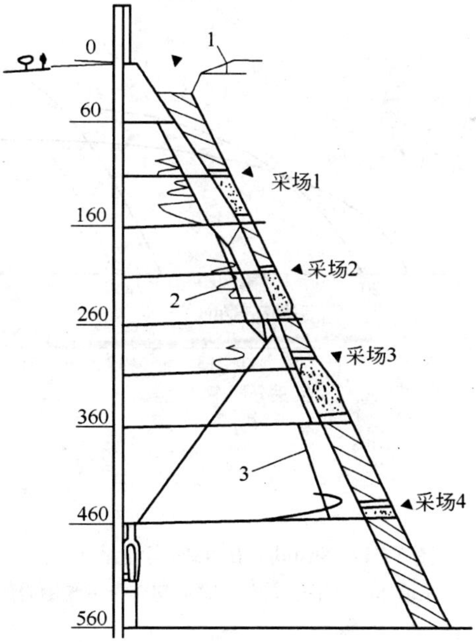

图 5-70　Nasliden 矿矿体剖面图

1—露天矿；2—斜坡道；3—溜井

矿房设计高度为100m,脱泥尾砂非胶结充填。在采场3实地测定了回采过程中充填体所承受的水平压应力,以及矿房上下盘围岩的相对闭合值,如图5-71所示。

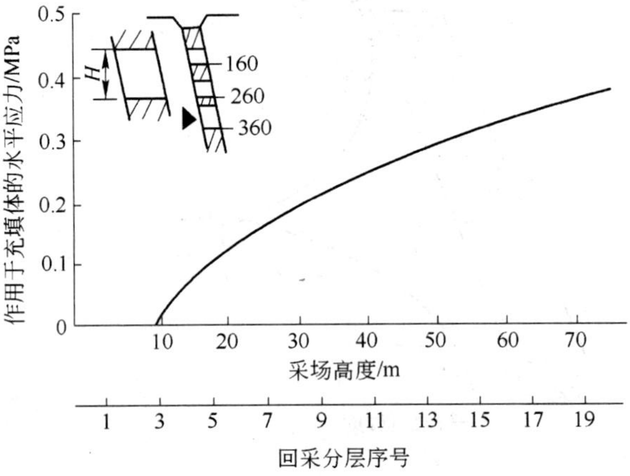

(a)

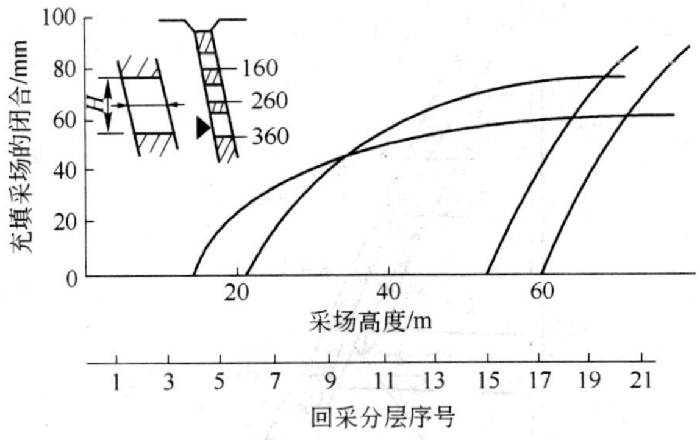

(b)

图5-71　Nasliden矿采场实测结果[54]

(a)矿房3中充填体的水平压应力;(b)矿房3上下盘围岩的相对闭合

在采场顶柱中也安装了多组应力计进行应力测量。应力计的安装方式及实测结果如图5-72所示。

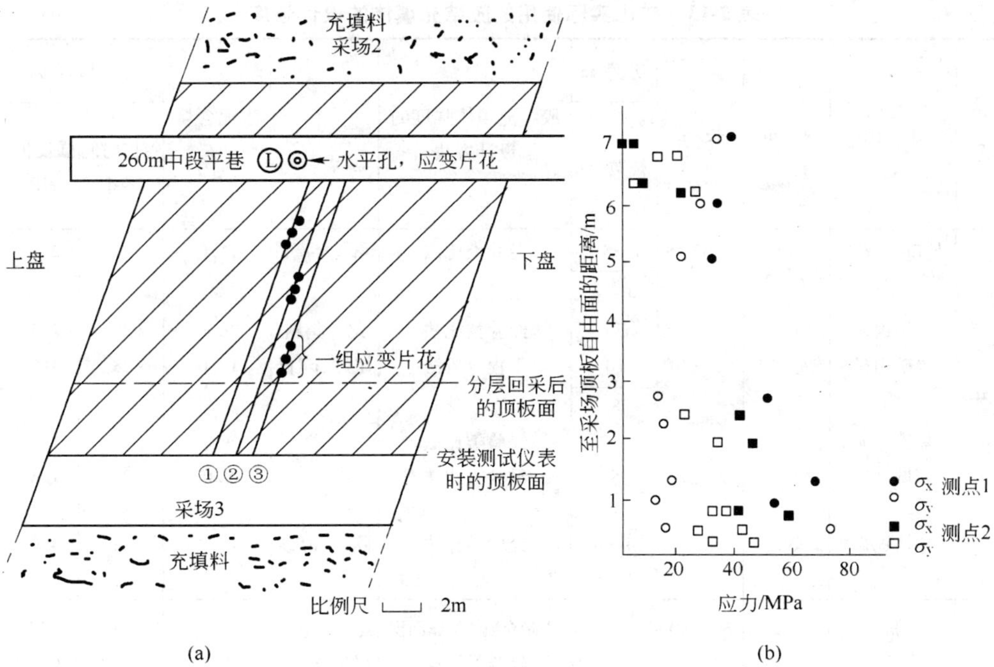

图 5-72 Nasliden 矿采场顶柱中应力实测结果
(a)安装方式;(b)实测结果

5.5 胶结充填体的所需强度设计

一般来说,胶结充填体的所需强度(指单轴抗压强度,下同)因矿山而异,主要取决于具体的开采条件和充填条件。胶结充填体的强度设计应当基于充填体在采空区所起的力学作用来考虑,这是公认的设计准则。根据5.4节的讨论,胶结充填体在采空区所起的力学作用,大致上可分为两种:第一,支护不稳定的采场围岩特别是破碎的采场上盘及顶板;第二,在厚大矿体的棋盘式开采系统中,胶结充填体主要起自立性人工矿柱的作用,其对采场围岩的支护作用居次要地位。然而,在许多情况下,常常要求胶结充填体同时起上述两种力学作用,如我国矿山常见的胶结充填回采矿房、尾砂充填回采矿柱的两步骤回采方案。

5.5.1 矿山实际使用的胶结充填体的设计强度

国内外使用胶结充填采矿法的矿山为数不少,并且随着环保要求的严峻以及深部矿床开采条件的恶化,其使用比重将不断上升。作者调查统计了国内外矿业文献中报道的矿山实际使用的胶结充填体的强度设计情况,并将其归纳整理列于表5-13中[55,56]。

表 5-13　矿山实际使用的胶结充填体的设计强度

国别	矿　山	高/m	长/m	房宽/m 柱宽/m	胶结充填体强度的设计方法	充填材料	水泥含量/%	充填体强度 养护时间/d	强度值/MPa
中国	凡口铅锌矿	40	35	7～10	经验类比法	尾砂、棒磨砂	11.0	28	2.5
				4～8					
	金川镍矿	60	51	50	经验类比法	戈壁集料	9.5	28	2.5
	锡矿山矿	18～36	20～30	10	工程分析法	尾砂,碎石	10.0	28	4.0
				8					
	焦家金矿				经验类比法	尾砂	9.0	28	1.0
	新城金矿	30,40	20～30	8	经验类比法	尾砂	8.0	28	1.5
				7					
	柏坊铜矿	30	15	4～8	经验类比法	碎石,河砂	10.0	28	4.0
				4～6					
加拿大	吉科矿	122	50～80		限制充填体暴露面积	尾砂,碎石	3.3	28	1.75
	鹰桥矿	80			经验类比法	尾砂,碎石	3.2	28	0.6
	洛各比矿	45	72	11	有限元分析法	尾　砂	8.5	28	1.2
				11					
	基德克里克矿	60～90	4～5	4～5	经验类比法	尾砂,碎石	5.0	28	4.1
	诺里达矿	65	11	25,25	经验类比法	尾　砂	10.0	28	0.95
	福克斯矿	120	22	30.5	岩土力学分析法	尾砂,矸石	3.3	28	0.45
				13.5					
澳大利亚	芒特·艾萨矿	100	40	30	经验类比法	碎石,尾砂	10.5	28	2.2
				30					
	芒特·艾萨矿	40	10	30	经验类比法	尾　砂	10.5	28	0.85
				30					
	芒特·艾萨矿	50～100		8～10	岩土力学分析法	废石,尾砂	7.0	28	3.0
				10					
	布劳肯希尔矿	35		20	数值分析法	尾　砂	9.1	28	0.78
芬兰	奥托昆普矿	20	6	8	经验类比法	尾砂,碎石	7.5	90	1.75
				8					
	洼马拉矿	50	40～70	5～30	经验类比法	尾　砂	5.5	240	1.5
	客里迪矿	20	60		经验类比法	碎　石	7.0	30	2.15
	威汉迪矿	100	60		经验类比法	尾砂,火山灰		365	1.05

续表 5-13

国别	矿山	高/m	长/m	房宽/m 柱宽/m	胶结充填体强度的设计方法	充填材料	水泥含量/%	充填体强度	
								养护时间/d	强度值/MPa
独联体各国	捷克利矿	50	55	9~12	覆盖岩层承重理论	碎石,砂	9.0	28	5.0
	杰兹卡兹甘矿	10~12		9~12 8~10	覆盖岩层承重理论	尾砂	12.0	28	15.0
	共青团矿	4	25	6~7 8	覆盖岩层承重理论	尾砂,砂	10.0	28	6.75
	灯塔矿	10~40	45	8 8	覆盖岩层承重理论	砾石,砂	10.0	28	8.0
	季申克矿	40	40	8~24 15 15	覆盖岩层承重理论	砂,炉渣	10.0	28	5.0
瑞典	卡彭贝里矿	4.5	6	4 4	经验类比法	尾砂	15.0	28	2.0
印度	I.C.C.矿山	30	10	6	经验类比法	尾砂	7.0	28	11.0
日本	小坂矿	3.5	30	30	经验类比法	尾砂,炉渣	3.0	28	0.5
意大利	夸勒纳矿				岩土力学分析法	碎石	11.0	28	10.2
南非	黑山矿物公司	70	28	45	经验类比法和物理模拟	尾砂	7.5	28	7.0
	黑山矿物公司	70	28	45 45 45	数力模拟分析法	尾砂	5.0	28	4.0

从表 5-13 可以得出以下几点看法：

(1)各矿山实际使用的胶结充填体的设计强度相差甚大,与各个国家的采矿工业水平及传统的设计思想有关,如独联体各国的某些矿山均将胶结充填体设计成需承受覆盖岩层的重力,因而充填体的强度设计较高,在5.0~15.0MPa 的范围内。

(2)胶结充填体的设计强度一般在 0.5~4.0MPa 之间,其中绝大多数在1.0~2.5MPa之间。总体上说,北美、澳洲、北欧等国家所设计的胶结充填体的强度较低；南非的深部矿井开采所设计的胶结充填体强度较高；我国矿山使用的胶结充填体强度也较高。

（3）由于各矿山所使用的胶结充填体强度的测定方法不同，表5-13中所列的强度值在很大程度上缺乏可比性。如加拿大诺里达矿水泥含量为10%的胶结尾砂，养护28d后的强度值是0.95MPa；而独联体国家的共青团矿水泥含量同样为10%的胶结尾砂和砂，养护28d后的强度值是6.75MPa。

5.5.2　确定胶结充填体所需强度的方法

从表5-13还可以看到，确定胶结充填体所需强度的方法很多。针对某个具体的矿山来说，如何确定一个恰当的强度值，既涉及矿山开采条件、矿山岩体力学、充填技术水平以及充填材料的强度特性等诸多技术方面的问题，也涉及矿山开采的成本及效益等经济方面的问题。

5.5.2.1　胶结充填体作为自立性人工矿柱

不考虑胶结充填体支撑采场围岩的力学作用时，可按“充填体是一自立性人工矿柱”这一概念来确定充填体的所需强度。在这种情况下，可将胶结充填体的高度与强度视为一对主要矛盾。

（1）经验公式法[55]。将表5-13中的充填体设计强度与充填体的高度绘制成图5-73，然后用归纳法进行试分析，可得到矿山实际使用的胶结充填体的强度与充填体高度的关系曲线为一半立方抛物线：

$$H^2 = a\sigma_c^3 \tag{5-25}$$

式中　H——胶结充填体人工矿柱的高度，m；

σ_c——胶结充填体的设计强度，MPa；

a——经验系数。建议充填体高度小于50m时，$a=600$，充填体高度大于100m时，$a=1000$。

例如，若充填体高度为40m，取$a=600$，由式（5-25）得$\sigma_c=1.39$MPa。这个设计强度值比较符合现场实际情况。必要时，可根据实际开采条件将计算结果乘以一个大于1的安全系数。

（2）Terzaghi模型法。Terzaghi在1943年描述了一种方法，用来决定沉陷带上沙土体中的应力分布[57]。由于胶结充填材料的强度特性接近于固结土的特性，故这种方法也可用于分析充填体中的应力分布，并用于研究设计胶结充填体的所需强度等方面的问题[58]。

该方法假定：

1）矿柱在深度上是无限的；

2）在任一给定的矿柱深度上，各应力分量是常量；

3）矿柱与围岩间的摩擦力得到了充分利用。

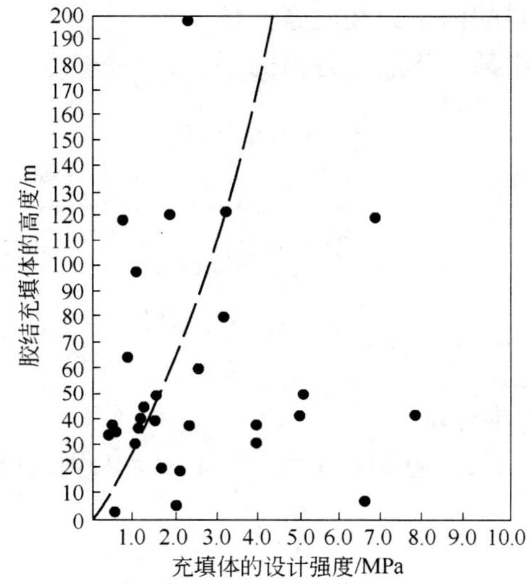

图 5-73 胶结充填体高度与其强度关系的经验曲线

虽然上述假定带有某种局限性,但可以大大简化分析过程。设有一充填体人工矿柱,其断面为矩形,长 L 宽 B,如图 5-74 所示。取坐标原点在充填体顶部。

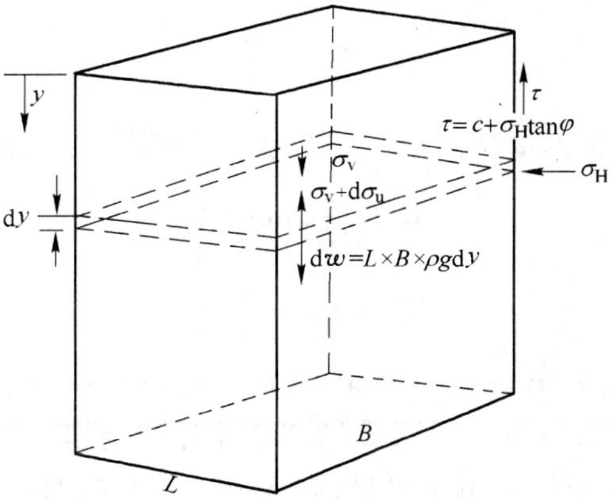

图 5-74 Terzaghi 模型的受力分析简图

根据假定,在距充填体顶部为 y 处,垂直应力分量 σ_v 与水平应力分量 σ_H 均为常量,且存在如下关系:

$$\sigma_H = k\sigma_v \tag{a}$$

式中 k——该深度处的侧压力系数。

在充填体与围岩接触带上,剪应力 τ 为:

$$\begin{aligned}\tau &= c + \sigma_H \tan\varphi \\ &= c + k\sigma_v \tan\varphi\end{aligned} \tag{b}$$

式中　c, φ——充填材料的内聚力和内摩擦角。

现在，考虑充填体中某一薄层上各力的平衡，在垂直方向上可得一微分方程：

$$\frac{d\sigma_v}{dy} + A\sigma_v = D \tag{5-26}$$

式中：

$$A = \frac{2(L+B)}{LB}k\tan\varphi$$

$$D = \rho_{堆} - \frac{2c(L+B)}{LB} \tag{c}$$

式中　$\rho_{堆}$——充填体的堆密度。

当 A 和 D 独立于 y 时，注意到在 $y=0$ 时有 $\sigma_v=0$，则式(5-26)的解为：

$$\sigma_v(y) = \frac{D}{A}\left[1 - e^{(-A \cdot y)}\right] \tag{5-27}$$

若 A 和 D 与 y 有关或 A、D 有一个与 y 相关，则式(5-26)只能用数值方法求解。

对式(5-27)可作如下讨论：

当 $B \to \infty$ 时，则图 5 -74 所示的模型可简化成为一个二维模型。此时有：

$$\left.\begin{aligned} A_2 &= \frac{2}{L}k\tan\varphi \\ D_2 &= \rho_{堆} - \frac{2c}{L} \end{aligned}\right\} \tag{5-28}$$

当 $B=L$ 时，则模型的横断面为一正方形，也即真实的三维模型。此时有：

$$\left.\begin{aligned} A_3 &= \frac{4}{L}k\tan\varphi \\ D_3 &= \rho_{堆} - \frac{4c}{L} \end{aligned}\right\} \tag{5-29}$$

例如，当 $L=40\text{m}$，$k=\nu/(1-\nu)$，其中 ν 为充填材料的泊松比，$\nu=0.20$，$c=0.2\text{MPa}$，$\varphi=41°$，$\rho_{堆}=2.3\text{t/m}^3$，则用式(5-27)计算的充填高度与充填体中垂直应力间的关系如图 5-75 所示。由图可见，Terzaghi 三维模型计算的充填体中的垂直应力偏小。因此，Terzaghi 二维模型可用于确定胶结充填体的所需强度。

(3) Thomas 模型法。Thomas 等在论及设计胶结充填采场底部的挡料墙时，提出应考虑一种成拱作用，这种作用主要是由于水砂充填材料与围岩壁间的摩擦力所致[40]。因此，作用在充填体底部的垂直应力可表示为：

$$\sigma_v = \frac{\rho_{堆} h}{1 + (h/w)} \tag{5-30}$$

式中　σ_v——作用在充填体底部的垂直应力；

$\rho_{堆}$——充填料的堆密度；

h——充填体的高度；

w——充填体的宽度。

式(5-30)的适用范围是充填体的长度不小于充填体高度的一半。

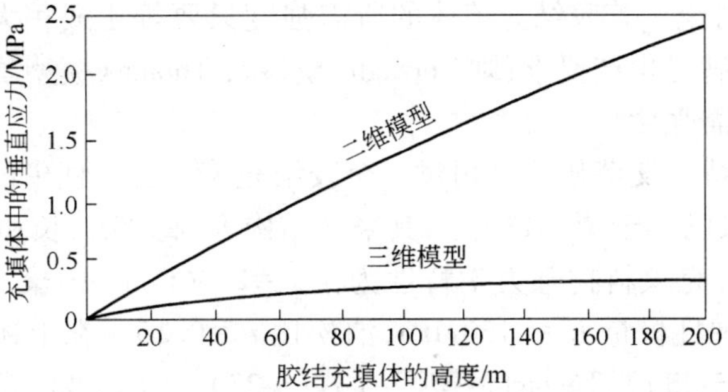

图 5-75 Terzaghi 模型计算之一例

分析式(5-30),可见,该模型只考虑了充填体的几何尺寸和充填料的堆密度,而没有考虑充填材料的强度特性。因此,卢平曾提出下述修正模型[56]:

$$\sigma_v = \frac{\rho_{堆} h}{(1-k)\left(\tan\alpha + \frac{2h}{w} \times \frac{c_1}{c}\sin\alpha\right)} \tag{5-31}$$

式中 k——侧压力系数,$k = 1 - \sin\varphi_1$;

$\alpha = 45 + \varphi/2$;

c_1, φ_1——充填体与围岩间的内聚力和摩擦角;

c, φ——充填体的内聚力与内摩擦角;

其余符号的意义同式(5-30)。

取 $w = 40\text{m}$, $\rho_{堆} = 2.3\text{t/m}^3$, $c = c_1 = 0.2\text{MPa}$, $\varphi = \varphi_1 = 41°$,由式(5-30)及式(5-31)计算的充填体高度与作用在充填体底部垂直应力的关系如图 5-76 所示。

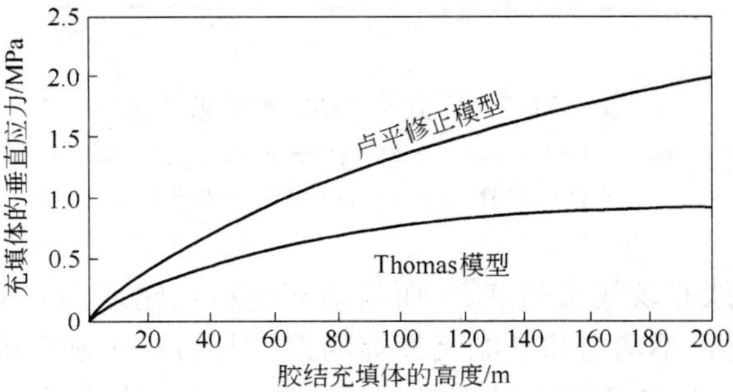

图 5-76 Thomas 模型法计算之一例

(4)其他方法。除了上述经验公式法及模型法外,还可进行各种物理模拟研究、数学力学模型分析及数值方法计算，以及从理论上论证胶结充填体所需强度的适当范围。

(5)比较与讨论。若胶结充填体的所需强度只要等于或稍大于充填体中的最大垂直应力即可满足生产要求，则 Terzaghi 模型及 Thomas 模型均可直接用于确定胶结充填体的所需强度。

澳大利亚芒特·艾萨矿业公司对一个胶结充填人工矿柱中的垂直应力分布进行了实测，其结果已示于图 5-15 中。其采场结构为：高 80m，长和宽均为 40m，碎石加胶结尾砂充填，充填料物理力学特性为：$\rho_{堆}=2.36\mathrm{t/m^3}$，内聚力 $c=0.40\mathrm{MPa}$，内摩擦角 $\varphi=40°$，弹性模量 $E=1150\mathrm{MPa}$，泊松比 $\nu=0.15$。在上述条件下分别采用经验公式法(式(5-25))、Terzaghi 模型法(式(5-27)、式(5-28)、式(5-29))和 Thomas 模型法(式(5-30)和式(5-31))来确定胶结充填体的所需强度，并取胶结充填体的所需强度与充填体中的最大垂直应力相等，则可得到一组曲线，其与芒特·艾萨矿实测结果的比较如图 5-77 所示。

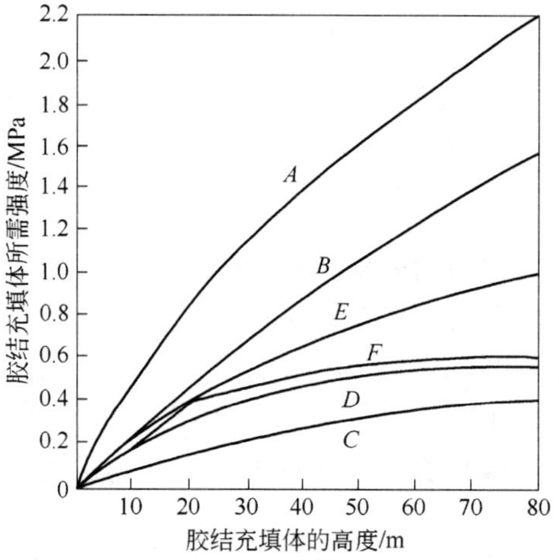

图 5-77　计算值与现场实测结果的比较

A—经验公式(5-23)；*B*—Terzaghi 二维模型；*C*—Terzaghi 三维模型；*D*—Thomas 模型；*E*—卢平修正的 Thomas 模型；*F*—芒特·艾萨矿实测结果

考虑到 *F* 曲线是现场实测结果，而胶结充填料在输送进入采空区的过程中将有某种程度的离析、不均匀和水泥流失等因素，因此，对于确定胶结充填体的所需强度来说，曲线 *A*、曲线 *B* 和曲线 *E* 都是可行的。对比曲线 *F*，若按这三条曲线来设计胶结充填体的所需强度，其安全系数为 1.6～3.0，这符合一般的设计准则和安全规程。

5.5.2.2　胶结充填体作为采场支护结构物

在胶结充填体作为采场支护结构物的情况下，胶结充填体被看作是矿床开采工程结构的一部分，主要用于支护采场围岩。考虑到充填体的可压缩性以及胶结充填体的刚度较小（约为岩体的1%～0.1%），确定胶结充填体所需强度时应把充填体设计成一种“可让性支架”结构，而不应设计成一种“刚性支架”结构，以至认为充填体需要承受从采场工作面直至地表的全部覆盖岩层的重力。

由于胶结充填体支护采场围岩的力学作用基本上取决于各个矿山的开采地质条件和采场围岩的物理力学性能，故此时确定胶结充填体的所需强度比胶结充填体作为自立性人工矿柱时要复杂和困难得多。

（1）经验类比法。这种方法通常的做法是，将设计矿山的开采与充填条件与类似的生产矿山进行比较，从而选择一个认为较适当的充填体所需强度值，有时留有一定的安全系数。该方法由于简便易行，应用颇为广泛，如表5-13中所列的30个矿山中有18个采用了经验类比法确定胶结充填体的所需强度，其中也包括胶结充填体作为自立性人工矿柱时的情形。

（2）数力模型法。在上节中分析水砂充填的支护作用时，曾列举了几个理论分析模型。这些数力模型可直接用于确定胶结充填体的所需强度，例如，“刚模”模型的弹性解答即式（5-10）可用于确定胶结充填体的强度[59]。

倾斜或缓倾斜的中厚或厚矿体，采用上向水平分层充填法分矿房、矿柱两步骤开采，采场垂直矿体走向布置，其典型方案如图5-78所示。

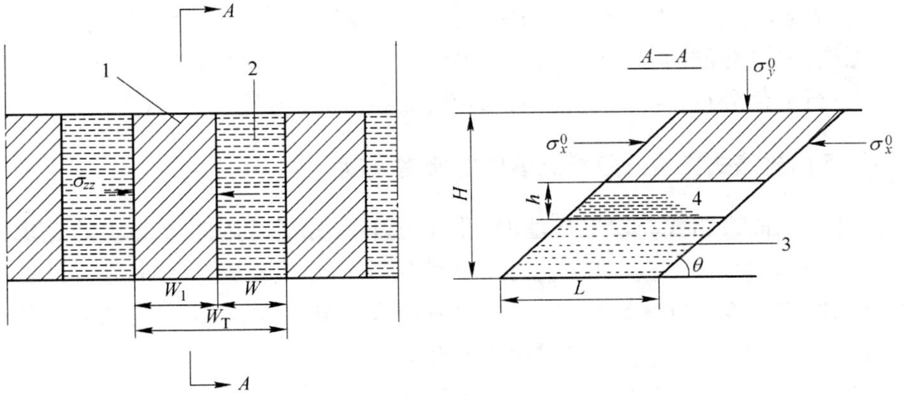

图5-78　胶结充填体所需强度分析简图

1—矿柱；2—胶结充填体；3—非胶结充填体；4—矿石

当回采胶结充填体两侧的矿柱时，充填体将暴露一定高度 h，在 h 高度上矿柱对充填体的约束被解除，即式（5-12）中的 $\sigma_{zz}=0$。因此，胶结充填体所需抗剪强度 τ_c 为：

$$\tau_c = 2[c(p_1 + p_2) + \tan\varphi(p_1\sigma_{xx} + p_2\sigma_{yy})] \geqslant \sigma_{zz} \tag{5-32}$$

式中 σ_{xx}、σ_{yy}、σ_{zz}由式(5-12)计算得出；

$$p_1 = W/(L \cdot \sin\theta), p_2 = W/h$$

其中，W、L、h 和 θ 的意义如图 5-78 中所示。c 和 φ 分别为胶结充填体的内聚力和内摩擦角。式(5-32)的适用范围与式(5-12)相同。

若取胶结尾砂充填料的内摩擦角为 $\varphi=40°$，则可求得充填体所需的内聚力 c。根据实验存在下列关系：

$$c = A\sigma_c + B \tag{5-33}$$

式中 σ_c——胶结充填体的单轴抗压强度；

A，B——实验常数。一般情况下，对于胶结脱泥尾砂可取 $A=0.019\sim0.040$，$B=0.067\sim0.095$，取决于脱泥尾砂的颗粒级配及水泥含量。因此，由式(5-32)和式(5-33)，即可确定胶结充填体的所需强度。

例如，由式(5-12)计算得出的 $\sigma_{xx}=0.43$MPa，$\sigma_{yy}=0.57$MPa，$\sigma_{zz}=2.27$MPa，取 $W=7$m，$L=30$m，$h=5$m，采场高 $H=30$m，$\theta=29°$，$\varphi=40°$，则由式(5-32)，可计算得到 $c=0.155$MPa。再由式(5-33)，取 $A=0.03$，$B=0.085$，可得 $\sigma_c=2.30$MPa，此即为胶结充填体的所需强度。

此外，若认为胶结充填体的强度与充填体对采场围岩壁的支护压力相等，则 Hoek－Brown 提出的充填体支护特性曲线图(见图 5-61)可直接用于确定胶结充填体的所需强度，只要预先给出采场围岩的允许变形值即可。

(3)数值分析法。数值分析方法是较理想的确定胶结充填体所需强度的工具。因此，无论是采用经验类比法或数力模型法来确定胶结充填体的所需强度，在有条件时应进行数值分析计算，以检验所确定的胶结充填体强度是否合理。

5.5.3 下向进路式充填法胶结充填体的所需强度

当使用下向进路式充填采矿法时，由于在下一分层开采时上分层的充填体将成为作业空间的直接顶板，故一般可参照建筑梁结构设计的方法来分析计算胶结充填体的所需强度。在实际生产中，一些矿山也研究、总结出了各自的充填体强度设计模型，典型的有金川公司二矿和焦家金矿等。

5.5.3.1 金川公司二矿胶结充填体强度可靠度理论计算模型

韩斌等[60]提出了基于可靠度理论的下向进路胶结充填体强度确定方法。该方法采用不确定性分析方法来分析计算胶结充填体的强度，可使许多不确定性因素定量化，能够反映各种类型随机参数的随机性，同时也可给出相应可能承担的风险，即失效概率。这种方法更加符合现场实际。

基于可靠度理论的下向进路胶结充填采矿法充填体强度确定方法，主要分下述四个步骤进行：

(1)根据可靠度理论,建立极限状态方程:

$$z = g(h,l,E_j,E_L,q,\sigma_R)$$

$$= \sigma_R - \frac{\left[\frac{3(1-\mu^2)E_j}{E_L M}\right]^{\frac{1}{2}} ql^3h^{-\frac{3}{2}} + 3\left[\frac{3(1-\mu^2)E_j}{E_L M}\right]^{\frac{1}{4}} ql^2h^{-\frac{3}{4}} + 3ql}{\left[\frac{3(1-\mu^2)E_j}{E_L M}\right]^{\frac{1}{2}} lh^{\frac{1}{2}} + \left[\frac{3(1-\mu^2)E_j}{E_L M}\right]^{\frac{1}{4}} h^{\frac{5}{4}}} \tag{a}$$

$$=0$$

式中 σ_R——进路承载层抗拉强度,MPa;

h——承载层厚度,m;

l——进路 1/2 宽度,m;

E_j——进路侧帮岩体(或充填体)弹性模量,MPa;

E_L——进路承载层弹性模量,MPa;

q——承载层所受均布载荷,MPa;

μ——承载层泊松比;

M——进路高度,m。

(2)确定各随机参数的特征值。式(a)中 h、l、E_j、E_L、q 均可作为随机参数,可通过现场调查和实验室测量获得。

(3)进路承载层稳定性可靠概率的确定。

(4)进路承载层强度的计算。将 h、l、E_j、E_L、q 的相关参数代入蒙特卡洛法、改进的 JC 法分析程序,并初步确定一强度值,就可以计算出相应的承载层稳定性可靠概率指标,然后以计算出的可靠概率指标为参照,逐次调节充填体强度值并反复运算,即可求得承载层稳定性可靠概率为所要求值时对应的充填体强度值。

根据金川公司二矿的实际情况,取进路宽度 5m、承载层厚度 1m、μ 为 0.16、M 为 4m,则据式(a)建立的该矿极限状态方程为:

$$z = g(h,l,E_j,E_L,q,\sigma_R)$$

$$= \sigma_R - \frac{0.8549\left[\frac{E_j}{E_L}\right]^{\frac{1}{2}} ql^3h^{-\frac{3}{2}} + 2.774\left[\frac{E_j}{E_L}\right]^{\frac{1}{4}} ql^2h^{-\frac{3}{4}} + 3ql}{0.8549\left[\frac{E_j}{E_L}\right]^{\frac{1}{2}} lh^{\frac{1}{2}} + 0.9246\left[\frac{E_j}{E_L}\right]^{\frac{1}{4}} h^{\frac{5}{4}}} \tag{b}$$

$$=0$$

各参数通过现场测量统计和实验室测定统计获得,统计结果见表 5-14。

对于下向进路胶结充填采矿法而言,一条进路一般在一个月内就可采完。因此,承载层稳定性可靠概率达到 90% 则完全可以满足井下生产的要求,故将承载层稳定性可靠概率确定为 90% 。将表 5-14 中的参数代入蒙特卡洛法、改进的 JC 法分析程序,调节充填体强度值 3 ~5 次,即可求得承载层稳定性可靠概率为 90%

时承载层所需的抗拉强度值，计算结果见表 5-15。由表 5-15 可见，采用蒙特卡洛法计算所得结果相对较高，JC 法所得结果次之，上述两种方法都没有考虑承载层弹性模量与其抗拉强度之间的相关性，因此所得结果偏于保守；而改进的 JC 法则考虑到了上述两个随机变量的相关性，能够更加准确地反映实际情况。因此，推荐充填进路承载层抗拉强度取 1.55MPa。

表 5-14　随机变量参数[60]

参　数	分布模型	均　值	均方差	变异系数	备　注
h	正　态	1m	0.10	0.10	承载层抗拉强度与其弹性模量相关
L	正　态	5m	0.421	0.084	
q	正　态	0.07MPa	0.021	0.3	
E_j	正　态	7280MPa	2184	0.23	
E_L	正　态	待　定	待　定	0.23	
σ_R	对数正态	待　定	待　定	0.23	

表 5-15　不同计算方法得出的进路承载层所需抗拉强度

可靠度计算方法	蒙特卡洛法	改进的 JC 法	JC 法
承载层所需抗拉强度/MPa	1.73	1.55	1.6

上述结论是在一定参数条件下获得的（主要包括随机变量的均值和方差），还须针对影响承载层稳定性可靠概率的各主要参数进行敏感性分析。本例中重点考察承载层所受均布载荷、进路宽度进路侧帮弹性模量与承载层抗拉强度之间的关系，所要考察的随机变量均值按一定区间取值，其余随机变量的均值、均方差及变异系数的取值均按表 5-14 确定。敏感性分析的结果如图 5-79 所示。

据图 5-79，可以认为：

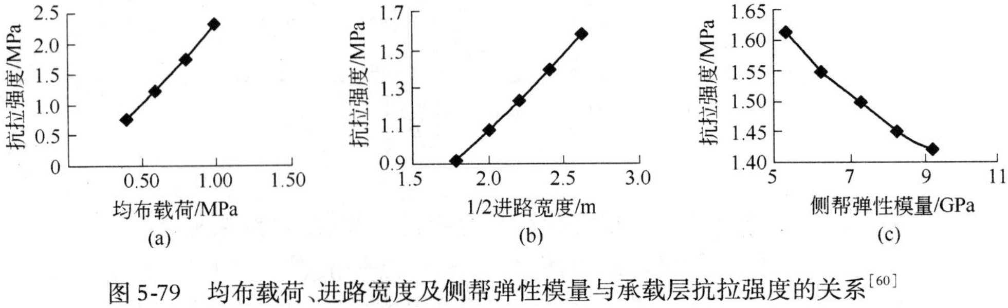

图 5-79　均布载荷、进路宽度及侧帮弹性模量与承载层抗拉强度的关系[60]
(a)均布载荷与承载层抗拉强度要求之间的关系；(b)进路宽度与承载层抗拉强度要求之间的关系；
(c)侧帮弹性模量与承载层抗拉强度要求之间的关系

(1)进路宽度是影响承载层强度的主要因素,在满足铲运机对进路宽度要求的前提下,当充填进路宽度控制在4m时,承载层抗拉强度可下降至1.07MPa;

(2)当承载层厚度确定后,承载层所受载荷是影响承载层稳定性可靠概率的另一个主要因素,因此采矿设计应尽可能避免形成可能的应力集中区;

(3)进路侧帮充填体(或矿体)弹性模量对承载层抗拉强度有一定影响,当进路侧帮弹性模量较大时承载层所需强度相对较小。

5.5.3.2 焦家金矿下向进路高水固结充填体强度计算模型

焦家金矿目前应用的充填采矿法有三种[61]:

(1)上向水平分层充填采矿法。上向水平分层充填采矿法一般在规模较小的3号脉中使用。采场沿矿体走向布置,采场宽度为矿体水平厚度,采场长度为10~15m,中段高度40m,分层回采高度2~2.5m,分层高度3~4m。采场底部预留8~10m高的底柱,第一分层充填高水泥配比的胶结尾砂作为浇底。分矿房、矿柱两步回采,矿房为先行采场,充填低水泥配比的胶结尾砂,矿柱为第二步采场,充填分级尾砂。

(2)上向水平进路充填采矿法。焦家金矿主矿体厚度比较大,以上向进路机械化水平分层充填法为主。在矿体厚度小的区段,回采进路沿走向布置,采场宽度为矿体水平厚度,采场长度为30~90m不等,中段高度40m,分段高度10m左右。采场或预留7~10m高的底柱或无底柱回采,第一分层施工钢筋混凝土假底或充填高水泥配比的胶结尾砂浇底。采场分层高度3~3.5m,进路宽度3~4m。在矿体厚度大的区段,回采进路垂直走向布置。

(3)下向水平进路充填采矿法(见图5-80)。在矿体比较破碎而品位较高的部位,采用下向进路水平分层胶结充填法,用高水材料固结尾砂充填。该采矿法成功解决了矿体比较破碎而品位较高矿块的回采难题,其特点是:自上而下在人工假顶下分层分进路回采,本分层回采并充填结束后再用进路回采下一分层。

杨宝贵等[62]根据剪切滑移条件,提出了高水固结充填体的强度计算模型,见式(5-34)。在模型中考虑了充填体自身重力、在滑动面上阻止充填体下滑的抗剪阻力、充填体两侧受到围岩或其他充填体的作用等因素,将其称为高水充填模型,据认为比较适合焦家金矿的实际。

$$\sigma_v > \frac{\frac{1}{100}h\rho_{堆}\sin\alpha - \frac{c}{\cos\alpha} - \frac{2}{L}hc_1}{\tan\varphi + \frac{1}{L}hk\tan\varphi_1} \tag{5-34}$$

式中 k——侧压系数,$k=1-\sin\varphi_1$;

$\alpha=45°+\varphi/2$;

$h=H-(W\cdot\tan\alpha)/2$;

H——充填体的高度,m;

W——充填体的宽度,m;

$\rho_{堆}$——充填体的堆密度,kg/m^3;

L——充填体的长度,m;

c_1,φ_1——充填体与围岩间的内聚力和摩擦角;

c,φ——充填体的内聚力和内摩擦角。

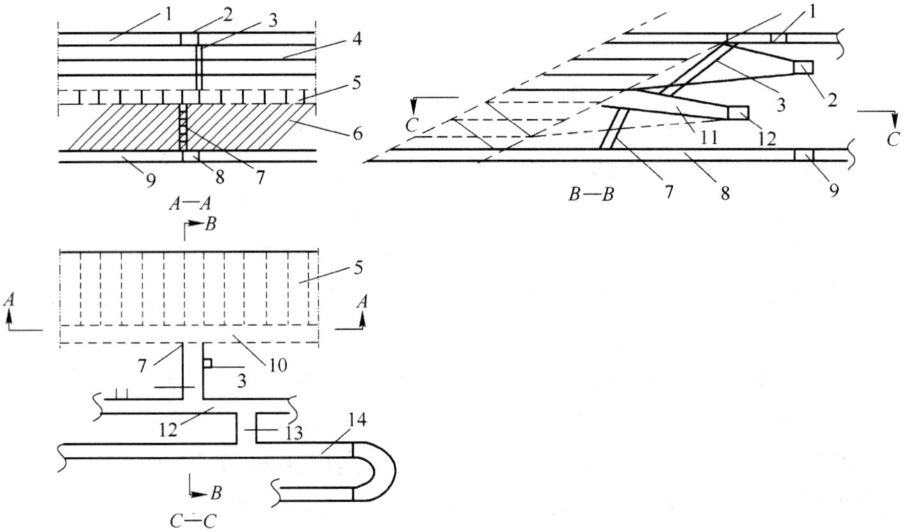

图 5-80　焦家金矿下向进路充填采矿法[61]

1—回风巷;2—穿脉;3—通风充填井;4—充填体;5—设计进路;6—未回采矿体;
7—出矿溜井;8—出矿巷;9—中段平巷;10—下盘沿脉巷;11—分层联络巷;
12—下向分段平巷;13—分段联络巷;14—主斜坡道

参 考 文 献

[1] Brady B H G, Brown E T. Rock Mechanics for Underground Mining[M]. London: George Allen & Unwin, 1985.

[2] Blight G E, Clarke I E. Design and properties of still fill for lateral support[C]. Lulea, Sweden, Mining with Backfill, Proc. of Interna. Symp, 1983.

[3] Cai Sijing. A simple and convenient method for design of strength of cemented hydraulic fill [C]. Lulea, Sweden, Mining with Backfill, Proc. of Interna. Symp. ,1983.

[4] 郑永学. 矿山岩体力学[M]. 北京:冶金工业出版社,1988.

[5] Brown E T. 岩石工程的理论与实践[J]. 蔡嗣经译. 国外金属矿山,1988(10~12).

[6] Moreno O, et al. The support capabilities of rock fill - An experimental study[J]. Application of Rock Mechanics to Cut - And - Fill Mining, London: Inst. Min. & Met. , 1981.

[7] 山口梅太郎,山富二郎．充填体对地表稳定性影响的试验研究[J]．充填采矿技术革新(国家黄金管理局编译),1991.

[8] Swan G Board M. Fill - induced post - peak pillar stability[C]. Innovations in Mining Backfill Technology, Proc. of 4th Interna. Symp., Montreal, Canada, October, 1989.

[9] Oliver P H,Landriault D. 矿山充填体的抗闭合能力[J]．充填采矿技术革新(国家黄金管理局编译),1991.

[10] 张玉清,钱方明．钨矿脉群开采中干式充填作用机理的相似材料模拟研究[J]．有色金属(矿山部分), 1990(5).

[11] Smith J D,et al. Large scale model tests to determine back fill strength requirements for pillar recovery at the Black Mountain mine[C]. Mining with Backfill, Proc. of Interna. Symp., Lulea, Sweden,1983.

[12] Mitchell R J,Roettger J J. 底柱的分析和模拟[J]．充填采矿技术革新(国家黄金管理局编译),1991.

[13] O'Heam B,Swan G. 模拟法在 Faloon bridge 公司底柱假顶设计中的应用[J]．充填采矿技术革新(国家黄金管理局编译),1991.

[14] Mitchell R J. 内含加固材料的分级尾砂充填的稳定性[J]．充填采矿技术革新(国家黄金管理局编译),1991.

[15] Coulthard M A. Numerical analysis of fill pillar stability - three dimension lineary elastic finite element calculations, Technical report No. 47, Div. of App. Geomech., CSIRO, Australia, 1980.

[16] Cowling R,et al. Experience with cemented fill stability at Mount Isa Mines[C]. Mining with Backfill, Proc. of Interna. Symp., Lulea, Sweden,1983.

[17] 刘怀恒．数值方法在岩石力学及地下工程中的应用[J]．第一届全国计算岩土力学研讨会论文集．成都:西南交通大学出版社,1987.

[18] 曹志远．结构与介质分析的半解析方法[M]．空军工程学院,1986.

[19] 何国杰,谢孝忠．有限元法与其他方法的耦合求解及其在岩土工程中的应用[C]．第三届全国岩土力学数值分析及解析方法研讨会论文集,1988.

[20] 郑颖人,林银飞．弹塑性地下工程围岩稳定性分析的半解析元法[C]．第三届全国岩土力学数值分析及解析方法研讨会论文集,1988.

[21] Jun - Yan Chen, et al. Assessment of support performance of consolidated backfill in different mining geotechnical conditions[C]. Mining with Backfill, Proc. of Interna. Symp., Lulea, Sweden,1983.

[22] Yamaguchi U,Yamatomi J. Consideration on the effect of backfill for the ground stability, Mining with Backfill[C]. Proc. of Interna. Symp., Lulea, Sweden,1983.

[23] Pariseau W G. The finite element method applied to cut - and - fill mining[C]. Application of Rock Mechanics to Cut - And - Fill Mining, Inst. Min. & Met., London, 1981.

[24] 井兰如．充填机理[M]．北京钢铁学院,1982.

[25] Barrett J R, et al. Determination of fill stability[C]. Mining with Backfill, The 12th Canadian Rock Mechanics Symposium, 1978.

[26] Cundell P, et al. Modeling to predict backfill stability in transverse pillar extraction[C]. Mining with Backfill, The 12th Canadian Rock Mechanics Symposium, 1978.

[27] Rao Y V A, Vutukuri V S. Some aspects of recovery of pillars adjacent to uncemented sandfilled stopes[C]. Mining with Backfill, Proc. of Interna. Symp., Lulea, Sweden, 1983.

[28] Beauchamp L A, et al. 用于矿柱回收的炉渣充填嗣后固结技术[J]. 充填采矿技术革新(国家黄金管理局编译), 1991.

[29] Jeremic M L. Influence of shrinkage and cut – and – fill mining on ground mechanics, South Bay Mine, Northeastern Ontario[J]. Mining Engineering, Vol. 36, 1984, 36.

[30] Krauland N. 瑞典在分层充填采矿法岩石力学方面的进展[J]. 充填采矿技术革新(国家黄金管理局编译), 1991.

[31] Kamp N. 南非 Gold Fields 集团所属矿山的充填工作[J]. 充填采矿技术革新(国家黄金管理局编译), 1991.

[32] Curtunca R G, Clarke I H. 用数值模拟法评价充填体用作深部采矿作业局部支护的效果[J]. 充填采矿技术革新(国家黄金管理局编译), 1991.

[33] 唐学军. 电算在金川下向高进路回采胶结充填法中的应用[R]. 北京钢铁学院、金川有色金属公司科研报告, 1987.

[34] 朱辉. 金川龙首矿六角形进路充填采矿法的解析分析与数值分析[D]. 北京:北京钢铁学院, 1988.

[35] 唐长松, 金铭良. 下向分层充填"六角形"方案采矿法[C]. 第二届全国充填采矿法学术研讨会论文集, 1989.

[36] 汪家林. 电算在金川下向进路连续回采胶结充填法中的应用[R]. 北京钢铁学院、金川有色金属公司科研报告, 1988.

[37] Cowling R, et al. 改进充填特性的计算机模拟[J]. 充填采矿技术革新(国家黄金管理局编译), 1991.

[38] Beddoes R J, et al. 在钾盐矿分层充填采矿法中作充填料的盐尾矿的现场检测[J]. 充填采矿技术革新(国家黄金管理局编译), 1991.

[39] Gonano L P, Kirkby R W. In situ investigation of cemented rockfill in the 1100 orebody, Mount Isa mine, QLD., Technical report No. 47, CSIRO, Australia, 1977.

[40] Thomas E G, et al. Fill Technology in Underground Metalliferous Mines[M]. Ontario, Canada: Interna. Acad. Serv. Ltd., 1979.

[41] Tesarik D R, et al. Cannon 金矿 B – North 矿体的仪器观测和模拟[J]. 充填采矿技术革新(国家黄金管理局编译), 1991.

[42] Singh K H, Hedley D G F. Review of fill mining technology in Canada[M]. Application of Rock Mechanics to Cut – And – Fill Mining. London: Inst. Min. & Met., 1981.

[43] Grice A G. 澳大利亚 Mount Isa 矿业有限公司的充填研究[J]. 充填采矿技术革新(国家黄金管理局编译), 1991.

[44] 钱方明. 干式充填控制脉钨矿床采空区地压的研究[D]. 赣州:南方冶金学院, 1988.

[45] [联邦德国]Kratysch H. 采动损害及其防护[M]. 马伟民等译. 北京:煤炭工业出版社, 1984.

[46] 画眉坳钨矿,江西冶金学院,江西有色冶金研究所. 画眉坳矿区主矿带地压活动规律及采空区处理研究(科研报告)[R]. 1982.

[47] 江西有色冶金研究所,江西冶金学院,盘古山钨矿. 盘古山矿区下部中段地压活动及其控制方法研究总结报告(鉴定资料),1985.

[48] [苏]土尔察尼诺夫. 开采急倾斜矿脉时岩石的移动与压力[M]. 江西有色冶金研究所情报室译. 1972.

[49] 刘可任. 充填理论基础[M]. 北京:冶金工业出版社,1982.

[50] 王启宏. 材料流变学[M]. 北京:中国建筑工业出版社,1986.

[51] Hoek E, Brown E T. Underground Excavations in Rock[M]. London: Inst. Of Min. & Met., 1980.

[52] Tong Guangxu, Han Maoyuan. Assessment on support ability of the fill mass[C]. Mining with Backfill, Proc. of Interna. Symp., Lulea, Sweden, 1983.

[53] Jeremic M L(杰里米克). 岩体力学在硬岩开采中的应用[M]. 赵玉学等译. 北京:冶金工业出版社,1990.

[54] Krauland N, et al. The Nasliden project－comparison of rock mechanics observation and measurements with FEM calculations [M]. Application of Rock Mechanics to Cut - And - Fill Mining. London: Inst. Min. & Met., 1981.

[55] 蔡嗣经. 胶结充填体的强度设计[J]. 江西冶金学院学报,1985(3).

[56] 卢平. 确定胶结充填体强度的理论与实践[J]. 黄金,1992,13(3).

[57] Terzaghi K. Theoretical soil mechanics[M]. New York: J. Wiley & Sons, 1943.

[58] 蔡嗣经. 胶结充填体强度设计的几个理论模型[J]. 江西冶金学院学报,1985(3~4).

[59] 蔡嗣经,等. 胶结充填采矿法采场围岩与充填体相互作用研究[J]. 江西有色金属,1992,6(2).

[60] 韩斌,张升学,邓建,等. 基于可靠度理论的下向进路充填体强度确定方法[J]. 中国矿业大学学报,2006,35(3):372~376.

[61] 赵传卿. 新型尾砂固结材料的物理力学特性研究及其应用[D]. 北京:北京科技大学,2008.

[62] 杨宝贵,孙恒虎,庄百宏. 高水固结充填体的自立[J]. 有色金属,2000,52(2):7~9.

冶金工业出版社部分图书推荐

书　名	作　者		定价(元)
中国冶金百科全书·选矿卷	本书编委会	编	140.00
中国冶金百科全书·采矿卷	本书编委会	编	180.00
中国典型爆破工程与技术	汪旭光	等编	260.00
工程爆破名词术语	汪旭光	等著	89.00
爆破工程实用手册	刘殿中	等编	60.00
工程爆破实用技术	张应元	等编	56.00
建设工程台阶爆破	郑炳旭	等编	29.00
爆破安全技术知识问答	顾毅成	等编	29.00
露天矿山台阶中深孔爆破开采技术	王德胜	等编	25.00
矿山事故分析及系统安全管理	招金集团公司	编	28.00
矿井通风与除尘(本科教材)	浑宝炬	等编	25.00
安全原理(第2版)(本科教材)	陈宝智	编著	20.00
系统安全评价与预测(本科教材)	陈宝智	编著	20.00
矿山安全工程(国规教材)	陈宝智	编著	30.00
矿山环境工程(第2版)(国规教材)	蒋仲安	主编	39.00
采矿概论(高校教材)	陈国山	主编	28.00
矿山爆破(高职高专规划教材)	张敢生	主编	29.00
矿山企业管理(高职高专规划教材)	戚文革	等编	28.00
岩石力学(高职高专规划教材)	杨建中	主编	26.00
井巷设计与施工(高职高专规划教材)	李长权	主编	32.00
采掘机械(高职高专规划教材)	苑中国	主编	38.00
矿山提升与运输(高职高专规划教材)	陈国山	主编	39.00
矿山地质(高职高专规划教材)	刘兴科	等编	39.00
选矿原理与工艺(高职高专规划教材)	于春梅	主编	28.00
地下采矿技术(职业技能培训教材)	陈国山	等编	36.00
露天采矿技术(职业技能培训教材)	陈国山	等编	36.00
井巷施工技术(职业技能培训教材)	李长权	等编	26.00
矿山地质技术(职业技能培训教材)	陈国山	主编	48.00
矿山测量技术(职业技能培训教材)	陈步尚	等编	39.00
重力选矿技术(职业技能培训教材)	周小四	主编	40.00
磁电选矿技术(职业技能培训教材)	陈　斌	主编	29.00
浮游选矿技术(职业技能培训教材)	王　资	主编	36.00
碎矿与磨矿技术(职业技能培训教材)	杨家文	主编	35.00
矿山通风与环保(职业技能培训教材)	陈国山	主编	28.00
安全管理基本理论与技术	常占利	著	46.00
现代事故应急管理	黄典剑	等编著	42.00
新世纪企业安全执法创新模式与支撑理论	赵千里	等著	55.00
现代矿山企业安全控制创新理论与支撑体系	赵千里	等著	75.00
采矿学(本科教材)	王　青	主编	39.80
工艺矿物学(第2版)(本科教材)	周乐光	主编	32.00
矿石学基础(第2版)(本科教材)	周乐光	主编	32.00
冶金矿山地质技术管理手册	中国冶金矿山企业协会	编	58.00
现代金属矿床开采科学技术	古德生	等著	260.00